普通高等教育"十二五"规划教材

现代工程图学

王春华　郭　凤　关丽杰　曹喜承　编著

中国石化出版社

内 容 提 要

本书是根据教育部高等学校工程图学教学指导委员会 2005 年制定的"普通高等学校工程图学课程教学基本要求",在总结和吸取多年教学改革经验的基础上,按照最新的《技术制图》、《机械制图》国家标准编写的。

本书共 10 章,主要内容有:制图基本知识、SolidWorks 基础知识、正投影法基础、基本立体及其表面交线的投影、组合体的三视图、轴测投影、机件的常用表达方法、标准件和常用件、零件图、装配图及附录,并在有关章节中融入了基于 SolidWorks2009 的零部件建模技术和先进成图技术。

为教学需要,另编写了《现代工程图学习题集》与本书配套使用。

本书可作为高等工科院校机类、近机类各专业"工程图学"课程的教材,也可供函授、职业高等工科教育学生使用,还可以作为广大科研、技术人员的自学参考书。

图书在版编目(CIP)数据

现代工程图学 / 王春华等编著 .
—北京:中国石化出版社,2012.9(2022.9 重印)
普通高等教育"十二五"规划教材
ISBN 978-7-5114-1737-4

Ⅰ.①现… Ⅱ.①王… Ⅲ.①工程制图-高等学校-教材 Ⅳ.①TB23

中国版本图书馆 CIP 数据核字(2012)第 191538 号

中国石化出版社出版发行

地址:北京市东城区安定门外大街 58 号
邮编:100011 电话:(010)57512500
发行部电话:(010)57512575
http://www.sinopec-press.com
E-mail:press@ sinopec.com
北京科信印刷有限公司印刷
全国各地新华书店经销

*

787×1092 毫米 16 开本 20.5 印张 518 千字
2022 年 9 月第 1 版第 3 次印刷
定价:36.00 元

前　言

工程图学是研究绘制和阅读工程图样理论、方法和技术的一门技术基础课。随着计算机技术的发展及社会对高素质创新型人才的需求，工程图学的教育思想和教学理念也发生了深刻变革。根据教育部高等学校工程图学教学指导委员会 2005 年制定的"普通高等学校工程图学课程教学基本要求"，在总结和吸取多年教学改革经验的基础上，参考国内外同类教材，按照最新的《技术制图》、《机械制图》国家标准，编写了本书。

本书以三维建模为主线，把传统工程制图与现代设计手段相结合，彻底改变了传统制图课程的教学体系。新的教学体系，不但保证了物体投影的正确性，还可大大节省教学学时和学生做作业练习的时间，使学生有更多的精力投入到创新设计中去。本教材就是按照这种思路进行编写的，各个章节都体现了我们的改革成果。

本书具有以下特点：

（1）将传统制图与现代设计手段相结合，以三维建模为教学主线，融入投影理论，使传统工程制图与现代设计方法融为一体。

（2）精简了传统的点、线、面的投影等内容，增加了构型分析及建模的内容，有利于培养学生创造性思维的能力和工程素质。

（3）遵循从三维立体到二维图形的认知规律，以三维建模为主线，使学生建立起从三维到二维转换的思维模式。三维软件既作为教学内容，又作为教学的辅助工具，可以随时用三维设计表达方法灵活展现设计思想，培养学生的空间想象能力。

（4）本书在培养学生三维实体建模能力的同时，还注重培养二维表达能力，并通过理解二维投影图进行三维建模的过程来培养和提高学生的读图能力。

（5）本书选用 SolidWorks 三维设计软件作为软件平台，该软件以友好的操作界面、易学易用的操作特点和强大的设计与分析功能模块，深受广大三维设计人员的青睐。应用该软件，可以使设计过程变得灵活、轻松，在建模的过程中，逐步渗透工程设计思想，培养学生的创新意识。

（6）本教材采用最新颁布的《技术制图》及《机械制图》国家标准，充分体现了工程图学学科的时代特征，并力求做到文字精炼、通俗易懂，图文并茂。

为教学需要，另编写了《现代工程图学习题集》，与本书配套使用。

本书可作为高等工科院校机类、近机类各专业"工程图学"课程的教材，也可供函授、职业高等工科教育学生使用，还可以作为广大科研、技术人员的自学参考书。

本书由东北石油大学王春华、郭凤、关丽杰、曹喜承编著。具体分工为：王春华（绪论、第二章第四节、第七章、第八章第七节），郭凤（第三章、第九～十章），关丽杰（第四～六章），曹喜承（第一章、第二章第一～三节，第八章第一～六节、附录）。

全书由东北石油大学杜永军教授主审。

由于编者学识水平有限，书中若有不妥之处，欢迎读者批评指正。

目　录

绪　　论

一、本课程的性质和研究对象

任何机器设备的制造，都要首先进行设计，绘出其图样，然后根据图样进行零件的加工、设备的组装以及检验等。按投影理论和方法以及国家标准的相关规定，绘制出表达机器和零部件的结构形状、大小、材料以及加工、检验和装配等技术要求的图样，称为工程图样。工程图样是表达设计者的思想和进行技术交流的重要工具，是产品制造、检验和装配的指导性文件，也是组织生产、工程施工和编制工程预算的主要依据。在使用机器的过程中，通过阅读图样能了解它们的结构、工作原理和性能等，从而指导机器维修。因此，工程图样是工程界的"技术语言"，每个工程技术人员都必须掌握这种语言，具备绘制和阅读工程图样的能力。

工程图学是研究绘制和阅读工程图样的理论、方法和技术的一门技术基础课。本课程理论严谨，实践性强，与工程实践有密切联系，对培养学生掌握科学思维方法，增强工程和创新意识有重要作用，是后续专业课程的基础。

本课程内容可分为工程图学基础和专业绘图基础两大部分，工程图学基础部分的内容有：投影理论基础、构型方法基础、表达技术基础、绘图能力基础及工程规范基础；专业绘图基础部分以机类、近机类等专业绘图的内容为主。

二、本课程的任务

(1) 培养使用投影的方法用二维平面图形表达三维空间形状的能力。

(2) 培养对空间形体的形象思维能力。

(3) 培养创造性构型设计能力。

(4) 培养使用绘图软件绘制工程图样及进行三维造型设计的能力。

(5) 培养仪器绘制、徒手绘画和阅读专业图样的能力。

(6) 培养工程意识及贯彻、执行国家标准的意识。

(7) 培养认真负责的工作态度和严谨细致的工作作风。

三、本课程的学习方法

本课程是一门既有系统理论又有较强实践性的技术基础课。要学好本课程必须在掌握投影理论和构形理论的基础上，由浅入深地通过一系列的绘图和读图实践不断地分析和想象空间形体与图样中图形的对应关系，逐步提高空间想象能力和分析能力，掌握正投影的基本作图方法和构形规律，因此，在学习本课程时，应做到：

(1) 认真听课，独立完成作业，及时上机操作练习。只有通过多想、多看、多画的反复实践和总结，才能很好地消化理论，熟练掌握形体分析法和线面分析法，不断提高绘图和读图的能力。

(2) 学习过程中，必须善于总结空间形体与其投影之间的相互联系，要不断"由物画图，由图想物"反复练习和思考。学习初期可借助模型，后期可利用徒手勾画轴测图和计算机三维实体造型技术来帮助想象。

（3）本课程的内容具有由浅入深、环环相扣的特点，如果对前面的知识点理解不透，将会影响对后续内容的理解，因此学习要持之以恒。

（4）本课程与工程实际联系紧密，工程知识越多，学习效果越好，因此，要有意识地通过各种途经了解有关设计和制造方面的工程知识。

（5）要善于利用计算机三维造型技术进行构形设计，一方面帮助读图，另一方面利于培养创新意识。

第一章　制图基本知识

工程图样是产品设计、制造、安装和检测等过程中的重要技术资料，也是工程技术人员表达设计思想，进行信息交流的工具。在图样绘制中，必须严格遵循国家标准的基本规定，正确使用绘图工具，准确掌握基本图形的绘制方法。

本章将重点介绍国家标准《技术制图》和《机械制图》的一般规定，绘图的基本技能，常用几何图形作图方法和制图工具的使用等内容。

第一节　国家标准《技术制图》和《机械制图》的一般规定

国家标准(简称"国标")以代号"GB"表示，如 GB/T 14689—2008，其中"T"为推荐性标准，"14689"为标准顺序号，"2008"为标准颁布或修订的年份。

一、图纸幅面和格式(GB/T 14689—2008)

1. 图纸幅面

在绘制技术图样时，应优先采用表 1-1 所规定的 5 种基本幅面。

表 1-1　基本幅面及图框尺寸

mm

幅面代号	A0	A1	A2	A3	A4
$B \times L$	841×1189	594×841	420×594	297×420	210×297
e	20			10	
c	10			5	
a	25				

必要时，也可以选择由基本幅面的短边成整数倍增加后得出的加长图幅，如图 1-1 所示。

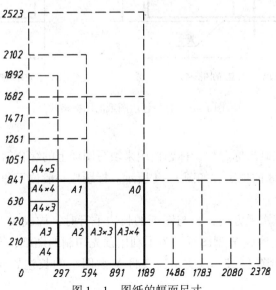

图 1-1　图纸的幅面尺寸

2. 图框格式

在图纸上必须用粗实线画出图框。图框格式分为无装订边和有装订边两种，但同一产品的图样只能采用一种格式。无装订边的图样，其图框格式如图 1 - 2 所示。有装订边的图样，其图框格式如图 1 - 3 所示。周边尺寸 a、c、e 见表 1 - 1。

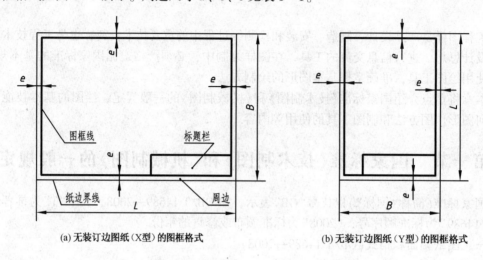

(a) 无装订边图纸（X型）的图框格式　　　　(b) 无装订边图纸（Y型）的图框格式

图 1 - 2　无装订边图纸的图框格式

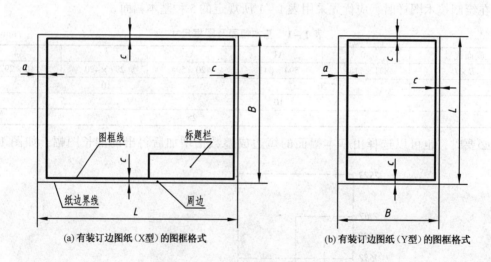

(a) 有装订边图纸（X型）的图框格式　　　　(b) 有装订边图纸（Y型）的图框格式

图 1 - 3　有装订边图纸的图框格式

3. 标题栏

每张图纸上都必须画出标题栏，标题栏用来填写图样上的综合信息，其格式和尺寸应符合 GB/T 10609.1—2008 的规定，如图 1 - 4 所示。标题栏一般位于图纸的右下角，如图1 - 2 和图 1 - 3 所示。

标题栏的长边置于水平方向，且与图纸的长边平行时，构成 X 型图纸；标题栏长边与图纸的长边垂直时，则构成 Y 型图纸。为了利用预先印制的图纸，允许将 X 型图纸的短边置于水平位置使用，如图 1 - 5(a) 所示；或将 Y 型图纸的长边置于水平位置使用，如图 1 - 5(b) 所示。

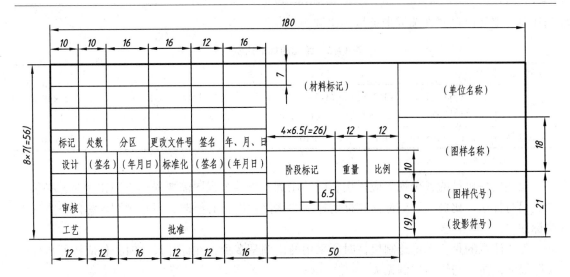

图 1 - 4　标题栏格式

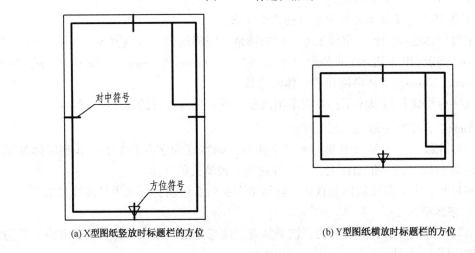

(a) X型图纸竖放时标题栏的方位　　　　(b) Y型图纸横放时标题栏的方位

图 1 - 5　标题栏的方位

4. 附加符号

1）对中符号

为了使图样复制和缩微摄影定位方便，在图纸各边的中点处分别画出对中符号。对中符号用粗实线绘制，线宽不小于 0.5mm，长度从图纸边界开始至伸入图框内约 5mm，如图 1 - 5 所示。

2）方位符号

使用预先印刷的图纸时，为了明确绘图和看图时图纸的方向，应在图纸的下边对中符号处画出一个方向符号，即用细实线绘制的等边三角形，如图 1 - 5 所示。

二、比例（GB/T 14690—1993）

比例是指图中图形与其实物相应要素的线性尺寸之比。比值为 1 的比例称为原值比例，比值大于 1 的比例称为放大比例，比值小于 1 的比例称为缩小比例。

需要按比例绘制图样时，一般应从表 1 - 2 规定的系列中选取，尽量选取不带括号的适当比例，必要时也允许选取带括号的比例。

表 1-2　绘图的标准比例系列

原值比例	1:1								
缩小比例	(1:1.5)　　1:2　　(1:2.5)　　(1:3)　　(1:4)　　1:5　　(1:6)　　$1:1\times10^n$　　$(1:1.5\times10^n)$ $1:2\times10^n$　　$(1:2.5\times10^n)$　　$(1:3\times10^n)$　　$(1:4\times10^n)$　　$1:5\times10^n$　　$(1:6\times10^n)$								
放大比例	2:1　　(2.5:1)　　(4:1)　　5:1　　$1\times10^n:1$　　$2\times10^n:1$　　$(2.5\times10^n:1)$　　$(4\times10^n:1)$　　$5\times10^n:1$								

注：n 为正整数。

　　绘制同一机件的各个视图应采用相同的比例，当某个视图需要采用不同比例时，必须按规定另行标注。比例一般应标注在标题栏中的比例栏内，必要时，可在视图名称的下方或右侧标注。

　　需要注意的是：无论绘制机件时所采用的比例是多少，在标注尺寸时，仍应按照机件的实际尺寸标注，与绘图比例无关。

三、字体（GB/T 14691—1993）

　　1. 技术图样及有关技术文件中字体的基本要求

　　（1）书写字体必须做到：字体工整、笔画清楚、间隔均匀、排列整齐。

　　（2）字体高度（用 h 表示）的公称尺寸系列为：1.8mm，2.5mm，3.5mm，5mm，7mm，10mm，14mm，20mm。字体高度代表字体的号数。

　　（3）汉字应写成长仿宋体字，并应采用国务院正式公布推行的简化字。汉字的高度 h 不应小于 3.5mm，其字宽一般为 $h/\sqrt{2}$。

　　（4）字母和数字分 A 型和 B 型。A 型字体的笔画宽度为字高的 1/14，B 型字体的笔画宽度为字高的 1/10。同一张图样上，只允许选用一种型式的字体。

　　（5）字母和数字可写成斜体和直体。斜体字字头向右倾斜，与水平基准线成 75°。

　　2. 常用字体示例

　　（1）书写长仿宋体汉字的要领为：横平竖直、注意起落、结构匀称、填满方格。长仿宋体字体示例如图 1-6 所示。

字体工整 笔画清楚 间隔均匀 排列整齐

技术制图机械电子汽车航空船舶土木建筑矿山井坑港口纺织服装

图 1-6　长仿宋体汉字示例

　　（2）各种斜体数字和字母等的书写示例如图 1-7 所示。

四、图线及其画法（GB/T 17450—1998、GB/T 4457.4—2002）

　　1. 线型及其应用

　　国家标准规定图线的基本线型有 15 种，另有线型的变形和相互组合多种。在工程图样中常用的线型有实线、虚线、点画线、双点画线、波浪线和双折线等。表 1-3 为工程图样中常用图线的代码、名称、型式、宽度及其主要用途。常用各类图线的应用如图 1-8 所示。

1 2 3 4 5 6 7 8 9 0

(a) 阿拉伯数字

A B C D E F G H I J K L M N

(b) 大写拉丁字母

a b c d e f g h i j k l m n

(c) 小写拉丁字母

I Ⅱ Ⅲ Ⅳ Ⅴ Ⅵ Ⅶ Ⅷ Ⅸ Ⅹ

(d) 罗马数字

图 1-7　各种斜体数字和字母书写示例

表 1-3　常用线型及应用　　　　　　　　　　　mm

代码 No.	图线名称	图线型式	图线宽度	一般应用
01.1	细实线		约 $d/2$	尺寸线、尺寸界线、剖面线、引出线等
01.1	波浪线		约 $d/2$	断裂处的边界线，视图和剖视的分界线
01.1	双折线	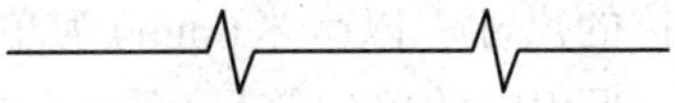	约 $d/2$	断裂处的边界线
01.2	粗实线		d	可见轮廓线
02.1	细虚线	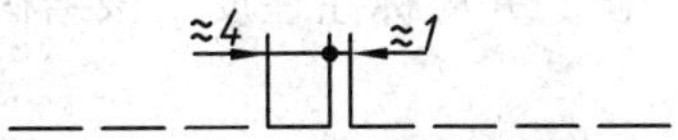 ≈4　≈1	约 $d/2$	不可见轮廓线
04.1	细点画线	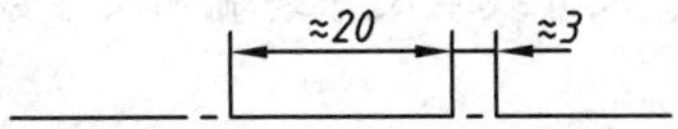 ≈20　≈3	约 $d/2$	轴线，对称中心线
05.1	细双点画线	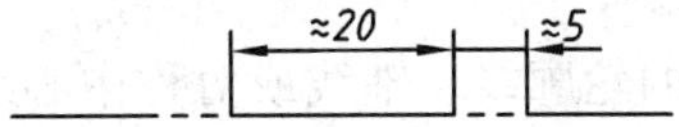 ≈20　≈5	约 $d/2$	假想投影轮廓线，中折线

2. 图线的宽度

在机械图样中采用粗细两种线宽，其宽度之比为 2:1。

所有线型的图线宽度（d）应按图样的类型和尺寸大小在数系 0.13mm、0.18mm、0.25mm、0.35mm、0.5mm、0.7mm、1mm、1.4mm、2mm 中选取。在同一图样中，各类图线的宽度应一致。

3. 图线的画法

在绘图过程中，除正确掌握图线的标准和用法以外，还应遵守以下原则：

（1）两条平行线之间的最小间隙不得小于 0.7mm。

（2）各类基本线型相交时，应恰当地相交于画线处。

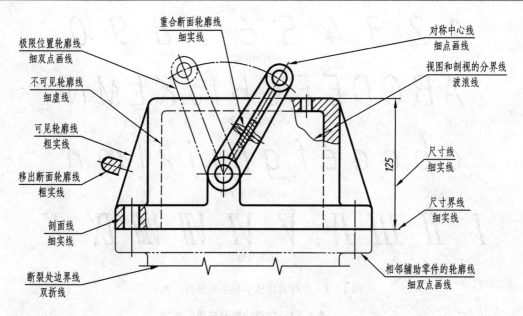

图 1 - 8　图线应用示例

五、尺寸注法（GB/T 4458.4—2003、GB/T 16675.2—2012）

1. 基本规则

（1）机件的真实大小应以图样上所注的尺寸数值为依据，与图形大小及绘图的准确度无关。

（2）图样中（包括技术要求和其他说明）的尺寸，以毫米（mm）为单位时，不需标注单位符号或名称。如果采用其他单位，则必须标明相应的单位符号（如 m、cm 等）。

（3）图样中所标注的尺寸，为该图样所示机件的最后完工尺寸，否则应另加说明。

（4）机件的每一个尺寸，一般只标注一次，并应标注在反映该结构最清晰的图形上。

2. 尺寸组成

一个完整的尺寸一般应包括尺寸界线、尺寸线、尺寸终端和尺寸数字等内容，如图1 - 9所示。

1）尺寸界线

尺寸界线用细实线绘制，并应由图形的轮廓线、轴线或对称中心线处引出，如图 1 - 9中的尺寸 12 和尺寸 26 等。也可利用轮廓线、轴线或对称中心线作为尺寸界线，如图 1 - 9中的尺寸 5 和尺寸 $\phi21$ 等。

尺寸界线一般应与尺寸线垂直，必要时才允许倾斜。在光滑过渡处标注尺寸时，必须用细实线将轮廓线延长，从它们的交点处引出尺寸界线，如图 1 - 10 所示。

2）尺寸线

尺寸线必须用细实线绘制，不能用其他图线代替，也不能与其他图线重合或画在其延长线上。标注线性尺寸时，尺寸线必须与所标注的线段平行，如图 1 - 9 中尺寸 25 和尺寸 12等。当有几条互相平行的尺寸线时，大尺寸要注在小尺寸线的外面，以免尺寸线与尺寸界线相交。两尺寸线或尺寸线与轮廓线间距 5 ~ 7mm 为宜，如图 1 - 9 中尺寸 25 和尺寸 65 等。在圆或圆弧上标注直径或半径尺寸时，尺寸线或其延长线一般应通过圆心，如图 1 - 9 中尺

寸 $\phi21$ 和尺寸 $R20$。标注角度时，尺寸线应画成圆弧，其圆心是该角度的顶点，如图 1 – 9 中标注的角度 41°。

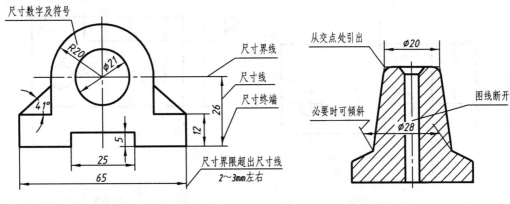

图 1 – 9 尺寸的组成及其标注示例   图 1 – 10 尺寸界线标注示例

3）尺寸线终端

尺寸线的终端一般有箭头和斜线两种形式，如图 1 – 11 所示。

箭头适用于各种类型的图样，一般机械图样中常采用箭头表示尺寸线的终端。在标注空间不足的情况下，允许用圆点或斜线代替箭头。

斜线用细实线绘制，主要用于建筑图样。采用斜线形式标注时，尺寸线与尺寸界线必须互相垂直。同一张图样中只能采用一种尺寸线终端形式。

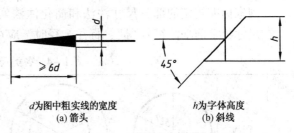

d 为图中粗实线的宽度 h 为字体高度
(a) 箭头   (b) 斜线

图 1 – 11 尺寸线终端的两种形式

4）尺寸数字

线性尺寸的尺寸数字一般应注在尺寸线的上方，也允许注写在尺寸线的中断处，当空间不足时也可以引出标注。尺寸数字不能被任何图线通过，否则必须将该图线断开，如图 1 – 10 所示。尺寸数字应按国标要求书写，同一张图样上字高必须一致。

线性尺寸数字应按图 1 – 12(a) 中所示的方向注写，并尽可能避免在图示 30° 范围内进行

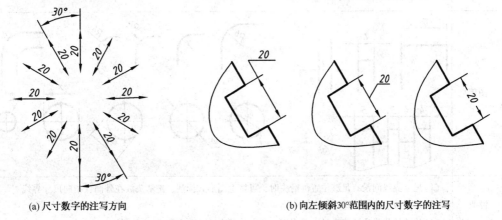

(a) 尺寸数字的注写方向   (b) 向左倾斜 30° 范围内的尺寸数字的注写

图 1 – 12 线性尺寸数字的注写方法

尺寸标注。当无法避免时可按图 1 – 12（b）所示形式标注，但同一图样中标注形式应统一。

图 1 – 13 给出了尺寸标注的正误对比。

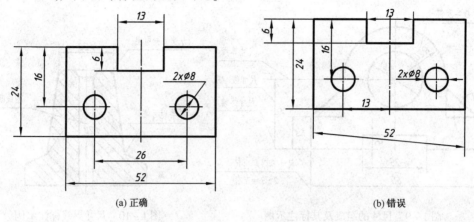

(a) 正确　　　　　　　　　　　　　　　　　(b) 错误

图 1 – 13　尺寸标注正误对比示例

3. 尺寸注法示例

国家标准规定的部分尺寸注法和简化注法实例可参阅表 1 – 4。例如：在标注直径时，应在尺寸数字前加注符号"ϕ"；标注半径时，应在尺寸数字前加注符号"R"。

表 1 – 4　各类尺寸的注法　　　　　　　　　　　　　　　mm

圆及圆弧尺寸注法	图例	（图例：$\phi22$，$\phi17$，$\phi27$，$R6$，$R2$，$R80$，$SR46$）
	说明	(1)标注圆或大于半圆的圆弧时，圆周为尺寸界线，尺寸线过圆心，尺寸数字前加注符号"ϕ" (2)标注小于或等于半圆的圆弧时，尺寸线自圆心指向圆弧，数字前加注符号"R" (3)标注球面时，在"ϕ"或"R"符号之前，应再加注球面符号"S" (4)当圆弧的半径过大或在图纸范围内无法标注其圆心位置时，可采用折线形式。若圆心位置不需注明，则尺寸线可只画靠近箭头的一段
小尺寸注法	图例	（图例：12，4，3，4 4 3 4 5，$R6$，$R4$，$R4$，$R4$，$R6$，$R4$，ϕ）
	说明	(1)尺寸界线间没有足够位置画箭头时，可按上图形式标注，把箭头放在外面，指向尺寸界线 (2)尺寸数字可引出写在外面 (3)连续尺寸无法画箭头时，可用实心圆点代替中间的两个箭头

续表

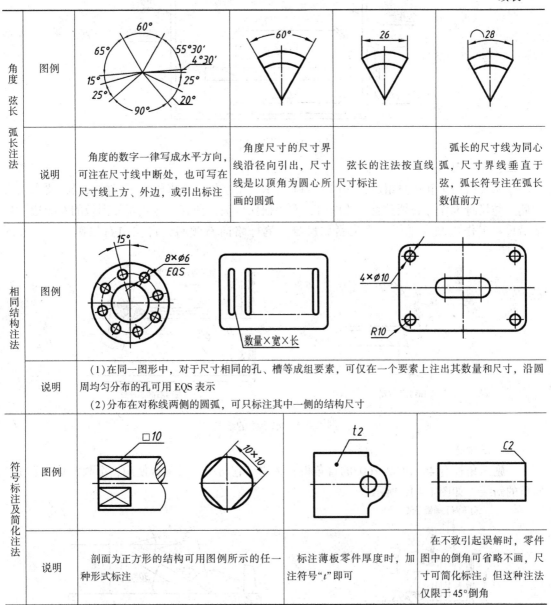

角度弦长弧长注法	图例				
	说明	角度的数字一律写成水平方向，可注在尺寸线中断处，也可写在尺寸线上方、外边，或引出标注	角度尺寸的尺寸界线沿径向引出，尺寸线是以顶角为圆心所画的圆弧	弦长的注法按直线尺寸标注	弧长的尺寸线为同心弧，尺寸界线垂直于弦，弧长符号注在弧长数值前方
相同结构注法	图例				
	说明	(1)在同一图形中，对于尺寸相同的孔、槽等成组要素，可仅在一个要素上注出其数量和尺寸，沿圆周均匀分布的孔可用 EQS 表示 (2)分布在对称线两侧的圆弧，可只标注其中一侧的结构尺寸			
符号标注及简化注法	图例				
	说明	剖面为正方形的结构可用图例所示的任一种形式标注	标注薄板零件厚度时，加注符号"t"即可		在不致引起误解时，零件图中的倒角可省略不画，尺寸可简化标注。但这种注法仅限于45°倒角

第二节　绘图仪器和工具的使用

绘图方法一般有仪器绘图、徒手绘图和计算机绘图。对于初学者来说，必须学会正确使用各种绘图仪器，提高自己的作图速度，加快对图形的理解。常用的绘图仪器和工具有：图板、丁字尺、三角板、铅笔、分规、圆规等。

一、图板

图板是用来铺放和固定图纸的垫板，要求表面平整光洁，左侧棱边为作图导边，必须平直，以保证与丁字尺内侧紧密接触，如图1-14所示。

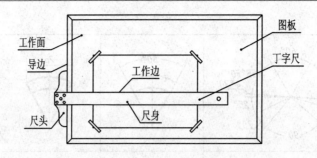

图 1-14　图板和丁字尺

二、丁字尺

丁字尺由尺头和尺身组成，如图 1-14 所示。丁字尺是用来画水平线的长尺，要求尺头内侧边与尺身工作边必须垂直。绘图时，左手扶住尺头，使其内侧边紧靠图板的左导边，执笔沿尺身工作边画水平线，笔尖紧靠尺身，笔杆略向右倾斜，自左向右匀速画线，如图 1-15所示。

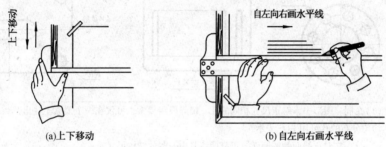

(a)上下移动　　　　　　　　　　(b)自左向右画水平线

图 1-15　水平线的绘制

三、三角板

一副三角板有 45°和 30°/60°的直角板各一块。它与丁字尺配合使用，可画铅垂线和 15°倍角的斜线，如图 1-16 所示。

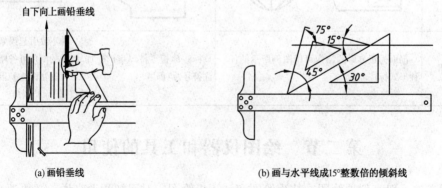

(a) 画铅垂线　　　　　　　　　　(b) 画与水平线成15°整数倍的倾斜线

图 1-16　用三角板配合丁字尺画铅垂线和倾斜线

四、铅笔

铅笔是绘制图线的主要工具，按铅芯分软(B)、硬(H)和中性(HB)3 种。H 或 2H 铅笔通常用于画底稿；B 或 HB 铅笔用于加深图形；HB 铅笔用于写字。

用于画粗实线的铅笔和铅芯应磨成扁平状(铲状)，其余的磨成圆锥状，如图 1-17 所示。

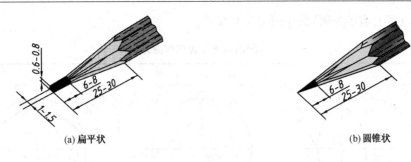

(a) 扁平状　　　　　　　　　　　　　(b) 圆锥状

图 1 – 17　铅笔的削法

五、圆规

圆规是画圆和圆弧的工具。使用前应调整针尖，使其略长于铅芯，如图 1 – 18 所示。

画图时，应使圆规沿前进方向适当倾斜，用力均匀，作等速转动，如图 1 – 19(a)所示。画大圆时可接上延长杆，如图 1 – 19(b)所示，尽可能使针尖和铅芯与纸面垂直，因此随着圆弧的半径不同应适当调整铅芯插腿和针脚。

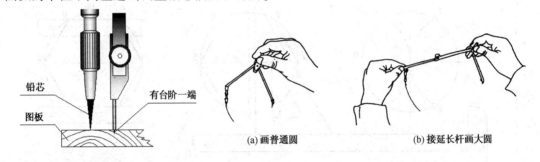

铅芯

图板

有台阶一端

(a) 画普通圆　　　　　(b) 接延长杆画大圆

图 1 – 18　圆规的铅芯及针脚　　　　　图 1 – 19　圆规的使用

六、其他绘图工具

（1）分规　分规是用来量取线段和等分线段的工具。为了准确地度量尺寸，分规两端部的针尖应平齐，用右手拇指和食指捏住分规手柄，使分规两针尖沿线段交替旋转前进。

（2）曲线板　曲线板用来画非圆曲线。每画一段，至少应有四个点与曲线板上某一段重合，并与已画的相邻曲线重合一部分，以保持曲线圆滑。

（3）比例尺　比例尺有三棱式和板式两种，尺面上有各种不同比例的刻度，不需计算。

（4）绘图模板　绘图模板是一种快速绘图工具，上面有多种镂空的常用图形和符号等。

（5）量角器　量角器用来测量角度。

在绘图时，还需准备铅笔刀、橡皮、擦图片、固定图纸用的胶带纸、磨铅笔用的砂纸等。

第三节　几何作图

机件的形状虽然多种多样，但都是由直线、圆弧和其他曲线所组成的几何图形。因此，必须熟练掌握基本几何图形的作图方法。

一、正多边形画法

正多边形常用将其外接圆多等分的方法作图，表 1 – 5 列出了正五边形、正六边形和任意正多边形(以正七边形为例)的作图方法及步骤。

表 1－5　圆内接正多边形作图方法

形状	作 图 方 法 及 步 骤
正五边形	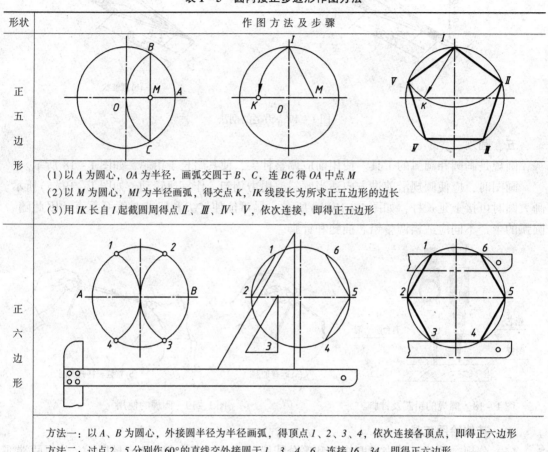 (1)以 A 为圆心,OA 为半径,画弧交圆于 B、C,连 BC 得 OA 中点 M (2)以 M 为圆心,MI 为半径画弧,得交点 K,IK 线段长为所求正五边形的边长 (3)用 IK 长自 I 起截圆周得点 II、III、IV、V,依次连接,即得正五边形
正六边形	方法一:以 A、B 为圆心,外接圆半径为半径画弧,得顶点 1、2、3、4,依次连接各顶点,即得正六边形 方法二:过点 2、5 分别作 60°的直线交外接圆于 1、3、4、6,连接 16、34,即得正六边形
正七边形	(1)将直径 AB 分成 7 等份(若作正 n 边形,可分成 n 等份) (2)以 B 为圆心,AB 为半径,画弧交 CD 延长线于 K 及对称点 K' 　(3)自 K 和 K'与直径上的奇数点(或偶数点)连线,延长至圆周,即得各分点 I、II、III、IV、V、VI、VII,依次连线,即得正七边形

二、斜度和锥度

1. 斜度

斜度是指一直线(或平面)对另一直线(或平面)的倾斜程度。其大小用两直线(或平面)

间夹角的正切值来表示，并把比值写为 1:n 的形式。

　　斜度图形和符号按表 1-6 中绘制，斜度符号方向应与实际倾斜方向一致。斜度的定义、标注和作图方法如表 1-6 所示。

表 1-6　斜度的定义、标注及作图方法

定义及标注	(a) 斜度=tanα=H:L=1:n	(b) 符号的画法 (h=字高)	(c) 标注方法
作图方法	(a) 目标图	(b) 绘制线段 AB、BC 及 AB 的垂线 AT，并作斜度为 1:6 的辅助线 EF	(c) 过点 C 作 EF 的平行线，交 AT 于 D，完成作图

　　2. 锥度

　　锥度是指正圆锥底圆直径与圆锥高度之比。若为锥台，则为上、下底圆直径差与锥台高度之比。锥度也简化为 1:n 的形式表示。

　　锥度图形和符号按表 1-7 中绘制，在标注时，该符号应配置在基准线上，锥度符号的方向应与实际锥度的方向一致。锥度的定义、标注和作图方法如表 1-7 所示。

表 1-7　锥度的定义、标注及作图方法

定义及标注	(a) 锥度=$\frac{D}{L}=\frac{D-d}{l}$=2tan$\alpha$	(b) 符号的画法(H=1.4h)	(c) 标注方法
作图方法	(a) 目标图	(b) 绘制线段 AB、OH 和 OH 的垂线 HP，并作锥度为 1:3 的辅助圆锥 EFG	(c) 过点 A 和点 B 分别作 EG 和 FG 的平行线，交 HP 于 D 和 C，即完成作图

三、圆弧连接

用已知半径的圆弧光滑连接(即相切)两已知线段(直线或圆弧),称为圆弧连接。圆弧连接在零件中广泛应用,如图 1-20(a)所示。

圆弧连接中已知半径的圆弧称为连接弧,图 1-20(b)中 $R59$ 和 $R37$ 均为连接弧。画连接弧前,必须求出它的圆心和切点。

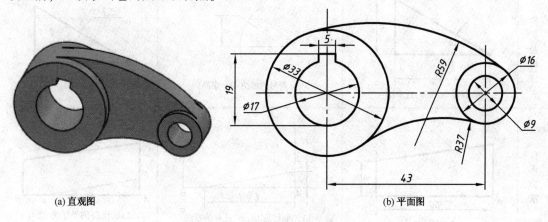

(a)直观图   (b)平面图

图 1-20　圆弧连接图形实例

1. 圆弧连接的作图原理

(1)连接弧与已知直线相切,其圆心轨迹是一条直线,该直线与已知直线平行且距离为 R,自圆心向直线作垂线,垂足即为切点,如图 1-21(a)所示。

(2)连接弧与已知圆弧(圆心 O_1,半径 R_1)相外切,其圆心轨迹为已知圆弧的同心圆,半径 $R_外 = R + R_1$,切点为两圆弧连心线与已知圆弧的交点,如图 1-21(b)所示。

(3)连接弧与已知圆弧(圆心 O_1,半径 R_1)相内切,其圆心轨迹为已知圆弧的同心圆,半径 $R_内 = |R_1 - R|$,切点为两圆弧连心线的延长线与已知弧的交点,如图 1-21(c)所示。

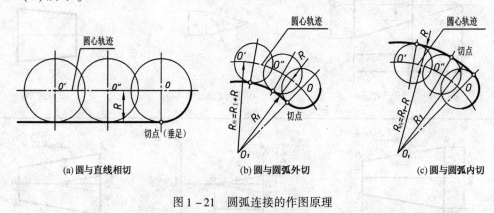

(a)圆与直线相切   (b)圆与圆弧外切   (c)圆与圆弧内切

图 1-21　圆弧连接的作图原理

2. 圆弧连接的作图

表 1-8 列举了用已知半径为 R 的圆弧连接两已知线段的五种典型情况。

表 1 - 8　典型圆弧连接作图方法

连接形式	作图步骤		
	求连接弧圆心 O	求切点 T_1、T_2	画连接圆弧
与两直线相切			
与直线和圆弧相切			
与两圆弧内切			
与两圆弧外切			
与两圆弧混切			

四、椭圆

椭圆的常用画法是根据椭圆的长短轴，用四段圆弧完成绘制，通常称之为四心圆法。作图过程如图 1-22 所示。

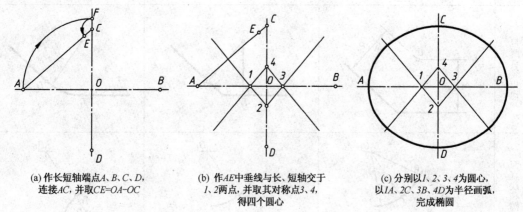

(a) 作长短轴端点A、B、C、D，连接AC，并取CE=OA-OC

(b) 作AE中垂线与长、短轴交于1、2两点，并取其对称点3、4，得四个圆心

(c) 分别以1、2、3、4为圆心，以1A、2C、3B、4D为半径画弧，完成椭圆

图 1-22　四心圆法绘制椭圆

第四节　平面图形的尺寸分析及画图步骤

平面图形绘制是产品结构设计的基础，要正确绘制平面图形，必须掌握平面图形的尺寸分析和线段分析。

一、平面图形尺寸分析

平面图形中的尺寸按其作用可分为定形尺寸和定位尺寸两类。

1. 定形尺寸

确定平面图形中各线段或线框形状大小的尺寸。如图 1-23 中的线段长度尺寸 51、圆弧半径尺寸 R7 和圆的直径尺寸 $\phi17$ 等。

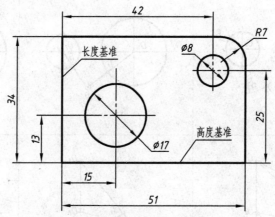

图 1-23　平面图形的尺寸分析

2. 定位尺寸

确定平面图形中线段或线框相对位置的尺寸。如图 1-23 中确定 $\phi17$ 圆心位置的尺寸

13 和尺寸 15 等。

确定尺寸位置的几何元素(点、直线或平面)称为尺寸基准。尺寸标注时,必须预先选好基准。平面图形中,长度和高度方向至少各有一个主要基准。一般选择图形的对称中心线、较大的圆的中心线和图形主要轮廓线等作为基准。图 1 − 23 所示平面图形的长度基准为左边轮廓线,高度基准为底边轮廓线。

二、平面图形的线段分析

平面图形是由若干条线段组成的。根据图形中所标注的尺寸和线段间的连接关系,图形中的线段可以分为已知线段、中间线段和连接线段三种。

1. 已知线段

具有完整的定形和定位尺寸的线段称为已知线段。这类线段可根据图形中所注的尺寸将其完整地画出,如图 1 − 24 中尺寸 15、$\phi20$、$\phi5$、$R15$、$R10$ 等所代表的线段。

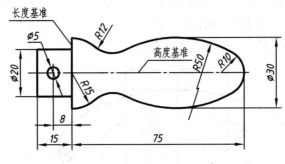

图 1 − 24 手柄

2. 中间线段

定形尺寸完整,而定位尺寸不全的线段称为中间线段。作图时,这类线段除需要图形中标注的尺寸外,还需根据与其他线段的一个连接关系才能画出,如图 1 − 24 中尺寸 $R50$ 所代表的线段。

3. 连接线段

只有定形尺寸,没有定位尺寸的线段称为连接线段。作图时,这类线段除需要图形中标注的定形尺寸外,还需根据它与其他线段的两个连接关系才能画出。如图 1 − 24 中尺寸 $R12$ 所代表的线段。

三、平面图形的画图步骤

在对平面图形进行尺寸分析和线段分析之后,可进行平面图形的作图。画平面图形的步骤,可归纳为以下几点(见图 1 − 25):

(1)画出基准线,并根据各个封闭图形的定位尺寸画出定位线;

(2)画出已知线段;

(3)画出中间线段;

(4)画出连接线段。

四、平面图形的尺寸标注

平面图形尺寸标注的基本要求是:正确、完整、清晰。

"正确"包含两个方面,一是指尺寸标注形式要符合国家标准的规定,二是指尺寸标注数字要准确。

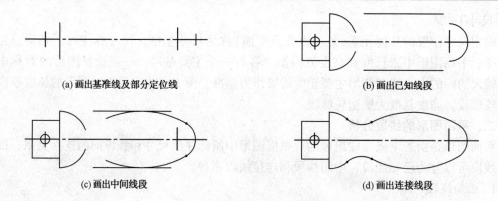

(a) 画出基准线及部分定位线　　　(b) 画出已知线段

(c) 画出中间线段　　　(d) 画出连接线段

图 1-25　平面图形的画图步骤

"完整"是指标注内容要齐全,不能遗漏尺寸。

"清晰"是指尺寸标注整体布局合理,标注清楚。

下面以图 1-26 为例说明平面图形尺寸标注的步骤。

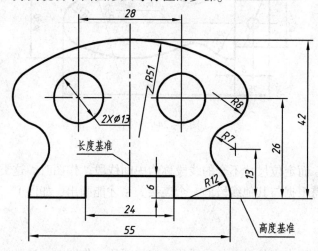

图 1-26　平面图形的尺寸分析与尺寸标注

1. 确定基准

由于图 1-26 为左右对称图形,因此将对称中心线确定为长度方向的尺寸基准;图形的底边轮廓线较长,且左右圆弧的圆心均在该直线上,故选择图形底边线作为高度方向的基准。

2. 标注尺寸

(1) 标注定形尺寸　　当图形具有对称中心线时,分布在对称中心线两边的相同结构可只标注其中一侧的结构尺寸,如 R8、R7、R12 和 2×φ13 等;另外还需标注底边长方形通槽的长度尺寸 24、高度尺寸 6,以及上部圆弧定形尺寸 R51。

(2) 标注定位尺寸　　需要标注的定位尺寸有圆弧 R7 和 R51 的定位尺寸,以及两个对称圆孔 2×φ13 的长度定位尺寸 28 和高度定位尺寸 26。

3. 检查

检查标注的尺寸是否正确、完整、清晰,如有错误要及时修正。

第五节　绘图的基本方法和步骤

一、仪器绘图的步骤

要使图样绘制得又快又好，除了必须熟悉制图标准、准确掌握几何作图方法和正确使用绘图工具外，还需有一定的工作程序。

1. 绘图前的准备工作

准备好图板、丁字尺、三角板、绘图仪器和其他工具、用品；将铅笔按线型要求削好，并调整好圆规两脚的长度。

2. 选择图幅、固定图纸

根据所绘图形大小和复杂程度确定绘图比例，选择合适的图纸幅面。将丁字尺尺头紧靠图板左边，图纸的水平边框与丁字尺的工作边对齐，然后用胶带将图纸固定在图板上。

3. 画图框和标题栏

按要求画出图框和标题栏。

4. 布置图形的位置

图形应匀称、美观地布置在图纸的有效区域内。根据每个图形的大小、尺寸标注及说明等其他内容所占的位置，画出各图的基准线，如对称中心线、轴线和较长轮廓线等。

5. 绘制底稿

根据定好的基准线，按尺寸先画各图形的主要轮廓线，然后绘制细节。

6. 检查、修改和清理

底稿完成后要仔细检查，改正图上的错误之处，并擦去多余线，将图面清理干净。

7. 加深

加深是保证图面质量的重要阶段。其要求是：线型正确、粗细分明、均匀光滑、深浅一致。加深顺序是：先细线后粗线，先曲（圆及圆弧）后直，先上后下，先左后右。最后，填写尺寸数字、文字、符号和标题栏。

二、徒手绘图的步骤

徒手画出的图样也称为草图，即绘图时不借助绘图工具，主要依靠目测估计图形与实物的比例，按一定的画法徒手绘制的图形。在讨论设计方案、技术交流和现场参观时，受现场条件或时间限制，常采用绘制草图的方式来表达工程形体。因此，草图是工程技术人员表达思想的有力工具，是工程技术人员必须掌握的一项重要基本技能。

徒手绘图要求画图速度要快，目测比例要准，图面质量要好，尺寸标注要全。徒手绘图时，手握笔的位置要比仪器绘图时稍高，以利于运笔和观察目标。笔杆与纸面成45°～60°角，执笔稳而有力。

要画好草图，还必须掌握徒手绘制各种线条的基本手法。

1. 直线的画法

徒手画直线时握笔的手要放松，手腕靠着纸面，沿着画线方向轻轻移动，保证图线画得直。眼睛要注意终点方向，便于控制图线。画短线，常以手腕运笔，画长线则以手臂动作，如图 1－27 所示。

(a) 水平方向画线最为顺手，图纸可斜放

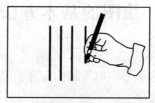

(b) 铅垂线要自上而下运笔

(c) 画倾斜线可转动图纸，使画的线正好处于顺手方向

图 1-27   徒手画直线的方法

2. 角度线的画法

画与水平线成 30°、45°、60° 的斜线时，可利用两直角边的近似比例定出端点后，再连成直线，如图 1-28(a)、(b) 和 (c) 所示。其余角度可按它与 30°、45° 和 60° 角的倍数关系画出。如画 10° 线时，可先画 30° 线再等分求得，如图 1-28(d) 所示。

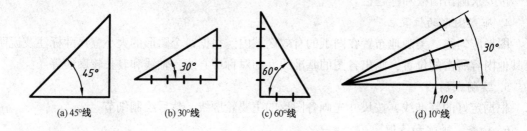

(a) 45° 线   (b) 30° 线   (c) 60° 线   (d) 10° 线

图 1-28   徒手画角度线

3. 圆的画法

画圆时先徒手作两条相互垂直的中心线，定出圆心，再根据直径大小，在对称中心线上截取四点，然后徒手将各点连接成圆，如图 1-29 所示。画较大圆时，可过圆心多画几条不同方向的直线，按半径找点后再连接成圆，如图 1-30 所示。

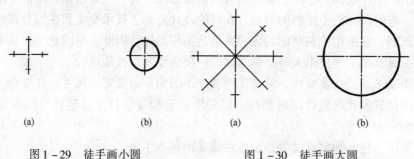

(a)   (b)   (a)   (b)

图 1-29   徒手画小圆   图 1-30   徒手画大圆

4. 椭圆的画法

先画出椭圆的长短轴，可利用椭圆的外切矩形画出椭圆，如图 1-31(a) 所示；也可利用椭圆的外切菱形画四段圆弧构成椭圆，如图 1-31(b) 所示。

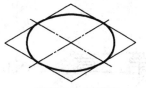

(a) 利用外切矩形画椭圆　　　　　　　　(b) 利用外切菱形画椭圆

图 1 – 31　徒手画椭圆的方法

当遇到较复杂平面轮廓的形状时，常采用勾描轮廓和拓印的方法，如图 1 – 32 和图 1 – 33 所示。

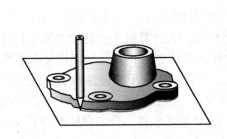
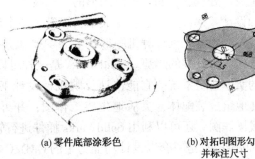

(a) 零件底部涂彩色　　　　　(b) 对拓印图形勾画
　　　　　　　　　　　　　　并标注尺寸

图 1 – 32　勾描画法　　　　　　　　　图 1 – 33　拓印画法

第二章　SolidWorks 基础知识

随着计算机技术的飞速发展，计算机辅助设计（Computer Aid Design，简称 CAD）技术已经广泛应用到各个行业，包括机械、航空航天、电子、建筑、纺织、艺术设计等众多领域。而在 CAD 技术中，计算机绘图技术又具有重要的基础地位。计算机绘图是指应用计算机绘图系统生成、处理、存储、输出图形的一项技术。它取代了传统的手工绘图方式，提高了设计质量和设计效率，降低了设计成本，提升了整个设计技术的管理水平。

近些年，随着三维计算机图形技术的发展和微机平台性能的提高，三维 CAD 设计软件的应用已经成为发展的趋势。SolidWorks 是一种可以运行在个人计算机上，基于参数化和特征技术的实体造型系统。它能快速反映机械设计工程师的设计思想，方便地创建复杂的实体，便捷地组成装配体，灵活地生成工作图；并可以进行装配体的干涉碰撞检查、钣金设计、生成爆炸图；还可以利用 SolidWorks 插件进行管道设计、工程分析、数控加工等。由此可见，SolidWorks 是一套以设计功能为主的 CAD/CAE/CAM 集成软件，为工程师提供了一个功能强大的模拟工作平台。

本章重点介绍 SolidWorks 2009 的基础知识部分，包括环境简介、入门实例、草图绘制和建模技术。

第一节　SolidWorks2009 概述

一、SolidWorks2009 启动方式

（1）选择【开始】→【程序】→【SolidWorks2009】→【SolidWorks2009SP0.0】→【SolidWorks2009SP0.0】命令，或在桌面双击 SolidWorks2009 的快捷方式图标，进入 SolidWork2009。

（2）单击菜单栏【新建】按钮，SolidWorks 提供零件、装配体和工程图三种设计模式，如图 2 - 1 所示。

（3）选择【零件】进入零件绘制窗口，如图 2 - 2 所示。

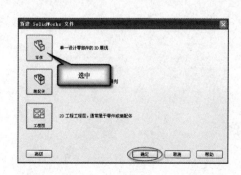

图 2 - 1　【新建 SolidWorks 文件】对话框

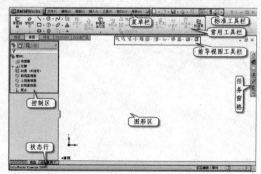

图 2 - 2　新建【零件 1】文件界面

二、SolidWorks2009 工作界面

SolidWorks 工作界面使用 Windows 风格，包括菜单栏、标准工具栏、常用工具栏、前导视图工具栏、任务窗格、控制区、图形区(绘图区)和状态栏等。在操作中还会及时弹出关联工具栏和快捷菜单。

1. 菜单栏和标准工具栏

SolidWorks2009 版本的菜单栏被隐藏，只要把鼠标放在左上角的扩展按钮 $\boxed{\text{SolidWorks ▶}}$ 上，就可以显示菜单栏。若需要一直显示菜单栏，可以单击菜单栏右侧的图钉按钮 $\boxed{\text{-□}}$，使其形状变为钉住 $\boxed{\text{○}}$ 即可。

标准工具栏在菜单栏后面，提供部分常用工具。

2. 常用工具栏

常用工具栏包含【草图】、【特征】、【钣金】和【装配体】等工具栏，在不同的工作环境中显示不同的种类。

用户也可以根据个人习惯自定义工具栏，并设置相应命令。操作步骤如下：

(1) 选择【工具】→【自定义】命令，打开【自定义】对话框，如图 2-3 所示。

(2)【工具栏】选项卡中添加所需复选框，例如【工程图】。

(3)【命令】选项卡中点击【草图】列表框，在【按钮】区会出现【草图】包含的所有命令。选择要新增的按钮，拖到工具栏的适当位置后放开，如图 2-4 所示。

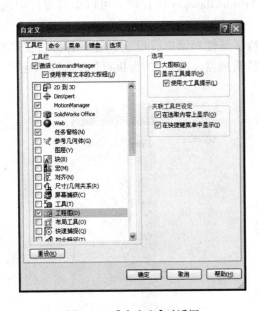

图 2-3　【自定义】对话框

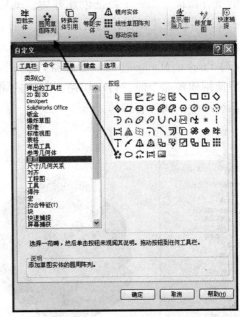

图 2-4　命令按钮的增减

说明：减少命令按钮时，只需从该工具栏中把要减少的按钮拖回【自定义】对话框即可。

(4)【键盘】选项卡中分别选取需定义快捷键命令所在的【范畴】及【命令】。

(5)【快捷键】文本框中输入所需字符。

3. 前导视图工具栏

在前导视图工具栏中单击【标准视图工具栏】按钮 $\boxed{\text{⊡▾}}$，即可选择显示三维模型的标准投

影视图，如图 2 - 5 所示。

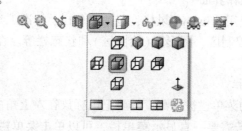

图 2 - 5　前导视图工具栏

4. 任务窗格

任务窗格位于界面的右侧，是与管理 SolidWorks 文件有关的工作窗口，可以折叠、钉住、浮动和隐藏任务窗格。其内容包括：SolidWorks2009 资源、设计库、文件探索器、查看调色板、外观/布景、自定义属性等内容。

5. 控制区

控制区位于界面的左侧，包括 FeatureManager 设计树（特征管理器）、PropertyManager（属性管理器）、ConfigurationManager（配置管理器）和 DimXpertManager（尺寸管理器）四个选项面板。

（1）FeatureManager 设计树是 SolidWorks 中一个独特的部分，它可视地显示零件或装配体中的所有特征。当一个特征创建好后，就加入到 FeatureManager 设计树中，因此 FeatureManager 设计树代表建模操作的时间序列，通过 FeatureManager 设计树，可以编辑零件中包含的特征，如图 2 - 6 所示。

（2）PropertyManager（属性管理器）是一个特征属性对话框，设定和管理各种特征属性，当用户使用建模命令时，自动切换到对应的属性管理器，图 2 - 7 为执行【矩形】草图绘制命令后系统产生的属性管理器。

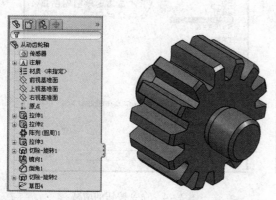

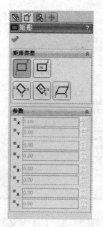

图 2 - 6　FeatureManager 设计树　　　图 2 - 7　PropertyManager（属性管理器）

6. 图形区

图形区中有坐标原点、左下角的三重坐标轴和自定义视图的方向。

7. 状态栏

图形区下方是状态栏，可以显示草图的绘制状态（如欠定义等）、正在编辑的内容以及草图绘制过程中光标的坐标位置等。

三、SolidWorks2009 的【系统选项】设置

选择【工具】→【选项】命令，打开【系统选项】对话框，包含【系统选项】和【文件属性】两个选项卡，如图 2－8 所示。【系统选项】中设置的内容将保存在注册表中，它不是文件的一部分，所做更改会影响当前和将来的所有文件。【文件属性】中设置的内容仅应用于当前文件。

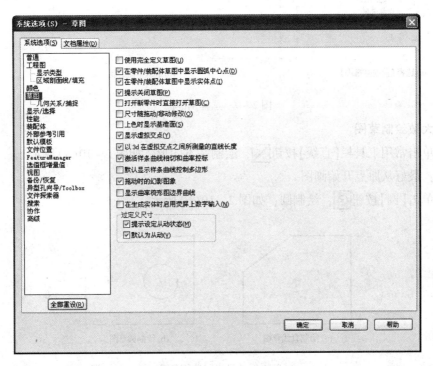

图 2－8　【系统选项】设置

【系统选项】除缺省设置外，推荐设置如下：

（1）【草图】选项中勾选【在零件/装配体草图中显示圆弧中心点】和【在零件/装配体草图中显示实体点】复选框，如图 2－8 所示。

（2）【显示/选择】选项中更改【零件/装配体上切边显示】选项为"移除"。

【文件属性】选项卡的设置请参照本书第七章第六节所述。初学者也可采用默认选项。

第二节　SolidWorks2009 入门实例

一、新建 SolidWorks2009 文件

进入 SolidWorks2009 后，单击菜单栏【新建】按钮 ▯ ，选择【零件】进入零件绘制窗口。

二、选择基准面

在控制区【FeatureManager 设计树】特征管理器中左键选择【前视基准面】，单击草图绘制按钮 ⬀ ，如图 2－9(a)所示，进入草图绘制，如图 2－9(b)所示。

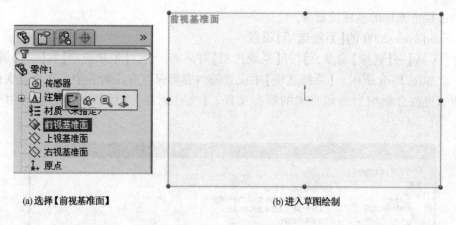

(a)选择【前视基准面】　　　　(b)进入草图绘制

图 2-9　选择基准面

三、大致绘制草图

（1）单击常用工具栏【直线】按钮 \，绘制基本图形，如图 2-10(a)所示。
注意：最好从原点开始画图。

（2）单击【圆】按钮 ⊘，绘制圆，如图 2-10(b)所示。

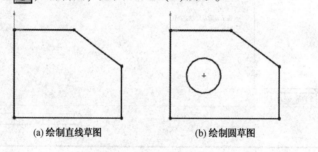

(a)绘制直线草图　　　　(b)绘制圆草图

图 2-10　绘制草图轮廓

四、标注尺寸

单击常用工具栏【智能尺寸】按钮 ⊘，完成尺寸标注，尺寸驱动图形，即完成草图绘制，如图 2-11 所示。

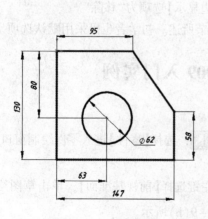

图 2-11　完成草图

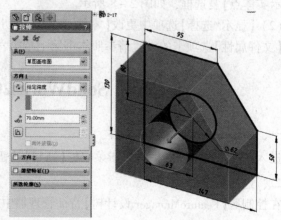

图 2-12　【拉伸】草图

五、选用特征

单击【特征】→【拉伸凸台/基体】命令 🔲，控制区出现【拉伸属性管理器】，如图 2 – 12 所示，在【终止条件】下拉列表框内选择【给定深度】，在【深度】文本框中输入"70mm"，单击【确定】按钮 ☑️，完成该特征。

六、保存零件

选择菜单栏【文件】→【保存】命令，打开【另存为】对话框，SolidWorks 会判定目前操作环境的模式，然后在文件名称后自动加入适当的扩展名。输入文件名为"练习 1. SLDPRT"，点击【保存】按钮。

第三节　SolidWorks2009 草图绘制

SolidWorks 是基于实体特征的建模系统，在构建简单的三维模型特征时，一般先将特征的轮廓以二维草图绘出，草图可以在任何默认基准面（前视基准面、上视基准面及右视基准面）上生成，是一个由点、直线、圆、圆弧等基本几何元素构成的封闭的或不封闭的平面轮廓，主要用于定义特征的截面形状、尺寸和位置等。草图中包括形状、几何关系和尺寸标注三方面的信息。完成草图后，可利用拉伸、旋转等特征成型方式构建完成三维模型。

草图绘制的合理性和准确性直接影响后续的三维实体的特征设计乃至产品设计，掌握草图的构建方法是学习三维造型的根本。

一、绘图前的准备

在使用 SolidWorks 进行草图绘制之前，首先要了解草图文件的创建和草绘工具栏等，然后才能循序渐进地学习各种工具的具体操作方法。

1. 确定基准面

基准面的选择很重要，熟练掌握建立基准面的方法，能够为特征造型创建零件做准备。选择基准面的方法通常有三种：

1）指定默认基准面作为草图绘制平面

SolidWorks 里提供了一个默认的正交平面坐标系，包括【前视基准面】、【上视基准面】和【右视基准面】三个基准面。

在【FeatureManager 设计树】中，单击鼠标左键进行选择，被选中的基准面将呈现高亮边框。选择【上视基准面】作为草绘平面时，界面如图 2 – 13 所示。

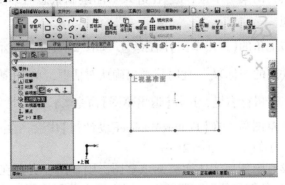

图 2 – 13　选择【上视基准面】作为草绘平面

通过拖动边框上的控制点可以改变基准面的显示大小，这只是为了方便绘图时位置的参考，实际上，基准面都是无限大的，不必一定在基准面可见边线内绘图。

2）指定已有模型上的任一平面作为草图绘制平面

选择特征实体造型的一个平面，如图 2 - 14(a)所示图形的上表面；右键单击该平面，即弹出关联工具栏，如图 2 - 14(b)所示；单击【草图绘制】 按钮即可进入草图绘制状态，如图 2 - 14(c)所示。

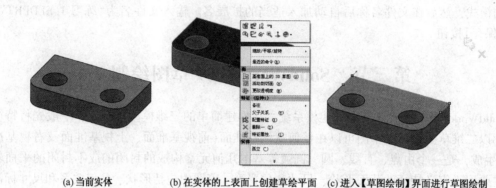

(a)当前实体　　　　　(b)在实体的上表面上创建草绘平面　(c)进入【草图绘制】界面进行草图绘制

图 2 - 14　选择当前实体某一表面作为草绘平面

3）创建一个新的基准面

如果要绘制的草图既不在默认基准面上，又不在模型表面上，就需要利用【参考几何体】 命令来创建一个新的基准面。该方法见本章第四节。

2. 进入与退出草绘状态

草图绘制工具必须在进入草图绘制状态后才能有效。

1）进入草绘状态

在前面的学习中已多次提到进入草图绘制的方法，除前述方法外，还可以单击常用工具栏【草图】选项卡中的第一个按钮【草图绘制】 ，进入草图绘制状态。

2）退出草绘状态

草图绘制完成后，可立即选择建立特征，也可以先退出草图再建立特征。结束草图绘制状态的方法很多，常用的有以下三种：

(1) 草图绘制工具栏的第一个按钮 在进入草图绘制状态后即变为【退出草图】按钮，图标不变，单击该按钮。

(2) 单击绘图区右上角的【退出草图】图标 ，如图 2 - 14(c)所示。如果要放弃对该草图的更改，点击与之并列的图标 ，此时将弹出确认对话框，单击【确定】按钮即可。

(3) 在绘图区内点击鼠标右键，选择【退出草图】命令 。

草图绘制完毕离开草图后，在【FeatureManager 设计树】中会产生一个草图特征，Solid-Works 会自动依序标号为草图 1、草图 2……。

若进入草图绘制没有画任何实体而离开该草图，则草图会自动在【FeatureManager 设计树】中消失，这表示没有任何实体留在草图上。再次进入草图绘制，其编号将自动累加，即下次进入草图绘制时，SolidWorks 会以草图 2 为编号，继续草图绘制。也可点击修改草图名称。

3. 右键快捷方式

在执行草图绘制的时候，右键快捷方式可以提高操作效率。在选择对象模式下（即标准工具栏中【选择】按钮呈现被选中的状态），单击鼠标右键，屏幕上会出现快捷菜单，如图 2－15 所示，这样可以便捷地使用下一个操作命令。

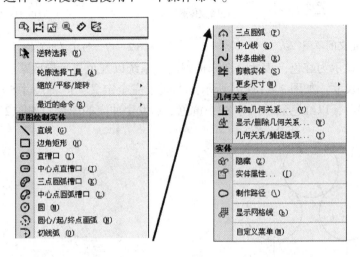

图 2－15　右键菜单

SolidWorks 软件会根据情况将下一步可能用到的工具罗列在右键快捷菜单中，以方便用户按照自己的设计需要作图，在这个快捷菜单里，可启动某个草图作图命令，更改几何图形的视图模式，对草图图形标注尺寸或是对草图图形加入新的几何限制条件等。

4. 草图的合理性

SolidWorks 是一个完全参数化的造型软件，通过标注草图尺寸来建立参数的关系。当改变其中一个实体的数值时，将改变整个与之相关联的草图的尺寸。草图几何体有完全定义、欠定义、过定义、无解和无效解 5 种状态，其状态类型显示于 SolidWorks 窗口底端的状态栏上。

（1）完全定义　显示为黑色，表示草图中所有的直线、曲线的形状和位置，均由尺寸或几何关系或两者准确说明，如图 2－16 所示。

（2）欠定义　显示为蓝色，表示实体的尺寸和（或）几何关系未完全定义，可随意改变。如图 2－16 中取消两个相切关系，图形即为欠定义状态。此时可以拖动端点、直线或曲线使草图实体改变形状。

（3）过定义　显示为黄色，表示几何体被过多的尺寸和（或）几何关系约束或冲突。若草图处于过定义状态，一般情况下系统会给出警告提示。例如，将图 2－16 所示图形增加对竖直直线的尺寸标注，如图 2－17（a）所示，图形即为过定义状态，系统提示窗口如图 2－17（b）所示。此时若选择"将此尺寸设为从动"，则尺寸 20 将显示为灰色，表示冗余而又不能修改的尺寸，在此图中只能随着 R10 的变化而变化。

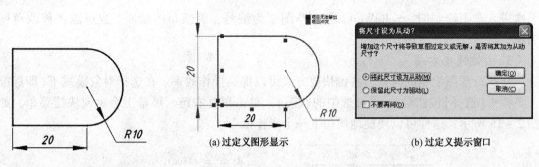

图2-16　完全定义的草图	(a) 过定义图形显示　　　(b) 过定义提示窗口
	图2-17　过定义的草图

（4）无解　显示为红色，表示草图未被解出。系统以红色显示导致草图不能解出的几何体、几何关系和尺寸。如图2-18（a）所示图形属于完全定义，但将尺寸50改为80后，系统无法求出正确解，以红色显示尺寸80，黄色显示发生冲突的图形，如图2-18（b）所示。

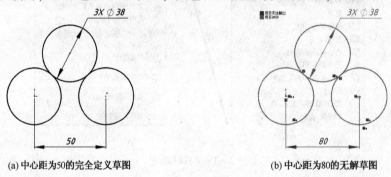

(a) 中心距为50的完全定义草图　　　　　(b) 中心距为80的无解草图

图2-18　无解草图示例

（5）无效解　图形显示为黄色，表示草图虽然解出，但会导致几何体的无效，如零长度线段、零半径圆弧或自相交叉的样条曲线。系统要求删除某些几何关系或尺寸，或将草图返回到其先前状态。

5. 选择方式

（1）点击选择　鼠标左键单击选择实体。按住【Ctrl】键可以进行逐一递增选择，如果再次选择被选取的对象，可以使该对象取消被选状态。在【FeatureManager 设计树】中选择第一个对象，然后按住【Shift】键选择另一个对象，可选择两个对象之间的所有项目。

图2-19　【逆转选择】命令

（2）框选择　不同方向的框选有不同的结果：从左向右选择表示"包括选择"，即全部在选择框内的对象才能被选上；从右向左选择表示"接触选择"，即被选择框接触到的对象就会被选上。

（3）逆转选择　当需要选择的项目较多时，只需选中不需要的项目，利用右键菜单中的【逆转选择】命令，即可选择所需项目，如图2-19所示。

二、草图绘制工具

由于草图集成了形状、几何关系和尺寸标注等内容，因此在绘制草图前一定要详细地规划。一个优秀的草图具有下列特点：良好的可再修改性，各个元素之间关联得当，尺寸合理。

下面重点介绍草图绘制工具栏中部分常用工具的操作方法。

1. 绘制直线

【草图绘制】常用工具栏中的【直线】图标按钮 ⟍ 包含【直线】 ⟍ 和【中心线】 ┇ 两个命令。

1）直线绘制方式

直线绘制方式有两种：

（1）单击－单击模式　单击鼠标左键确定直线的起点，移动鼠标预览直线，单击下一点确定直线的终点，移动鼠标则会继续生成直线。若结束直线绘制，可双击鼠标左键，将回到绘制直线的初始状态；也可单击鼠标右键，选择菜单中的【选择】选项 ⟍，或按键盘上【Esc】键结束直线的绘制，但此时将退出直线绘制。

（2）点击－拖动模式　单击鼠标左键确定直线的起点，拖动光标，直至直线的终点释放。鼠标左键抬起时，回到直线绘制初始状态。

2）推理线的运用

直线绘制过程中会有推理线帮助预览与其他草图实体的关系，同时还能够自动捕捉中点、端点、交点和重合点等。

在 SolidWorks2009 中有两种颜色的推理线：蓝色推理线用以显示指针与点的关系，如水平、垂直等共线关系；黄色推理线用以显示指针与线的关系，如平行、垂直、相切关系。

可以利用推理线快速绘制草图，自动添加几何关系。如快速绘制与一条直线平行的线段的方法是：选择【直线】按钮 ⟍，单击左键选定起点，然后将指针置于欲平行的直线上，再移至相应位置，此时出现黄色的推理线，左键单击作为终点。如果在绘制草图时按住【Ctrl】键，则蓝色推理线功能被禁用。

3）添加几何关系

上面提到推理线可自动添加几何关系，若几何关系没有自动生成，也可以手工添加几何关系。主要是利用【线条属性】管理器中的【添加几何关系】面板，将相应的几何关系添加到所选实体，此处的面板清单中只包括所选实体可能使用的几何关系。

4）构造线与无限长度直线

在【线条属性】管理器中的【选项】面板中有两个复选框：

（1）【作为构造线】复选框　选择该复选框，可以将实体转换到构造几何线。

（2）【无限长度】复选框　选择该复选框，可以生成一条无限长度直线。该直线在以后的编辑中可以通过【裁剪】命令改变长度。

5）直线的修改

直线的修改主要有两种方式：

（1）通过拖曳修改直线。要改变长度和角度，选择一端点并拖曳此端点到另一位置。若选择直线并拖曳，则将整体移动直线位置。

（2）通过编辑直线的属性管理器相关属性修改直线。

后面将要讲述的其他实体（圆和圆弧等）的修改方式与直线基本相同，不再进行说明。

6）中心线

中心线作为构造几何线使用，用来生成对称的草图实体、旋转体和阵列特征操作的中心轴或构造几何体的中心线。绘制中心线的步骤与绘制直线相同，不同之处是中心线显示为点画线。其绘制方法有以下几种：

（1）直接绘制中心线。常用工具栏中的【直线】图标按钮 ↘ 右侧下拉菜单中有【绘制中心线】命令 ┊ 。

（2）转化现有直线为中心线。选中直线，单击鼠标右键，在快捷菜单中选择【直线与构造几何线转换】按钮 ⇄ ，该直线立即转化为中心线，亦可反向操作。

（3）在直线属性管理器中选中【作为构造线】复选项。

（4）选择菜单命令【草图工具】→【构造几何线】。

2. 绘制圆

【草图绘制】工具栏中的【圆】按钮 ⊙· 包含【中心圆】⊙ 和【周边圆】⊕ 两个命令。

【中心圆】⊙ 命令是用鼠标左键单击绘图区域放置圆心，拖动鼠标设置半径，在绘图区域左侧的圆属性窗口中，系统会自动追踪光标显示半径数值，如图 2-20（a）所示，在合适位置单击鼠标左键确定。

【周边圆】⊕ 命令则是需要给定圆周上的三点，左键单击绘图区域放置圆周边点 1，拖动鼠标设置周边点 2，如图 2-20（b）所示，继续拖动光标，圆将动态改变，在合适位置单击鼠标左键确定圆周点 3。

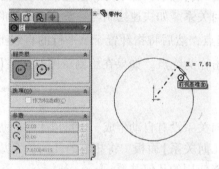
(a)【中心圆】属性设置和绘制

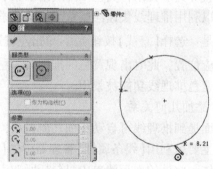
(b)【周边圆】属性设置和绘制

图 2-20 圆属性设置和绘制

3. 绘制矩形

【草图绘制】常用工具栏中的【矩形】图标按钮 □· 包含【边角矩形】□、【中心矩形】▣、【三点边角矩形】◇、三点中心矩形 ◈ 和【平行四边形】▱ 五个命令。绘制方式相对简单，一般采用单击—单击模式即可。

4. 绘制槽口

【槽口】◎· 命令是 SolidWorks2009 为方便键槽草图的绘制而新增添的命令，它的下拉菜单中包括四个命令：【直槽口】◎、【中心点直槽口】◎、【三点圆弧槽口】⌒ 和【中心点圆弧槽口】⌒，其中【直槽口】◎ 命令最为常用。

以绘制【直槽口】◎ 为例说明槽口启动方式：单击【草图绘制】工具栏中的【直槽口】图标按钮 ◎ 或单击【工具】→【草图绘制实体】→【直槽口】选项。执行该命令后，绘图区域的光标

形状变为 <svg-icon/>。开始绘制直槽口时与绘制直线相似，如图 2-21(a) 所示，单击指定槽口的起点，移动指针到指定位置后单击确定槽口终点，此时光标将动态显示槽口宽度，如图 2-21(b) 所示，移动指针到合适位置单击确认即可。若在【槽口】属性管理器中选择【添加尺寸】复选框，则确定槽口形状的同时系统会自动添加尺寸标注，如图 2-21(c) 所示。

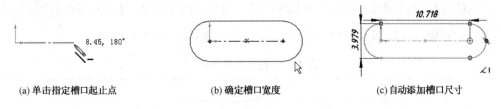

(a) 单击指定槽口起止点　　　　　(b) 确定槽口宽度　　　　　(c) 自动添加槽口尺寸

图 2-21　【直槽口】的画法

修改直槽口的方式主要有三种，除了通过拖动修改和【槽口属性】管理器修改以外，还可以通过【爆炸槽口】命令解散槽口草图实体进行修改。操作方法是：右键单击欲爆炸的槽口实体，在弹出的菜单中选择【爆炸槽口】。根据原始槽口实体的类型，槽口实体将变成单独的直线和圆弧实体，但几何关系仍然存在。

5. 绘制圆弧

SolidWorks【圆弧】<svg-icon/>命令提供了 3 种绘制方法：【圆心/起/终点画弧】<svg-icon/>、【切线弧】<svg-icon/> 和【三点圆弧】<svg-icon/>。

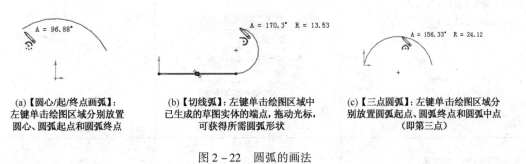

(a)【圆心/起/终点画弧】：左键单击绘图区域分别放置圆心、圆弧起点和圆弧终点　　(b)【切线弧】：左键单击绘图区域中已生成的草图实体的端点，拖动光标，可获得所需圆弧形状　　(c)【三点圆弧】：左键单击绘图区域分别放置圆弧起点、圆弧终点和圆弧中点（即第三点）

图 2-22　圆弧的画法

6. 绘制样条曲线

使用【样条曲线】<svg-icon/>可以绘制复杂的曲线。一般来说，一条有曲度的最简单的曲线应该有不少于两个控制点。绘制时各控制点的选定可采用单击-单击模式，最后一点双击即可。

修改样条曲线主要有两种方式：

(1) 在打开的草图中选择样条曲线，此时控标出现在通过点和线段端点上，如图 2-23 所示，通过调整控制点和控标修改样条曲线的形状。

图 2-23　样条曲线上的控制点与控标　　　　图 2-24　【样条曲线工具】工具栏

(2) 通过【样条曲线工具】来对曲线进行更为方便的修改。【样条曲线工具】工具栏如图 2-24 所示，可通过在非作图区域点击鼠标右键选择，也可单独点击【工具】→【样条曲线工具】进行使用。

三、草图实体编辑工具

草图实体编辑工具作用于已经绘制完成的单个或多个草图实体，让草图实体的绘制变得更加容易。

1. 绘制圆角/绘制倒角

【草图绘制】工具栏中的【绘制圆角】按钮下面包含两个命令：【绘制圆角】和【绘制倒角】。绘制圆角方法如表2-1所示，绘制倒角方法如表2-2所示。

表2-1　绘制圆角方法

选择实体方式	设置圆角半径	结　果
共有端点的相交两实体： 方法一：选择两实体的交点 方法二：选择两实体		
未相交的两实体（一般做法）： 分别选择两实体即可		
端点不同的相交两实体： 注意点选的位置为需要保留的一侧		
端点不同的相交两实体： 注意点选的位置为需要保留的一侧		

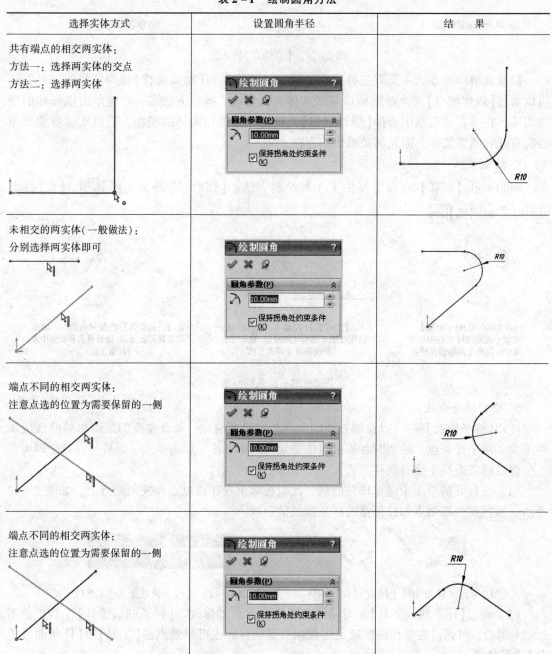

表 2 - 2 绘制倒角方法

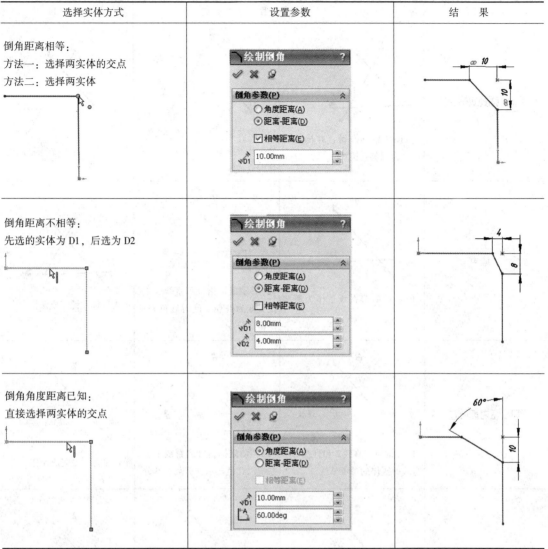

2. 剪裁实体/延伸实体

【草图绘制】工具栏中的【剪裁实体】 按钮下面包含两个命令：【剪裁实体】 和【延伸实体】 。

1)【剪裁实体】

单击【草图绘制】工具栏中的【剪裁实体】命令或单击【工具】→【草图绘制工具】→【剪裁】选项后，【剪裁】属性管理器自动产生，在【选项】选项栏中列有五种裁剪类别：强劲剪裁 、边角 、在内剪除 、在外剪除 和裁剪到最近端 。使用最多的是强劲裁剪 和裁剪到最近端 两项。

几种剪裁方式的使用方法如表 2 - 3 所示。

表 2 – 3 剪裁实体的方法

剪裁方式	操作过程		结　果
⊞ 强劲剪裁(P)	(1)按住鼠标左键，并拖动光标，出现灰色迹线	(2)拖动穿越要剪裁的草图实体，指针在穿过并剪裁草图实体时变成	释放指针，单击 ✓ 确定
⊞ 边角(C)	(1)左键单击直线 2 作为剪裁对象	(2)移动鼠标指针到直线 3 上，使其变为红色，此时红色表示保留部分	单击鼠标左键完成操作
⊞ 在内剪除(I)	(1)左键单击直线 2 和直线 3 作为裁剪操作的参考基线	(2)移动鼠标指针到直线 1 上，系统以红色显示被剪裁的部分	单击鼠标左键完成操作
⊞ 在外剪除(O)	(1)左键单击直线 2 和直线 3 作为剪裁操作的参考基线	(2)移动鼠标指针到直线 1 上，系统以红色显示被剪裁的部分	单击鼠标左键完成操作
⊞ 剪裁到最近端(T)	(1)点击【剪裁到最近端】选项后，光标变为 ✂	(2)移动鼠标指针到直线 1 上，系统以红色显示被剪裁的部分	单击鼠标左键完成操作

2)【延伸实体】⟦⟧

利用【延伸实体】⟦⟧命令可以增加草图实体(直线、中心线或圆弧)的长度。通常情况下，使用【延伸实体】可以将草图实体延伸，以使其与另一个草图实体相遇。执行【延伸实体】命令后，光标变为⟦⟧。以图 2 - 25(a)为例，若想将直线 1 延伸至直线 2，则点击该命令后，将光标移至直线 1 上，系统自动显示红色引导线指导直线 1 的延伸，如图 2 - 25(b)所示，确认单击鼠标左键即可，如图 2 - 25(c)所示。

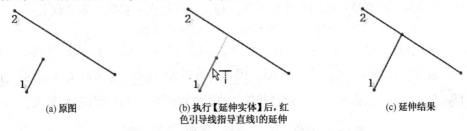

(a) 原图   (b) 执行【延伸实体】后，红   (c) 延伸结果
                           色引导线指导直线1的延伸

图 2 - 25   延伸命令的应用

3. 线性草图阵列/圆周草图阵列

对于有规律排列的草图，可以使用【阵列】⟦⟧命令下的【线性草图阵列】⟦⟧或【圆周草图阵列】⟦⟧来生成草图阵列，从而简化草图绘制的步骤，提高草图绘制的效率。在单击命令后，系统自动产生属性管理器，通过设置各参数，达到阵列目的，具体实例如图 2 - 26 和图 2 - 27 所示。

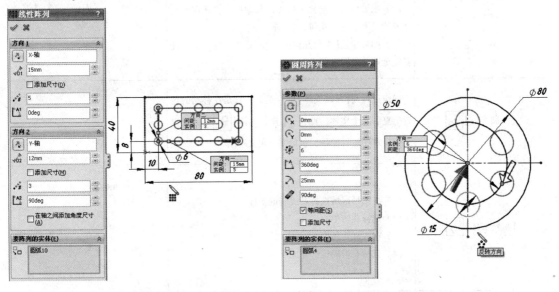

图 2 - 26 【线性草图阵列】示例   图 2 - 27 【圆周草图阵列】示例

4. 转换实体引用

【转换实体引用】⟦⟧是 solidworks 中一个非常有效的一个实体编辑工具，它通过将已有的边线、环、面、曲线、外部草图轮廓线、一组边线或一组草图曲线投影到草图基准面上，在草图上生成一个或多个草图实体。其具体操作步骤如下：

（1）在打开的草图中，单击模型边线、环、面、曲线、外部草图轮廓线、一组边线或一组曲线等。

（2）单击【草图绘制】工具栏上的【转换实体引用】 按钮，即可建立以下几何关系：

① 在边线上：在新的草图曲线和实体之间生成，这样如果实体更改，曲线也会随之更新。

② 固定：在草图实体的端点上内部生成，使草图保持【完全定义】状态。当使用【显示/删除几何关系】时，不会显示此内部几何关系。拖动这些端点可移除固定几何关系。

5. 移动实体/复制实体/旋转实体/缩放实体比例/伸展实体

SolidWorks 提供了移动、复制、旋转、缩放和伸展草图的工具，统一置于【移动实体】 命令下，共包含【移动实体】 、【复制实体】 、【旋转实体】 、【缩放实体比例】 和【伸展实体】 5 个命令。点击命令后可以打开各自的属性管理器，具体操作过程见表 2 – 4。

表 2 – 4　移动、复制、旋转、缩放和伸展实体方法

绘制工具	操作过程	图　例
【移动实体】 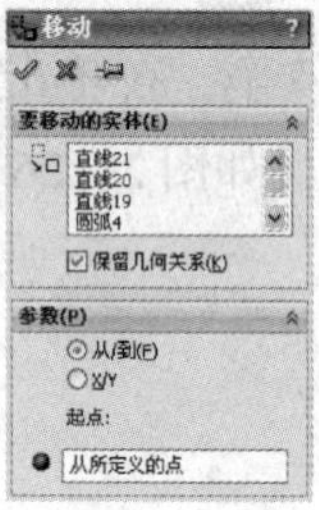	（1）如果点选【从/到】单选钮，则需要在图形区域中选择起点。此时，图形随着鼠标指针的移动而移动，当到达指定的位置后，单击鼠标左键确定，再单击鼠标右键结束 （2）如果点选【X/Y】单选钮，只需在下面的文本框中输入坐标数值即可 （3）如果草图被定义了尺寸，移动操作将在保留尺寸的情况下进行，几何关系将被忽略 （4）如果勾选【保留几何关系】复选框，此工具不能对完全定义草图进行操作	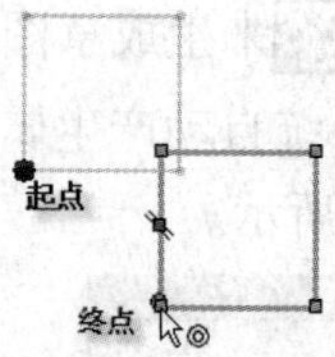
【复制实体】	操作过程与【移动实体】命令类似，只是在移动的位置上复制一个实体。此外，【复制实体】 工具可以对任何草图进行操作，包括完全定义草图	
【旋转实体】	（1）在图形区域选择要旋转的实体 （2）选择旋转中心 （3）输入旋转角度 （4）鼠标右键确定，完成旋转	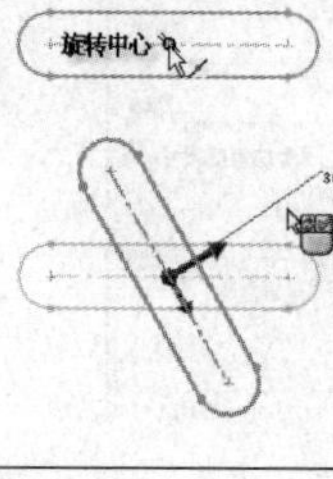
【缩放实体比例】	（1）在图形区域选择要缩放的实体 （2）选择比例缩放点 （3）改变【比例因子】数值 （4）若勾选【复制】复选框，并输入复制数量，则可以对完全定义草图操作	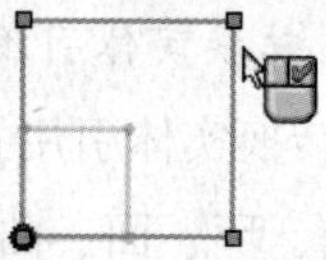

续表

绘制工具	操作过程	图 例
【伸展实体】	(1) 在图形区域自右向左选择要伸展的实体 (2) 点选【从/到】单选钮,确定伸展点 (3) 或点选【X/Y】单选钮,确定坐标改变量	

6. 镜向实体

生成镜向实体时,SolidWorks 软件会在每一对相应的草图点(镜向直线的端点、圆弧的圆心等)之间应用对称关系。如果更改被镜向的实体,则其镜向图像也会随之更改。另外,镜向实体在 3D 草图中不可使用。其具体操作步骤如图 2 – 28 所示。

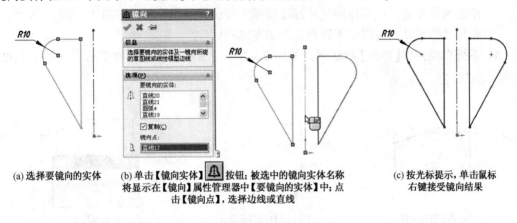

(a) 选择要镜向的实体　　(b) 单击【镜向实体】 按钮;被选中的镜向实体名称　　(c) 按光标提示,单击鼠标
将显示在【镜向】属性管理器中【要镜向的实体】中;点　　右键接受镜向结果
击【镜向点】,选择边线或直线

图 2 – 28 　【镜向实体】命令的应用

7. 等距实体

【等距实体】 命令是按特定的距离等距一个或多个草图实体所选模型边线或模型面。其具体操作步骤如下:

(1) 在打开的草图中,选择一个或多个草图实体、一个模型面或一条模型边线等。

(2) 单击草图绘制工具栏上的【等距实体】按钮 。

(3)在【等距实体】属性管理器中设定参数,如图 2 – 29 所示。

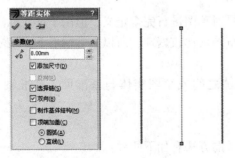

图 2 – 29 　【等距实体】绘制及属性管理器

四、尺寸标注

SolidWorks 中的尺寸标注是一种参数式的，即图形的形状或各部分间的相对位置与所标注的尺寸相关联，要想改变图形的形状、大小或各部分间的相对位置，只需改变所标注的尺寸即可完成。

用尺寸标注工具给草图实体和其他对象标注尺寸，尺寸标注的形式取决于所选定的实体项目，尺寸标注将针对不同的情况（如点到点、点到直线、角度、圆）而改变，同时尺寸所放置的位置也会影响其形式。

下面以直线为例，说明智能尺寸基本操作：

（1）单击【智能尺寸】按钮，此时光标指针变为。

（2）将光标指针放到要标注的直线上，指针形状变为，系统将标注的实体高亮显示，如图 2 - 30(a) 所示。

（3）单击鼠标左键，该实体的尺寸标注将随光标位置动态显示，如图 2 - 30(b) 所示。

（4）将尺寸线移动到适当位置后再次单击左键确认。

（5）系统自动弹出【修改】对话框，如图 2 - 30(c) 所示，在文本框中输入直线的长度，单击完成标注。

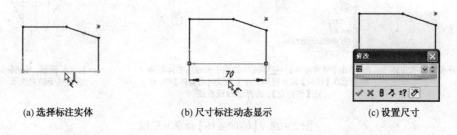

| (a) 选择标注实体 | (b) 尺寸标注动态显示 | (c) 设置尺寸 |

图 2 - 30 线性尺寸标注

若尺寸标注完成后需要再次修改，双击该尺寸，即可弹出【修改】对话框。

如果要标注两个几何元素间的尺寸，只需将步骤(3)变为：用鼠标左键拾取第一个几何元素，此时将出现尺寸线，继续用鼠标左键拾取第二个几何元素。其余步骤与前述相似。

五、添加几何关系

可以使用尺寸标注工具对草图进行完全定义，但由于尺寸标注仅仅只是确定草图形体之间的位置关系，完全定义草图就比较繁琐，所以通常情形下，尺寸标注需要配合添加几何关系来完全定义草图。

几何关系是指草图实体之间或草图实体与基准面、基准轴、边线或定点之间的几何约束。

1. 自动添加几何关系

设置自动添加几何关系的方法有如下两种：

（1）打开菜单工具栏中的【工具】→【选项】→【系统选项】→【草图】→【几何关系/捕捉】，勾选"自动几何关系"复选框，如图 2 - 31 所示。

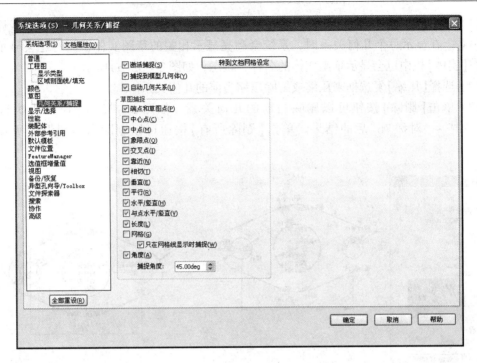

图 2 - 31　自动添加几何关系

（2）还可以通过单击菜单栏中的【工具】→【草图设定】→【自动添加几何关系】来完成设置自动添加几何关系的操作。

2. 手动添加几何关系

在【草图绘制】工具栏内【显示/删除几何关系】图标按钮中包括三个命令：【显示/删除几何关系】、【添加几何关系】和【完全定义草图】。

要为草图实体添加几何关系，执行【添加几何关系】命令后，可进行如下操作：

（1）鼠标左键拾取要添加几何关系的实体，此时所选实体会在系统自动弹出的【添加几何关系】特性管理器中的【所选实体】栏显示。

（2）信息栏显示所选实体的状态（完全定义或欠定义等）。

（3）如果要删除一个已选实体，可按住【shift】键后，再次单击该实体，或者在【所选实体】框内右击该项目，在弹出的菜单中选择【删除】即可。

（4）在【添加几何关系】栏中单击要添加的几何关系类型（水平、竖直、共线等）。

（5）如果要删除已经添加的几何关系，在【现有几何关系】栏中右击该几何关系，选择删除即可。

（6）单击按钮确定。

3. 显示/删除几何关系

利用【显示/删除几何关系】工具可显示手动和自动应用到草图实体的几何关系，查看有疑问的特定草图实体的几何关系，并可用来删除不再需要的几何关系。此外，还可以通过替换列出的参考引用来修正错误的实体。

在执行【显示/删除几何关系】命令后，可进行如下操作：

（1）在出现的【显示/删除几何关系】属性管理器【几何关系】列表中选择要显示或删除的几何关系。在显示每个几何关系时，系统会高亮显示相关的草图实体，同时还会显示其状态。在【实体】栏中也会显示草图实体的名称、状态，如图 2-32(a) 所示。

（2）选择【压缩】复选框来压缩或解除压缩当前的几何关系。

（3）单击【删除】按钮可以删除当前的几何关系，如图 2-32(b) 所示为执行删除"对称 72"～"对称 76"后的结果。单击【删除所有】按钮可以删除当前图形的所有几何关系。

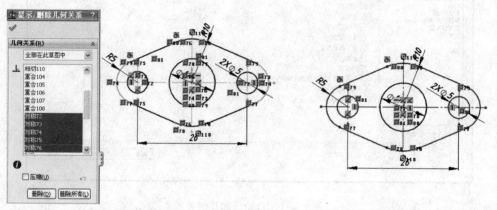

(a) 选择部分几何关系   (b) 对选中的几何关系执行【删除】

图 2-32 【显示/删除几何关系】属性管理器

第四节 SolidWorks 基本建模方法

草图绘制是建立三维几何模型的基础，但还属于二维 CAD 的范畴。SolidWorks 的核心功能是三维建模，本节重点介绍 SolidWorks 的几种基本建模方法。

一、参考几何体

在零件建模过程中，可以使用三个默认的基准面与模型上的面作为草图绘制平面，但有时不能完全满足要求，为此，我们可在 SolidWorks 中创建基准面、基准轴、基准点和坐标系等参考几何体。本节重点说明基准面、基准轴的建立方法。

1. 基准面

生成基准面的步骤为：

（1）选择【插入】→【参考几何体】→【基准面】命令，或者单击【参考几何体】工具栏中的【基准面】◇ 按钮，打开创建基准面的属性管理器。

（2）选择想生成的基准面类型及相应项目来生成基准面。

（3）所选项目出现在参考实体中，在图形区域中出现新的基准面预览。

（4）单击【确定】✓ 按钮生成基准面。新的基准面出现在图形区域及特征设计树中。

基准面的创建方式如表 2-5 所示。

表 2 - 5　基准面的创建方式

类　　型	说　　明	属性管理器	所选对象及结果预览
【通过直线/点】	生成一基准面，它通过一线（可以为边线、轴线、草图线）及点或通过三点	选择(E) 边线<1> 顶点<1> 通过直线/点(L)	
		选择(E) 顶点<2> 顶点<1> 点<2> 通过直线/点(L)	
【点和平行面】	生成一基准面，它通过一点，并平行于基准面或面	选择(E) 面<1> 点<1> 通过直线/点(L) 点和平行面(P)	
【两面夹角】	生成一基准面，它通过一条边线、轴线或草图线，并与一个面或基准面成一定角度	选择(E) 面<1> 边线<1> 通过直线/点(L) 点和平行面(P) 45.00deg	
【等距距离】	生成一基准面，它平行于一个基准面或面，并等距于指定的距离	选择(E) 面<1> 通过直线/点(L) 点和平行面(P) 45.00deg 7.00mm ☑反向(D) 2	

续表

类　　型	说　　明	属性管理器	所选对象及结果预览
【垂直于曲线】 〔图标〕	生成一基准面,它通过一个点 且垂直于一边线、轴线或曲线	选择(E) 边线<1> 顶点<1> 通过直线/点(L) 点和平行面(P) 45.00deg 7.00mm 垂直于曲线(N) ☑将原点设在曲线上(U)	
【曲面切平面】 〔图标〕	生成与空间面或回转曲面相切 的一基准面	选择(E) 面<2> 点<1>ʼ 通过直线/点(L) 点和平行面(P) 45.00deg 7.00mm 垂直于曲线(N) 曲面切平面(S)	

2. 基准轴

在 SolidWorks 中有临时轴和基准轴两个概念:

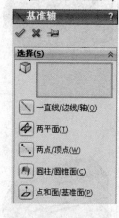

图 2 - 33　【基准轴】
　　　　属性管理器

所谓临时轴是由模型中的圆锥和圆柱隐含生成的,因为每一个圆柱和圆锥面都有一条轴线。所以临时轴是不需要生成的,是系统自动产生的。

显示临时轴的方法是:单击【前导视图】工具栏中的【隐藏/显示项目】〔图标〕下的【临时轴】〔图标〕按钮。

通常在生成草图几何体或圆周阵列时需要使用基准轴。生成基准轴的步骤为:

(1)选择【插入】→【参考几何体】→【基准轴】命令,或单击【参考几何体】工具栏中的【基准轴】〔图标〕命令,会出现如图 2 - 33 所示的【基准轴】属性管理器。

(2)选择想生成的基准轴类型及相应项目来生成基准轴。

(3)单击【确定】〔图标〕按钮生成基准轴。

显示基准轴的方法是:单击【前导视图】工具栏中的【隐藏/显示项目】〔图标〕下的【基准轴】

⁺ᵗᵘᵐₚ按钮。

二、拉伸

拉伸就是将草图视为一个平面轮廓，把该平面轮廓沿其绘制平面的法向或者沿指定方向拉动形成实体的特征造型方法，它适合于构造相同截面的实体模型，如圆柱(台)或棱柱(台)。【拉伸基体/凸台】是零件设计中最基本的造型方法。

1.【拉伸基体/凸台】

【例 2-1】 生成图 2-34 所示的六棱柱实体。

【拉伸基体/凸台】的操作步骤：

(1) 在上视基准面上用【多边形】⊕命令绘制图 2-35 所示的草图。

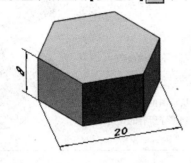 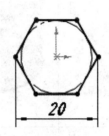

图 2-34 六棱柱实体　　　　　　图 2-35 六棱柱拉伸草图

(2) 单击【特征】工具栏上的【拉伸基体/凸台】按钮，或单击【插入】→【基体/凸台】→【拉伸】命令，这时控制区切换为【拉伸】属性管理器，同时图形区切换为"等轴测"视图，如图 2-36 所示。

(3) 设置【拉伸】属性管理器选项。设置拉伸类型为"给定深度"，在"深度"输入框中键入深度值"8"，单击【反向】按钮可以改变拉伸方向。

(4) 单击属性管理器中的【确定】按钮，或者连续两次按回车键，确认拉伸。

开始条件
反向按钮
拉伸类型
拉伸方向
拔模开/关
双向拉伸
薄壁特征
选择轮廓

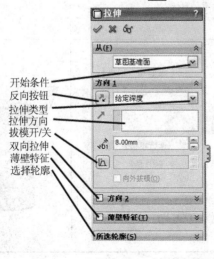 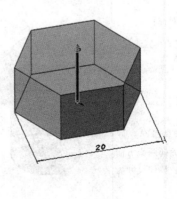

图 2-36 【拉伸】属性管理器及拉伸预览

2.【拉伸】属性管理器选项

【拉伸】属性管理器中的选项说明如下：

（1）拉伸类型　SolidWorks 提供了 8 种不同的拉伸类型，用户可以根据不同场合灵活使用。常用的拉伸类型见表 2 - 6。

表 2 - 6　常用拉伸类型

拉伸类型及说明	图　　例	拉伸类型及说明	图　　例
【给定深度】 按照给定深度拉伸草图		【完全贯穿】 从草图的基准面拉伸特征直到贯穿所有的几何体	
【成形到下一面】 成形到在拉伸方向上碰到的第一个面，包括平面或者曲面		【成形到一面】 拉伸到指定的面，且与该面平行	
【两侧对称】 从草图基准面向两个方向对称拉伸特征，拉伸尺寸为总长		【成形到一顶点】 拉伸到通过指定的顶点并与草图平面平行的平面上	

（2）开始条件　拉伸可以从"开始条件"选项框中选择开始条件，指定的开始条件可以是曲面、面、基准面、顶点或与草图基准面平行的等距基准面。拉伸特征开始条件的说明见

表 2 -7。

表 2 - 7 拉伸特征开始条件说明

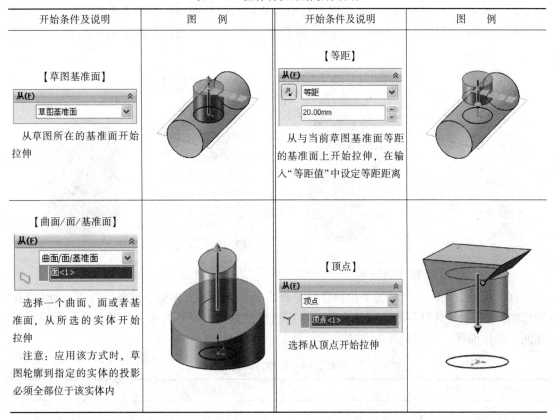

开始条件及说明	图 例	开始条件及说明	图 例
【草图基准面】 从草图所在的基准面开始拉伸		【等距】 从与当前草图基准面等距的基准面上开始拉伸，在输入"等距值"中设定等距距离	
【曲面/面/基准面】 选择一个曲面、面或者基准面，从所选的实体开始拉伸 注意：应用该方式时，草图轮廓到指定的实体的投影必须全部位于该实体内		【顶点】 选择从顶点开始拉伸	

(3) 拔模开/关 图 2 - 37(a)为没有拔模的拉伸。如果需要拉伸具有拔模的实体特征，可以单击【拉伸】属性管理器中的"拔模开/关" 按钮，并在"拔模角度"输入框中输入圆台轴线与母线的夹角值，图 2 - 37 (b)为向内拔模的拉伸。如果需要向外拔模，即拉伸特征的截面越来越大，应选"向外拔模"复选框，如图 2 - 37 (c)所示。

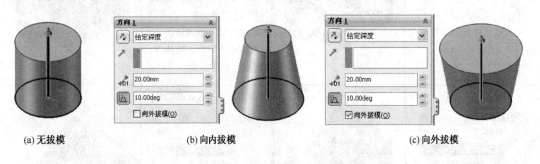

(a)无拔模 　　　　　　(b)向内拔模 　　　　　　　　(c)向外拔模

图 2 - 37 拔模开/关选项

(4) 双向拉伸 如图 2 - 38 所示，在【拉伸】属性管理器中，选中"方向 2"复选框，就可以使一个草图同时向两个方向拉伸，而且两个方向可以分别设置拉伸选项。

(5) 薄壁特征 如图 2 - 39 所示，如果要生成薄壁特征，可以选中【拉伸】属性管理器中的"薄壁特征"复选框，然后设置薄壁特征选项。

SolidWorks 提供了三种薄壁特征类型:"单一方向"、"中面"和"两个方向"。其中"单一方向"使用指定的壁厚向一个方向拉伸草图,"中面"在草图的两侧各以指定壁厚的一半向两个方向拉伸草图,"两个方向"在草图的两侧各使用不同的壁厚向两个方向拉伸草图,需要分别设置方向一和方向二的壁厚。选中"顶端加盖"选项可以给薄壁特征的顶端加盖,生成一个中空的零件。

图 2-38　双向拉伸　　　　　　　　　　　图 2-39　薄壁特征

(6)拉伸方向　一般情况下拉伸特征是垂直于草图平面方向的,此外,还可以通过"拉伸方向"选项为拉伸特征指定拉伸方向。指定的拉伸方向可以是直线、参考面、平面或者圆柱面、圆锥面等,指定拉伸方向的说明如表 2-8 所示。

表 2-8　拉伸方向说明

拉伸方向及说明	图　例	拉伸方向及说明	图　例
【不指定拉伸方向】 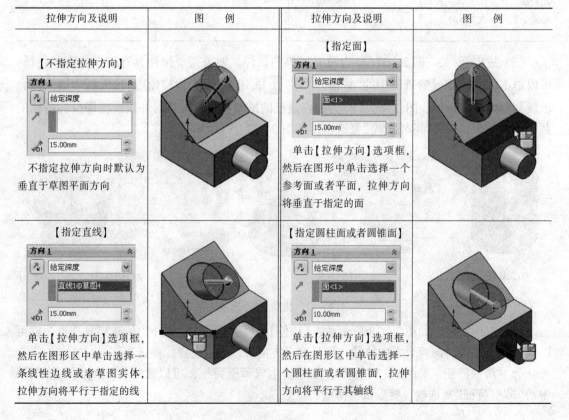　不指定拉伸方向时默认为垂直于草图平面方向		【指定面】 单击【拉伸方向】选项框,然后在图形中单击选择一个参考面或者平面,拉伸方向将垂直于指定的面	
【指定直线】 单击【拉伸方向】选项框,然后在图形区中单击选择一条线性边线或者草图实体,拉伸方向将平行于指定的线		【指定圆柱面或者圆锥面】 单击【拉伸方向】选项框,然后在图形区中单击选择一个圆柱面或者圆锥面,拉伸方向将平行于其轴线	

（7）所选轮廓 如果在同一个拉伸方向上有几个要拉伸的对象，而且这几部分之间图形和尺寸关系密切时，为便于作图，可以把这几部分图形画在同一草图内，拉伸时可以通过选择轮廓分别进行拉伸，选择轮廓进行拉伸的实例如图 2–40 所示。

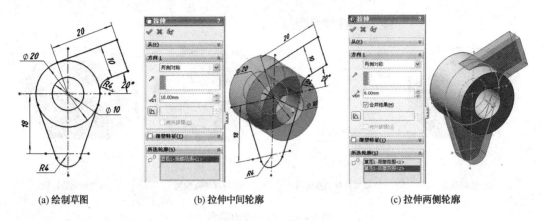

(a) 绘制草图   (b) 拉伸中间轮廓   (c) 拉伸两侧轮廓

图 2–40   选择轮廓进行拉伸

3. 【拉伸切除】

【拉伸切除】是采用拉伸的方法在已有实体上挖切出孔、槽的特征造型方法。【拉伸切除】的操作方法与【拉伸基体/凸台】基本相同，造型中经常用【拉伸基体/凸台】和【拉伸切除】的方法结合生成零件的基本形状。

【例 2–2】 在已有的六棱柱(【例 2–1】所生成的实体)上生成圆柱孔及端面倒角。

（1）生成圆柱孔的操作步骤如下：

① 在六棱柱的顶面上绘制一个圆作为拉伸切除的草图，如图 2–41(a)所示。

② 单击【特征】工具栏上的【拉伸切除】回按钮，或单击【插入】→【切除】→【拉伸】命令，这时控制区切换为【拉伸切除】属性管理器，同时在图形区显示拉伸切除预览。

③ 在【拉伸】属性管理器中设置拉伸类型为"完全贯穿"，如图 2–41(b)所示。

④ 单击属性管理器中的【确定】✓按钮，确认拉伸切除，结果如图 2–41(c)所示。

(a) 绘制草图   (b) 设置拉伸类型   (c) 拉伸切除结果

图 2–41   生成圆柱孔

（2）生成端面倒角的操作步骤如下：

① 在六棱柱的顶面上绘制六边形的内切圆，如图 2–42(a)所示。

② 单击【特征】工具栏上的【拉伸切除】回按钮。

③ 在【拉伸】属性管理器中勾选"反侧切除"，设置"拔模角度"为60°，如图2-42(b)所示，拉伸切除的预览如图2-42(c)所示，。

④ 单击属性管理器中的【确定】✓按钮，确认拉伸切除，结果如图2-42(d)所示。

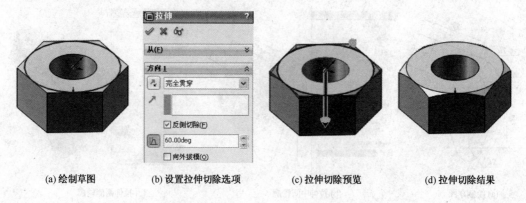

(a) 绘制草图   (b) 设置拉伸切除选项   (c) 拉伸切除预览   (d) 拉伸切除结果

图2-42 生成端面倒角

三、旋转

【旋转】是通过绕中心线旋转一个或多个轮廓来添加或移除材料，可以生成凸台/基体、旋转切除或旋转曲面，常用于回转类零件的造型。

1.【旋转凸台/基体】

【例2-3】 应用【旋转凸台/基体】命令生成图2-43所示的圆台。

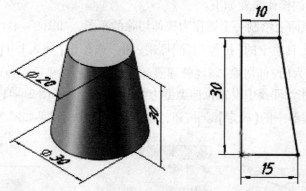

图2-43 圆台及旋转特征草图

操作步骤如下：

(1) 选择前视基准面绘制如图2-43所示的草图。

(2) 单击【特征】工具栏上的【旋转凸台/基体】⊕按钮，或单击【插入】→【凸台/基体】→【旋转】命令，这时控制区切换为【旋转】属性管理器。

(3) 设置【旋转】属性管理器选项。在"指定旋转轴"中选择边长为30的竖直线，设置"旋转类型"为"单向"，默认旋转角度为360°，单击"反向" ⟳ 按钮可以改变旋转方向，图形区显示旋转预览，如图2-44所示。

（4）单击属性管理器中的【确定】按钮，完成旋转操作。

图 2-44 【旋转】属性管理器及旋转预览

旋转特征草图可以包含一个或多个开环的或者闭环的轮廓，可以是相交轮廓，也可以是非相交轮廓，进行特征操作时，可以通过"轮廓选择工具"选择一个或者多个轮廓用于旋转特征。旋转轴可以是草图轮廓中的一条直线，也可以是专门绘制的中心线，中心线不能与轮廓交叉，但是可以与轮廓中的直线重合。

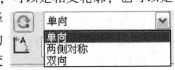

图 2-45 "旋转类型"选项

"旋转类型"有三种，如图 2-45 所示，如果选择类型为"双向"，需要分别输入方向 1 和方向 2 的角度。

2.【旋转切除】

【例 2-4】 利用【旋转切除】命令在长方体上生成阶梯孔。

操作步骤如下：

（1）在过阶梯孔轴线的基准面上绘制图 2-46（a）所示的草图。

（2）单击【特征】工具栏上的【旋转切除】按钮，或者选择【插入】→【切除】→【旋转】命令，这时控制区切换为【切除-旋转】属性管理器。

（3）设置【切除-旋转】属性管理器。在"指定旋转轴"中选择草图左侧的竖直边线为旋转轴，设置旋转类型为"单向"，默认旋转角度为 360°，如图 2-46（b）所示，旋转切除的预览如图 2-46（c）所示。

（4）单击属性管理器中的【确定】按钮，旋转切除结果如图 2-46（d）所示。

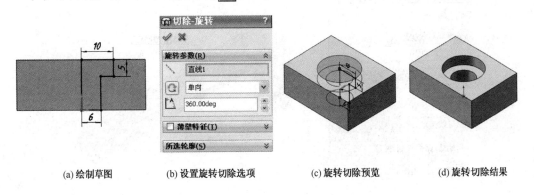

(a) 绘制草图　　　(b) 设置旋转切除选项　　　(c) 旋转切除预览　　　(d) 旋转切除结果

图 2-46 用【旋转切除】命令生成阶梯孔

四、扫描

【扫描】是通过沿着一条路径移动轮廓(截面)来生成基体、凸台、切除或曲面。

【扫描】应当遵循以下规则:

(1)对于基体或凸台,扫描特征轮廓必须是闭环的;对于曲面扫描特征,轮廓可以是闭环的也可以是开环的。

(2)路径可以为开环或闭环。

(3)路径可以是一张草图、一条曲线或一组模型边线中包含的一组草图曲线。

(4)路径的起点必须位于轮廓的基准面上。

(5)不论是截面、路径或所形成的实体,都不能出现自相交叉的情况。

(6)引导线必须与轮廓或轮廓草图中的点重合。

扫描有"简单扫描"、"使用引导线扫描"、"使用多轮廓扫描"和"使用薄壁特征扫描"等几种方法。

1. 简单扫描

【例2-5】 采用【扫描】操作生成图2-47所示的内六角扳手。

操作步骤:

(1)在上视基准面上绘制如图2-48所示的草图作为扫描轮廓。

(2)在前视基准面上绘制如图2-49所示的草图作为扫描路径。

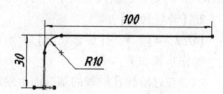

图2-47　内六角扳手　　　图2-48　轮廓草图　　　　图2-49　路径草图

(3)单击【特征】工具栏中的【扫描】 按钮或选择【插入】→【特征】→【扫描】命令。这时控制区切换为【扫描】属性管理器,点击【视图定向】菜单中的"等轴测"选项,使图形区切换为等轴测视图。

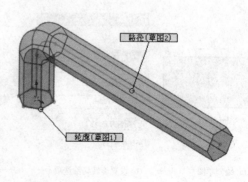

图2-50　【扫描】属性管理器及扫描预览

（4）设置【扫描】属性管理器。在图形区分别选择两个草图作为轮廓与路径，选择的结果以灰色的指示框进行说明，扫描预览如图 2-50 所示。

（5）单击属性管理器中的【确定】✅按钮，完成扫描操作。

2. 引导线扫描

Solidworks 不仅可以生成等截面的扫描（见图 2-51），还可以生成随着路径变化截面也发生变化的扫描——引导线扫描（见图 2-52）。使用引导线扫描需要三个草图：轮廓、路径和引导线。

制作带引导线的扫描需要正确的制作步骤：

（1）先画扫描路径和引导线，最后画扫描轮廓。

（2）引导线必须与轮廓或轮廓草图中的点重合，以使扫描可自动推理存在的穿透几何关系。

（3）单击【特征】工具栏中的【扫描】按钮，启动扫描命令。

（4）设置【扫描】属性管理器，单击轮廓选项框，在图形区域选择扫描轮廓草图；单击路径选项框，在图形区域中选择扫描路径草图；单击引导线选项框，然后在图形区域选择引导线草图，图形区显示扫描预览。

（5）单击属性管理器中的【确定】✅按钮，完成扫描。

由图 2-52 可看出：路径决定扫描的长度，引导线决定扫描的外轮廓形状。

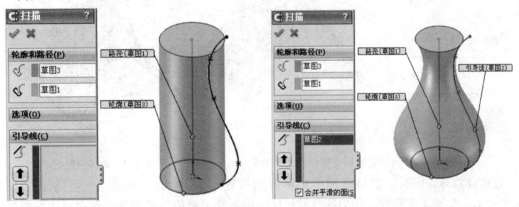

图 2-51 无引导线扫描　　　　　图 2-52 有引导线扫描

五、放样

【放样】是通过在两个或多个轮廓之间进行过渡生成特征的造型方法。【放样】可以是基体、凸台、切除或曲面。放样的轮廓可以是草图轮廓、面或边线，只有第一个轮廓和最后一个轮廓可以是点。

1. 简单放样

【例 2-6】 通过【放样】命令生成图 2-53 所示的方圆过渡体。

操作步骤如下：

（1）在上视基准面上绘制如图 2-54 所示的草图作为放样轮廓 1。

（2）建立与上视基准面相距为 20mm 的基准面 1，并在其上绘制如图 2-55 所示的草图作为放样轮廓 2。

（3）单击【特征】工具栏中的【放样】按钮或选择【插入】→【特征】→【放样】命令，这时控制区切换为【放样】属性管理器。

（4）设置【放样】属性管理器，选择放样轮廓1和放样轮廓2，图形区显示放样预览，如图2-56所示。

（5）单击【确定】按钮完成放样操作。

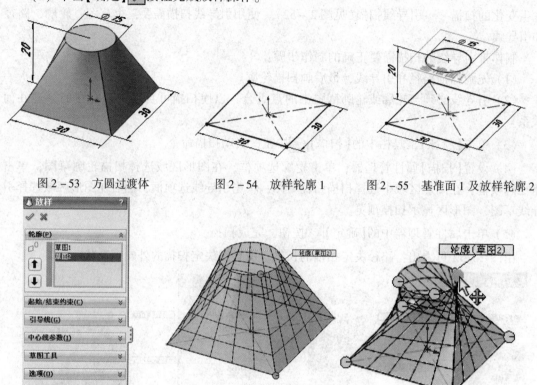

图2-53　方圆过渡体　　　　　图2-54　放样轮廓1　　　　图2-55　基准面1及放样轮廓2

图2-56　【放样】属性管理器及放样预览　　　　图2-57　放样扭曲变形

在选择放样轮廓时，如果鼠标单击草图的位置不当，会出现扭曲变形的情况，如图2-57所示，甚至无法预览。如果预览的放样结果不是希望得到的形状，可以再次在图形区单击草图重新选择控点，也可将鼠标移动到放样连接线上的一个控标上，沿轮廓边线拖动鼠标，调整控标的位置，或在图形中单击鼠标右键，在快捷菜单中选择"显示所有接头"，所有连接线就会完整显示出来，调整各连接线的位置，直到满意为止。

当只对两幅草图作放样时，选择放样轮廓的顺序并不重要。对三个或更多的草图作放样时，如果草图连接顺序不合理，将无法进行放样，可以通过【放样】属性管理器中的"上移"或"下移"按钮调整草图连接顺序。

放样是较为复杂的特征造型方法，其中的选项较多。如果想要生成较为复杂的造型，可以在【放样】属性管理器中对"起始/结束约束"、"引导线"、"中心线参数"、"草图工具"和"选项"等进行相应的设置。

2. 中心线放样

使用放样命令，在两个截面之间进行过渡时，系统会按照默认的路径进行放样，如图

2-58所示，要想改变放样的路径，就需要使用中心线，在中心线放样特征中，所有中间截面都与此中心线垂直，如图2-59所示。

制作带中心线放样的操作步骤如下：

（1）绘制要放样的轮廓。

（2）绘制曲线或生成曲线作为中心线，中心线必须与每个轮廓的内部区域相交，如图2-60所示。

（3）单击【特征】工具栏中的【放样】按钮，启动放样命令。

（4）设置【放样】属性管理器。单击轮廓选项框，在图形区域依次选择放样轮廓1与放样轮廓2；在"中心线参数"选项组中单击中心线选项框，在图形区域中选择中心线；此时在图形区显示放样预览。

（5）单击属性管理器中的【确定】按钮，完成放样，如图2-61所示。

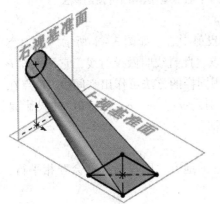

图2-58　按默认路径放样　　　　　　图2-59　按中心线放样

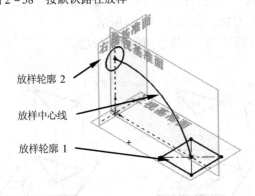

图2-60　放样轮廓及中心线　　　　　　图2-61　按中心线放样结果

第三章　正投影法基础

第一节　投影法的基本概念

一、投影法及其分类

把空间形体表示在平面上，是以投影法为基础的。投影法源于日常生活中光投射成影这个物理现象，如当光线照射物体时，物体的影子就会落在地面上。投影法就是根据这一自然现象，经过科学的总结和抽象而创造出来的。投影法分为中心投影法和平行投影法。

1. 中心投影法

设空间一平面 P 为投影面，不在 P 面上的定点 S 为投射中心，如图 3 – 1 所示。为把空间点 A 投射到平面 P 上，须从 S 点引出一条直线通过 A 点，此直线叫做投射线，它和平面 P 的交点为 a，点 a 就是空间 A 点在投影面 P 上的投影。用同样的方法可作出空间 B、C 点在投影面 P 上的投影 b、c。直线 AB、BC、CA 的投影分别是 ab、bc、ca。$\triangle ABC$ 的投影是 $\triangle abc$。这种投射线汇交于一点的投影法，叫做中心投影法。

2. 平行投影法

当把图 3 – 1 中的投射中心 S 移到离投影面 P 无限远的地方，则投射线就会互相平行，这种投射线互相平行的投影法叫做平行投影法。

根据投射线向投影面投射的方向不同，平行投影法又分为正投影法和斜投影法两种。投射线倾斜于投影面称为斜投影法，所得的投影称为斜投影，如图 3 – 2(a)所示；投射线垂直于投影面称为正投影法，所得的投影称为正投影，如图 3 – 2(b)所示。

工程图样主要采用正投影法。在一般情况下将"正投影"简称为"投影"。

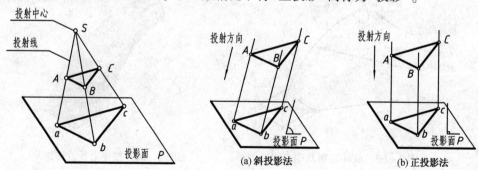

图 3 – 1　中心投影法　　　　　　　　图 3 – 2　平行投影法

二、正投影的基本特性

1. 实形性

当直线或平面平行于投影面时，其投影反映实长或实形的性质称为实形性，如图 3 – 3(a)中的直线 AB 和平面 CDE。

2. 积聚性

当直线或平面垂直于投影面时，其投影积聚为一个点或一条线的性质称为积聚性，如图 3-3(b)中的直线 AB 和平面 CDE。

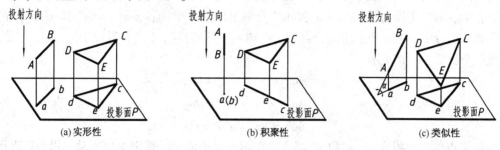

(a)实形性　　　　　(b)积聚性　　　　　(c)类似性

图 3-3　正投影的投影特性

3. 类似性

当直线或平面倾斜于投影面时，其投影缩短或缩小，但仍然与原形状相类似的性质称为类似性，如图 3-3(c)中的直线 AB 和平面 CDE。

第二节　点的投影

一、投影面体系

在正投影的条件下，已知空间点 A 在平面 P 上可得到惟一确定的投影 a，但若要只根据投影面 P 上的投影 a，则不能惟一确定 A 点在空间的位置，如图 3-4(a)、(b)所示。

以两个互相垂直的平面为投影面，如水平投影面 H 和正立投影面 V，构成两投影面体系，如图 3-5 所示。两投影面的交线称为投影轴，用 OX 表示。H 和 V 面将空间划分为四个角，我国标准规定工程图样采用第一角画法，本书只介绍几何形体在第一角中的投影。将空间点 A 向 H 面及 V 面上投影，在 H 面上的投影称为水平投影，用字母 a 表示；在 V 面上的投影称为正面投影，用字母 a′表示。由 A 点的水平投影 a 和正面投影 a′即可确定 A 点的空间位置。

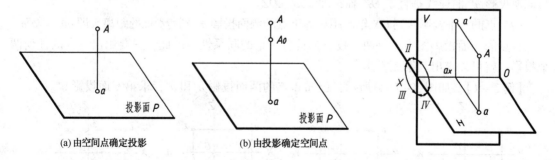

(a)由空间点确定投影　　　　　(b)由投影确定空间点

图 3-4　点的单面投影　　　　　图 3-5　点的两面投影

虽然点的两面投影已经能够确定该点在空间的位置，但对于某些复杂的几何形体通常要用它的三面投影，才能表达清楚。为此，再设立一个与 V 面和 H 面都垂直的侧立投影面 W 面，V 面、H 面和 W 面组成三投影面体系，如图 3-6(a)所示。W 与 H、V 面的交线也称为投影轴，分别用字母 OY 和 OZ 表示。投影轴 OX、OY 和 OZ 互相垂直，并且共同相交于

O 点。

二、点的三面投影

将空间 A 点分别向 V 面、H 面和 W 面上投影，得到水平投影 a、正面投影 a' 和侧面投影 a''。投射 A 点的三条投射线 Aa、Aa' 和 Aa'' 分别组成三个平面：aAa'、aAa'' 和 $a'Aa''$，它们与投影轴 OX、OY 和 OZ 分别相交于点 a_x、a_y 和 a_z。这些点与 A 点及其投影 a、a'、a'' 的连线组成一个长方体。因此有：

$$Aa = a'a_x = a''a_y = Oa_z$$
$$Aa' = a''a_z = aa_x = Oa_y$$
$$Aa'' = aa_y = a'a_z = Oa_x$$

为把 A 点的三个投影 a、a' 和 a'' 都表示在同一个平面上，规定 V 面不动，沿 OY 轴分开 H 面和 W 面，将 H 面绕 OX 轴向下旋转 $90°$，W 面绕 OZ 轴向右旋转 $90°$，使它们与 V 面重合，如图 3 -6(b)所示。此时，随 H 面旋转的 OY 轴用符号 OY_H 表示，随 W 面旋转的 OY 轴用符号 OY_W 表示。在实际画图时，不必画出投影面的边框，点的三面投影如图 3 -6(c)所示。

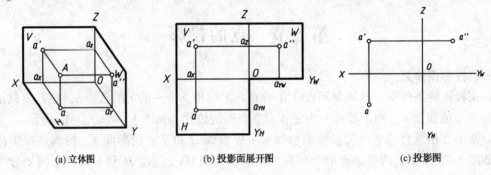

(a)立体图　　　(b)投影面展开图　　　(c)投影图

图 3 -6　点的三面投影

由此可概括出点的三面投影特性：

(1) 点的正面投影 a' 与水平投影 a 的连线垂直于 OX 轴，即 $a'a \perp OX$；点的正面投影 a' 与侧面投影 a'' 的连线垂直于 OZ 轴，即 $a'a'' \perp OZ$。

(2) 点的水平投影 a 到 OX 轴的距离等于点的侧面投影 a'' 到 OZ 轴的距离，即 $aa_x = a''a_z$。

在点的三面投影图中，每两个投影都具有一定的联系性。因此，只要给出一点的任何两个投影，就可以求出其第三投影。

【例 3 -1】　如图 3 -7(a)所示，已知 A 点的两面投影 a 和 a'，求第三面投影 a''。

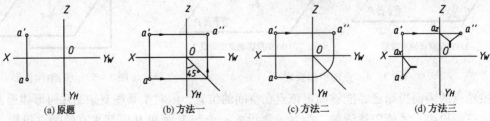

(a)原题　　　(b)方法一　　　(c)方法二　　　(d)方法三

图 3 -7　已知点的两面投影求第三投影

方法一：

(1) 过 a' 向右作水平线，过 O 点作 45° 斜线。

(2) 过 a 作水平线与 45° 斜线相交，并过此交点向上引铅垂线，与过 a' 的水平线相交，交点即为 a''，如图 3-7(b) 所示。

方法二：

(1) 过 a' 向右作水平线。

(2) 过 a 作水平线与 OY_H 相交，以 O 点为圆心，以交点到 O 点的距离为半径画圆弧，与 OY_W 相交，并过此交点向上引铅垂线，与过 a' 的水平线相交，交点即为 a''，如图 3-7(c) 所示。

方法三：

过 a' 向右作水平线，并在该水平线上量取 $a''a_z = aa_x$，得到 a''，如图 3-7(d) 所示。

三、点的投影与坐标的关系

若把图 3-6(a) 所示的三个投影面当作坐标面，那么各投影轴就相当于坐标轴，三轴的交点就是坐标原点。这样，空间点 A 到三个投影面的距离就等于它的三个坐标：A 点到 W 面的距离等于 A 点的 X 坐标 $(Aa'' = Oa_x)$；A 点到 V 面的距离等于 A 点的 Y 坐标 $(Aa' = Oa_y)$；A 点到 H 面的距离等于 A 点的 Z 坐标 $(Aa = Oa_z)$。

从图 3-6 可以看出：A 点的水平投影 a 在 H 面上，Z 坐标为零，它的位置可以由 X 和 Y 两个坐标确定，即 $a(x, y, 0)$；A 点正面投影 a' 在 V 面上，Y 坐标为零，它的位置可以由 X 和 Z 两个坐标确定，即 $a'(x, 0, z)$；A 点侧面投影 a'' 在 W 面，它的位置可以由 Z 和 Y 两个坐标确定，即 $a''(0, y, z)$。由此可见，已知一点的三个坐标，就可以求出该点的三面投影；反之，已知一点的任意两面投影，就可以确定该点的三个坐标。

四、两点的相对位置

两点的相对位置是指空间两点的上下、左右、前后的位置关系。已知空间两点的投影，便可根据它们在同一个投影面上投影的相对位置来判别该两点的相对位置。

如图 3-8(a) 所示，根据 A、B 两点的正面投影和水平投影可以确定 A 在 B 的左方 $(X_A - X_B)$ 处；根据 A、B 两点的正面投影和侧面投影可以确定 B 在 A 的上方 $(Z_B - Z_A)$ 处；根据水平面投影和侧面投影可以确定 A 在 B 的前方 $(Y_A - Y_B)$ 处。由此可知 A、B 两点在空间的相对位置为 A 点在 B 点的左前下方，如图 3-8(b) 所示。

五、重影点

如果空间两点位于某一投影面的同一条投射线上，则这两点在该投影面上的投影重合成

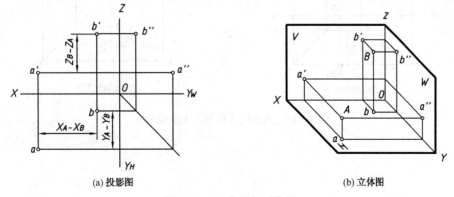

(a) 投影图　　　　　　　　　　　(b) 立体图

图 3-8　两点的相对位置

一个点，这时空间两点称为对该投影面的重影点。如图 3-9 所示，$X_A = X_B$，$Y_A = Y_B$，即 A、B 两点位于 H 面的同一条投射线上，它们的水平投影 a 和 b 重合在一点，则称 A、B 两点为对 H 面的重影点。A 在 B 的正上方，故它们的水平投影 a 可见，b 不可见。不可见的投影加圆括号表示。

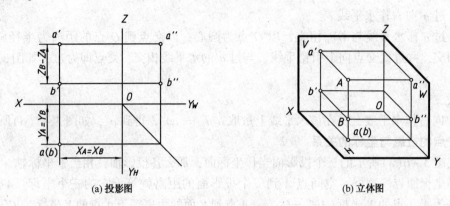

(a) 投影图   (b) 立体图

图 3-9　重影点

判别重影点的可见性与观察方向有关，在判别时应根据这两点的坐标大小来进行（坐标大小可从另外投影面上得到）。即对 V 面来说，Y 坐标大者为可见，小者为不可见；对 H 面来说，Z 坐标大者为可见，小者为不可见；对 W 面来说，X 坐标大者为可见，小者为不可见。

六、无轴投影图

空间点的位置可以用点的绝对坐标表示，也可以用点相对于另一点的相对坐标即坐标差来确定。如图 3-10(a) 所示 A、B 两点，A 在 B 点的左前下方，它们之间的坐标差为 ΔX、ΔY、ΔZ。如果已知其中任意一点的三面投影及两点的坐标差，即使没有坐标轴，也可以确定另一点的三面投影。不画投影轴的投影图称为无轴投影图，如图 3-10(b) 所示。

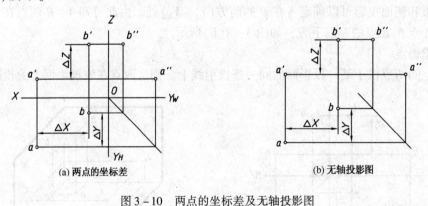

(a) 两点的坐标差   (b) 无轴投影图

图 3-10　两点的坐标差及无轴投影图

第三节 直线的投影

直线的投影可由直线的两个端点的同面投影连线来确定。直线在三投影面体系中，按其与投影面的相对位置可分为三种：一般位置直线、投影面垂直线及投影面平行线。其中投影面垂直线和投影面平行线为特殊位置直线。

一、各种位置直线的投影特性

1. 一般位置直线

与三个投影面都倾斜的直线称为一般位置直线。如图 3-11 所示 AB 直线为一般位置直线，其对 H、V 及 W 面的夹角分别以 α、β 及 γ 表示。该直线的三面投影都倾斜于投影轴，且都小于实长，其中水平投影 $ab = AB\cos\alpha$，正面投影 $a'b' = AB\cos\beta$，侧面投影 $a''b'' = AB\cos\gamma$。

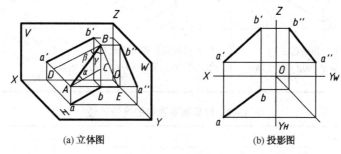

(a) 立体图   (b) 投影图

图 3-11 一般位置直线

2. 投影面平行线

平行于一个投影面，且倾斜于另外两个投影面的直线称为投影面平行线。平行于 H 面的直线称为水平线；平行于 V 面的直线称为正平线；平行于 W 面的直线称为侧平线。投影面平行线在所平行的投影面上的投影反映实长，其余两个投影面上的投影与投影轴平行或垂直，且都小于实长。投影面平行线的投影特性见表 3-1。

3. 投影面垂直线

垂直于一个投影面的直线称为投影面垂直线。垂直于 H 面的直线称为铅垂线；垂直于 V 面的直线称为正垂线；垂直于 W 面的直线称为侧垂线。投影面垂直线在所垂直的投影面上的投影积聚为一点，其余两个投影面上的投影与投影轴平行或垂直，且都反映实长。投影面垂直线的投影特性见表 3-2。

表 3-1 投影面平行线的投影特性

名称	正平线(//V、$\angle H$、$\angle W$)	水平线(//H、$\angle V$、$\angle W$)	侧平线(//W、$\angle V$、$\angle H$)
立体图			

名称	正平线（∥V、∠H、∠W）	水平线（∥H、∠V、∠W）	侧平线（∥W、∠V、∠H）
投影图			
实例			
投影特性	① $a'b'$反映实长和倾角 α、γ ② $ab \parallel OX$，$a''b'' \parallel OZ$，长度缩短	① cd 反映实长和倾角 β、γ ② $c'd' \parallel OX$，$c''d'' \parallel OY_W$，长度缩短	① $e''f''$反映实长和倾角 β、α ② $e'f' \parallel OZ$，$ef \parallel OY_H$，长度缩短

表 3-2　投影面垂直线的投影特性

名称	正垂线（⊥V、∥H、∥W）	铅垂线（⊥H、∥V、∥W）	侧垂线（⊥W、∥V、∥H）
立体图			
投影图			
实例			
投影特性	① 正面投影积聚成一点 ② $ab \parallel OY_H$，$a''b'' \parallel OY_W$，反映实长	① 水平投影积聚成一点 ② $c'd' \parallel OZ$，$c''d'' \parallel OZ$，反映实长	① 侧面投影积聚成一点 ② $ef \parallel OX$，$e'f' \parallel OX$，反映实长

二、直线上点的投影特性

1. 从属性

点在直线上，点的投影一定在直线的同面投影上；反之，若点的投影均在直线的同面投影上，则点必在该直线上。例如图 3 – 12 所示的 K 点在直线 AB 上，则 K 点的投影 k、k'、k'' 分别在直线 AB 的投影 ab、$a'b'$、$a''b''$ 上。

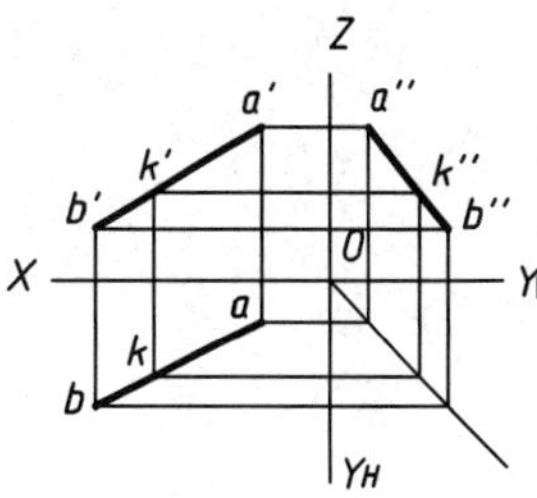

2. 定比性

点分线段的比例，投影后仍保持不变。例如图 3 – 12 所示的 K 点分直线 AB 为 AK 和 KB 两段，两段长度之比与其投影长度之比有如下关系：

$$AK:KB = ak:kb = a'k':k'b' = a''k'':k''b''$$

图 3 – 12　直线上点的投影特性

第四节　平面的投影

一、平面的表示方法

1. 几何元素表示法

由几何知识可知，不属于同一直线上的三个点确定一平面。因此，在投影图上，可以用下列任意一组几何元素的投影表示平面，如图 3 – 13 所示。

(1) 不在同一直线上的三个点；

(2) 一直线和线外的一点；

(3) 相交两直线；

(4) 平行两直线；

(5) 任意平面图形(如三角形、圆及其他图形)。

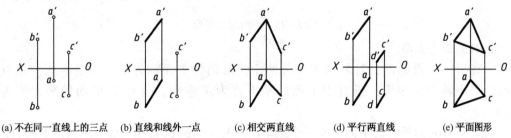

(a) 不在同一直线上的三点　(b) 直线和线外一点　(c) 相交两直线　(d) 平行两直线　(e) 平面图形

图 3 – 13　用几何元素表示平面

2. 用迹线表示平面

空间的平面与投影面相交，其交线称为平面的迹线，如图 3 – 14(a) 所示。平面与 H 面的交线称为水平迹线，平面与 V 面的交线称为正面迹线，平面与 W 面的交线称为侧面迹线，若平面用 P 标记，其水平迹线用 P_H 标记，正面迹线用 P_V 标记，侧面迹线用 P_W 标记。由于 P_H、P_V 和 P_W 是属于平面 P 上的直线，所以也可以用迹线表示该平面，如图 3 – 14(b) 所示。

二、各种位置平面的投影特性

平面对投影面的相对位置有三种情况：一般位置平面、投影面垂直面和投影面平行面。其中投影面垂直面和投影面平行面为特殊位置平面。

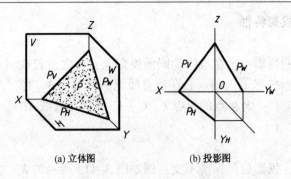

(a) 立体图   (b) 投影图

图 3 - 14   用迹线表示平面

1. 一般位置平面

与三个投影面都倾斜的平面称为一般位置平面。如图 3 - 15 所示 △ABC 对投影面 V、H、W 都倾斜，是一般位置平面，它在三个投影面上的投影都不反映实形，而是小于原平面图形的类似形。由此可知一般位置平面的投影特性：在三个投影面上的投影是比原图形缩小的类似形，且不反映该平面与三个投影面的倾角。

用迹线法表示平面时，一般位置平面在 V、H、W 面上都有迹线，都不平行于投影轴，并且每两条迹线分别与投影轴相交于同一点，如图 3 - 15(c) 所示。

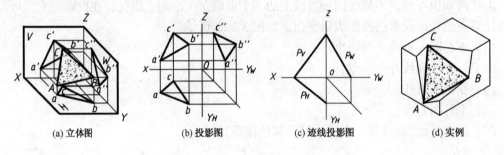

(a) 立体图   (b) 投影图   (c) 迹线投影图   (d) 实例

图 3 - 15   一般位置平面

2. 投影面垂直面

垂直于一个投影面，且倾斜于另外两个投影面的平面称为投影面垂直面。垂直于 H 面的平面称为铅垂面；垂直于 V 面的平面称为正垂面；垂直于 W 面的平面称为侧垂面。

如图 3 - 16(a) 所示的平面 P 是一个正垂面，图 3 - 16(b) 是用迹线表示的该平面的投影图，其正面投影与正面迹线 P_V 重合。为简化表达及突出正垂面在正面有聚集性的特点，正垂面用正面迹线 P_V 表示，水平迹线 P_H、侧面迹线 P_W 省略不画。简化的迹线投影图如图 3 - 16(c) 所示。在简化的迹线投影图中，迹线用两端粗实线、中间细实线的直线表示。投影面垂直面的投影特性见表 3 - 3。

由表 3 - 3 可知投影面垂直面具有以下投影特性：

(1) 平面在所垂直的投影面上的投影积聚成一条倾斜的直线，它与投影轴的夹角分别反映该平面与另外两个投影面的倾角。

(2) 平面在其余两个投影面上的投影均为比原图形缩小的类似形。

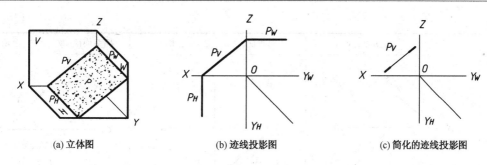

| (a) 立体图 | (b) 迹线投影图 | (c) 简化的迹线投影图 |

图 3 - 16　正垂面的迹线表示法

3. 投影面平行面

平行于一个投影面的平面称为投影面平行面。平行于 H 面的平面称为水平面；平行于 V 面的平面称为正平面；平行于 W 面的平面称为侧平面。如图 3 - 17(a) 所示的平面 P 为正平面，图 3 - 17(b) 是用迹线表示的正平面的投影图，其水平投影与水平迹线 P_H 重合，侧面投影与侧面迹线 P_W 重合。在简化的迹线投影图中，正平面可用水平迹线 P_H 或侧面迹线 P_W 表示，如图 3 - 17(c) 所示。投影面平行面的投影特性见表 3 - 4。

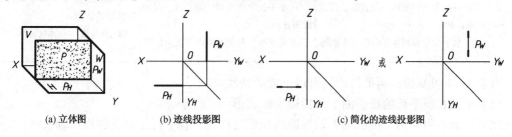

| (a) 立体图 | (b) 迹线投影图 | (c) 简化的迹线投影图 |

图 3 - 17　正平面的迹线表示法

表 3 - 3　投影面垂直面的投影特性

名称	正垂面（$\perp V$、$\angle H$、$\angle W$）	铅垂面（$\perp H$、$\angle V$、$\angle W$）	侧垂面（$\perp W$、$\angle V$、$\angle H$）
立体图			
投影图			

续表

名称	正垂面($\perp V$、$\angle H$、$\angle W$)	铅垂面($\perp H$、$\angle V$、$\angle W$)	侧垂面($\perp W$、$\angle V$、$\angle H$)
迹线表示法			
实例			
投影特性	① 正面投影积聚成一条直线，反映倾角 α 和 γ ② 水平投影和侧面投影都是类似形	① 水平投影积聚成一条直线，反映倾角 β 和 γ ② 正面投影和侧面投影都是类似形	① 侧面投影积聚成一条直线，反映倾角 β 和 α ② 正面投影和水平投影都是类似形

由表 3 - 4 可知投影面平行面具有以下投影特性：

(1) 平面在所平行的投影面上的投影反映实形。

(2) 平面在另外两个投影面上的投影均积聚成直线，且平行于相应的投影轴。

表 3 - 4　投影面平行面的投影特性

名称	正平面($/\!/ V$、$\perp H$、$\perp W$)	水平面($/\!/ H$、$\perp V$、$\perp W$)	侧平面($/\!/ W$、$\perp V$、$\perp H$)
立体图			
投影图			

名称	正平面($/\!/V$、$\perp H$、$\perp W$)	水平面($/\!/H$、$\perp V$、$\perp W$)	侧平面($/\!/W$、$\perp V$、$\perp H$)
迹线表示法	P_H 或 P_W	Q_V 或 Q_W	R_V 或 R_H
实例	A B C D	K G E F	N Q M L
投影特性	① 正面投影反映实形 ② 水平投影积聚成一条直线且平行 OX 轴 ③ 侧面投影积聚成一条直线且平行 OZ 轴	① 水平投影反映实形 ② 正面投影积聚成一条直线且平行 OX 轴 ③ 侧面投影积聚成一条直线且平行 OY_W 轴	① 侧面投影反映实形 ② 正面投影积聚成一条直线且平行 OZ 轴 ③ 水平投影积聚成一条直线且平行 OY_H 轴

三、平面上的点和直线

点和直线在平面上的几何条件：

（1）若一点位于平面内的一已知直线上，则此点在该平面上。

图 3-18(a)中，K、L 两点分别位于 $\triangle ABC$ 的 AB 边和 BC 边上，则 K、L 两点在 $\triangle ABC$ 平面上。

（2）若一直线通过平面上的两个点，或通过平面内的一点并平行于该平面内的另一直线，则此直线在该平面上。

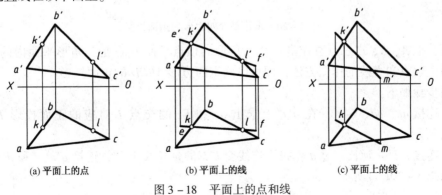

(a) 平面上的点　　　(b) 平面上的线　　　(c) 平面上的线

图 3-18　平面上的点和线

图 3 – 18(b)中，K、L 两点是△ABC 平面上的两个点，则通过 K、L 两点所作的直线 EF 在△ABC 平面上。图 3 – 18(c)中，K 点是△ABC 平面上的已知点，过 K 点作直线 KM 与 △ABC 的 BC 边平行，则 KM 直线在△ABC 平面上。

【例 3 – 2】　如图 3 – 19(a)所示，已知△ABC 平面上 K 点的正面投影 k' 和 N 点的水平投影 n，求作 K 点的水平投影和 N 点的正面投影。

分析：因 K 点和 N 点在△ABC 平面上，因此过 K 点和 N 点可以在平面上各作一辅助直线，这时 K 点和 N 点的投影必在相应辅助直线的同面投影上。

作图步骤如下：

(1) 过 k' 作辅助直线 $I\ II$ 的正面投影 $1'2'$，求出其水平投影 12。再过 k' 作投影连线交 12 于 k，k 即为 K 点的水平投影，如图 3 – 19(b)所示。

(2) 过 n 点作辅助直线 AN 的水平投影 an，交 bc 于 3，求出Ⅲ 点的正面投影 $3'$，连接 $a'3'$，再过 n 作投影连线与 $a'3'$ 的延长线交于 n'，n' 即为 N 点的正面投影，如图 3 – 19(b)所示。

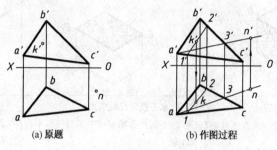

(a) 原题　　　　　(b) 作图过程

图 3 – 19　求作点的投影

【例 3 – 3】　如图 3 – 20(a)所示，已知平面四边形 $ABCD$ 的水平投影 $abcd$ 及顶点 A、B、C 的正面投影 a'、b'和 c'，完成此四边形的正面投影。

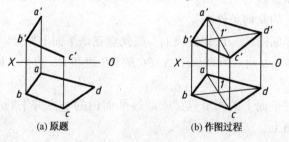

(a) 原题　　　　　(b) 作图过程

图 3 – 20　求作平面四边形的正面投影

分析：把 A、B、C 三点看作是一个三角形的顶点，而 D 点是三角形平面内的一个点。运用平面上取点和直线的作图方法，即可以确定四边形 $ABCD$ 的正面投影。

作图步骤如下：

(1) 连接 ac、bd、$a'c'$，在 $a'c'$ 上求出 ac 和 bd 的交点 1 对应的正面投影 $1'$，如图 3 – 20(b)所示。

(2) 连接 $b'1'$并延长，过 d 作投影连线交 $b'1'$的延长线于 d'，连接 $a'd'$　和 $d'c'$，完成作图，如图 3 – 20(b)所示。

第四章 基本立体及其表面交线的投影

本章是在研究点、线、面投影的基础上进一步论述基本立体及其表面交线——截交线和相贯线的投影作图问题。

第一节 三视图的形成及投影规律

一、三视图的形成

前面已介绍过如果把物体放在三投影面体系第一角中，向 V、H、W 面进行投射，将得到物体的三面投影：正面投影、水平投影和侧面投影。而在工程制图中，往往将投射线看成人的视线，这样得到的投影图又称为视图，物体的正面投影称为主视图，水平投影称为俯视图，侧面投影称为左视图，统称为三视图，如图 4-1(a)所示。

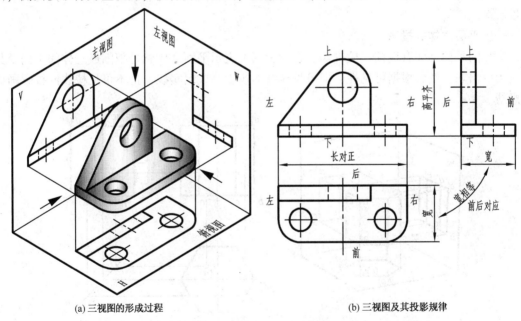

(a) 三视图的形成过程　　(b) 三视图及其投影规律

图 4-1　三视图的形成及投影规律

由于在工程图中视图主要用来表达物体的形状和大小，没有必要表达物体与投影面间的距离，因此实际作图时，一般不画投影轴，如图 4-1(b)所示。在画物体三视图时，可见轮廓线的投影画成粗实线，不可见轮廓线的投影画成细虚线，对称中心线、轴线画成细点画线。当这些线型彼此重合时，其画图的优先顺序依次为：粗实线—细虚线—细实线—细点画线。

二、三视图的投影规律

根据三视图的形成过程可知，俯视图位于主视图正下方，左视图位于主视图正右方。按照规定，立体左右方向为长，上下方向为高，前后方向为宽，则得出三视图的投影规律：

主、俯视图——长对正（同时反映立体的长度）。

主、左视图——高平齐（同时反映立体的高度）。

俯、左视图——宽相等（同时反映立体的宽度）。

这个投影规律不仅适用于物体整体结构的投影，也适用于物体局部结构的投影，如图4-1(b)所示立体上方立板，其三视图也符合此规律。

物体的上下、左右、前后方位在三视图中的反映如图4-1(b)所示，主视图反映物体的上下和左右，俯视图反映物体的左右和前后，左视图反映物体的上下和前后。

特别需要注意的是，俯、左视图宽相等的度量方向不同，且前、后位置关系要对应起来。

第二节　立体投影

立体是由其表面围成的实体。表面均为平面的立体称为平面立体，表面为曲面或平面与曲面的立体称为曲面立体。绘图时，就是把这些平面和曲面的轮廓表达出来，从而得到立体的投影图。

一、平面立体的投影

常见的平面立体有棱柱、棱锥等。在投影图上表示平面立体就是把围成立体的平面及其棱线表示出来，然后根据可见性，把可见棱线的投影画成粗实线，把不可见棱线的投影画成细虚线。

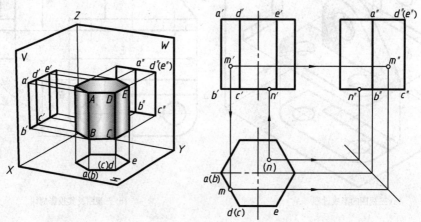

图4-2　正六棱柱的投影及表面取点

1. 棱柱

1）棱柱的投影

图4-2为一正六棱柱，其顶面、底面均为水平面，它们的水平投影反映实形，正面投影及侧面投影积聚为直线。棱柱的六个侧棱面中，前后棱面为正平面，其正面投影反映实形，水平投影及侧面投影积聚为直线；棱柱的其他四个侧棱面均为铅垂面，其水平投影积聚为直线，正面投影和侧面投影均为类似形。

棱线 AB 为铅垂线，水平投影 ab 积聚为一点，正面投影和侧面投影均反映实长。顶面的边 DE 为侧垂线，侧面投影 d″e″ 积聚为一点，水平投影和正面投影均反映实长；底面的边 BC 为水平线，水平投影反映实长，正面投影 b′c′ 和侧面投影 b″c″ 均小于实长。其余棱线，读者可进行类似分析。

作图时首先画出各投影图中的定位基准线，如对称中心线、正面和侧面投影中确定棱柱底面位置的图线，其次画出正六棱柱水平投影——正六边形，最后按投影规律作出其他投影。

2）棱柱表面上取点

在平面立体表面上取点，其原理和方法与平面上取点相同，由于图 4-2 所示正六棱柱的各个表面都处于特殊位置，因此在表面上取点可利用积聚性投影作图。

例如已知棱柱表面上点 M 的正面投影 m′，求作其他两面投影 m、m″。由于 m′ 是可见的，因此，点 M 一定在棱柱前表面 ABCD 上，而 ABCD 面为铅垂面，水平投影有积聚性，因此 m 必在该积聚性投影 ad 上，再根据 m′ 和 m 按投影关系即可求出 m″。

又如已知点 N 的水平投影 n，求作其他两面投影。因 n 是不可见的，故点 N 一定在棱柱底面上，而底面的正面和侧面投影都积聚为直线，因此 n′、n″ 必然在相应的积聚性投影上。

点在立体表面上的可见性，由点所在表面的可见性来确定。如本例中的点 M 在棱面 ABCD 上，该平面的侧面投影为可见，故 m″ 可见。当点所在的表面投影积聚为线段时，则不需判别点在该投影中的可见性，如本例中的 m 和 n′、n″。

2. 棱锥

1）棱锥的投影

图 4-3 为一正三棱锥，锥顶为 S，其底面 △ABC 为水平面，水平投影 △abc 反映实形，正面和侧面投影均积聚为直线。棱面 △SAB、△SBC 是一般位置平面，其各面投影均为缩小的类似形。棱面 △SAC 为侧垂面，其侧面投影 s″a″c″ 积聚为一直线。底边 AB、BC 为水平线，AC 为侧垂线，棱线 SB 为侧平线，SA、SC 为一般位置直线。

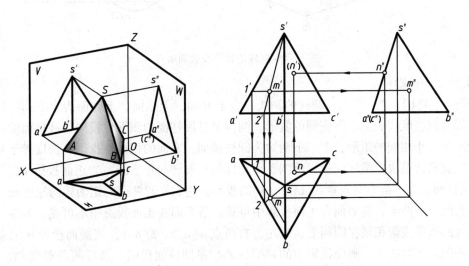

图 4-3　正三棱锥的投影及表面取点

作图时先画出底面 △ABC 的各面投影，再作出锥顶 S 的各面投影，然后连接各棱线即得正三棱锥的三面投影。

2）棱锥表面上取点

例如已知点 M 的正面投影 m'，求作其他两面投影。因为 m' 可见，所以点 M 在棱面 SAB 上，而 $\triangle SAB$ 为一般位置平面，若求点 M 的其他投影，需过点 M 引属于 $\triangle SAB$ 面的辅助线。如图 4-3 所示，可过点 M 作与 AB 平行的直线 IM 为辅助线，即作 $1'm'\parallel a'b'$，再作 $1m\parallel ab$，求出 m，然后根据 m、m' 求出 m''；也可过锥顶 S 和点 M 作一辅助线 $S\,II\,(s'2')$，然后求出 $s2$，从而求得点 M 的水平投影 m。又已知点 N 的水平投影 n，因为 n 可见，所以点 N 在侧垂面 SAC 上，因此 n'' 必定在该面的积聚性投影 $s''a''c''$ 上，由 n、n'' 可求出 (n')。

二、曲面立体的投影

工程中常见的曲面立体是回转体，主要有圆柱、圆锥、球、环等，在投影图上表示回转体就是把组成立体的各回转面和平面表示出来，然后判别其可见性。

1. 圆柱

圆柱是由矩形平面以一边为轴线旋转一周所形成的，如图 4-4（a）所示。轴线的对边形成了圆柱面，该边称为圆柱面的母线，母线的任一位置为素线；矩形的另外两边形成了与轴线垂直的两底平面。

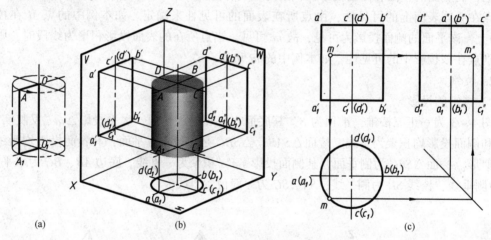

图 4-4　圆柱的投影及表面取点

1）圆柱的投影

如图 4-4（b）、（c）所示，圆柱的轴线垂直于 H 面，上顶面、下底面为水平面。圆柱的水平投影为圆，既代表上、下底圆的实形，圆周又是圆柱面的积聚性投影。圆柱面的正面及侧面投影为大小相同的矩形，上、下两边为圆柱顶面、底面的积聚性投影，长度等于圆柱的直径。竖直两边是决定圆柱面投影范围及可见性的外形转向轮廓线，如正面投影中的 $a'a_1'$、bb_1' 为圆柱面最左、最右两条素线 AA_1、BB_1 的投影，它们是圆柱面的正面转向轮廓线，把圆柱面分为前、后两半，前半面在正面投影中可见，后半面在正面投影中不可见。最左、最右两条素线的水平投影积聚在圆周上，为左、右两点 $a(a_1)$、$b(b_1)$，其侧面投影和细点画线重合，画图时不需表示。侧面投影中的 $c''c_1''$、$d''d_1''$ 是圆柱面最前、最后两条素线 CC_1、DD_1 的投影，它们是圆柱面的侧面转向轮廓线，将圆柱面分为左、右两半，在侧面投影中左半面为可见，右半面为不可见。最前、最后两条素线水平投影积聚在圆周上，为前、后两点 $c(c_1)$、$d(d_1)$，其正面投影和细点画线重合，画图时不需表示。

作图时首先画出水平投影的一对互相垂直的对称中心线和正面、侧面投影中轴线的投影（细点画线），其次画出水平投影中的圆，最后再画出其余两个投影中的矩形，如图4-4(c)所示。

2）圆柱表面上取点

因圆柱的底面和圆柱面都有积聚性，所以圆柱表面上取点可利用积聚性原理作图。如图4-4(c)所示，已知点M的正面投影m'，求作其他两投影。因m'可见，故点M在前半圆柱面上，其水平投影m一定在具有积聚性的前半圆周上，由m、m'按投影关系可求出m"。

2. 圆锥

圆锥是由直角三角形以一直角边为轴线旋转一周形成的[见图4-5(a)]。直角三角形斜边为母线，形成了圆锥面，母线的任一位置称为素线；另一直角边形成了与轴线垂直的底平面。

1）圆锥的投影

如图4-5(b)、(c)所示，圆锥轴线垂直H面，底面为水平面，其水平投影反映实形（圆），其正面和侧面投影积聚为一直线。对圆锥面要分别画出决定其投影范围和可见性的外形转向轮廓线的投影，如正面转向轮廓线SA、SB的投影s'a'、s'b'，侧面转向轮廓线SC、SD的投影s"c"、s"d"。圆锥面的可见性，读者可参照圆柱面的分析方法自行分析。

作图时，可先画出底面的各面投影，再根据圆锥的高度确定锥顶S的位置，然后分别画出其正面及侧面投影的转向轮廓线，即完成圆锥的各面投影[见图4-5(c)]。

2）圆锥表面上取点

因为圆锥面的三面投影都没有积聚性，所以必须采用辅助线法（过圆锥面上的点作属于锥面的辅助线，点的投影必在该辅助线的同面投影上）。如图4-5(c)所示，已知圆锥面上点M的正面投影m'，求作其他投影。根据m'的位置及可见性，可判断点M在前、左半圆锥面上。下面采用两种方法求出点M的水平投影m和侧面投影m"。

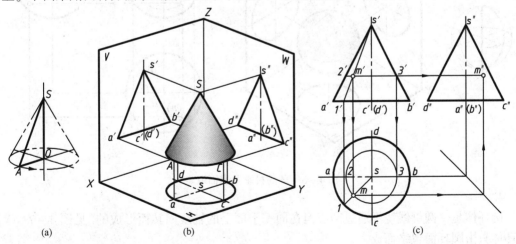

图4-5　圆锥的投影及表面取点

方法一：辅助素线法

过锥顶S和点M作锥面上的素线S I，连接s'、m'，延长后与底圆交于1'，然后求出它的水平投影s1，m必在s1上，再由m'和m按投影关系求出m"。

因为圆锥面的水平投影可见，所以 m 可见；因为 M 在左半锥面上，所以 m'' 可见。

方法二：辅助纬圆法

过点 M 作一平行于底面的水平辅助纬圆，该圆的正面投影为过 m' 且平行于 $a'b'$ 的直线 $2'3'$，它的水平投影为一直径等于 $2'3'$ 的圆，m 必在此圆周上，由 m'、m 求出 m''。

3．球

球体是由半圆以其直径为轴线旋转一周所形成的[见图4-6(a)]。球体表面只有一个球面。

1）圆球的投影

如图4-6(b)、(c)所示，球的三个投影均为圆，其直径与球直径相等，但三面投影中的圆是不同的外形转向轮廓线的投影，正面投影上的圆是平行于 V 面的最大圆 A 的投影（区分前、后半球表面的正面转向轮廓线），水平投影上的圆是平行于 H 面的最大圆 C 的投影（区分上、下半球表面的水平转向轮廓线），侧面投影上的圆是平行于 W 面的最大圆 B 的投影（区分左、右半球表面的侧面转向轮廓线），各个圆的三面投影如图4-6(c)所示。作图时可先画出三个投影圆的对称中心线，再以其交点为圆心画出三个与球等直径的圆。

2）球面上取点

可利用过该点并与各投影面平行的圆为辅助线作图。如图4-6(c)所示，已知球面上点 M 的水平投影 m，求作其他两面投影 m' 和 m''。根据 m 的位置及可见性，可以判断点 M 在前、左、下半球面上。可过点 M 作一平行于 V 面的辅助圆，它的水平投影为过 m 的水平线 12，正面投影为直径等于 12 的圆，m' 必定在该圆的下半圆弧上，由 m 和 m' 求出 m''。m'、m'' 都可见。当然，也可利用平行于 H 面或 W 面的辅助圆来作图，读者可自行分析。

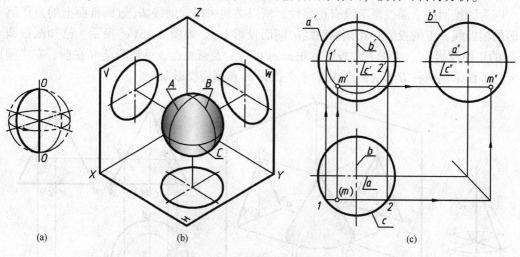

图4-6　球的投影及表面取点

4．圆环

圆环体是一圆母线绕不通过圆心但在同一平面上的轴线回转而形成的[见图4-7(a)]。圆环体只由圆环面包络而成。

1）圆环的投影

如图4-7(b)、(c)，环面轴线垂直于 H 面，在正面投影上的左、右两圆是圆环面上平行于 V 面的 A、B 两圆的投影（区分前、后半环表面的正面转向轮廓线）；侧面投影上的两圆是圆环面上平行于 W 面的 C、D 两圆的投影（区分左、右半环表面的侧面转向轮廓线）；水平投影上画出最大和最小圆(区分上、下半环表面的水平转向轮廓线);正面投影和侧面投影上的顶、底两直线是环面的最高、最低圆的投影(区分内、外环表面的外形轮廓线),水平投影上还要用细点画线画出中心圆的投影。

2) 圆环面上取点

如图4-7(c)所示,已知环面上点 M 的正面投影 m′,可采用过点 M 的水平纬圆为辅助线作图,求出 m 和 m″。根据 m′ 的位置及可见性,可判断点 M 位于前、下、左、外半环面上,m 不可见,m″可见。又已知环面上点 N 的正面投影(n′),求其另外两投影。根据 n′ 的位置,可以判断点 N 在上、右半环面上,又因 n′ 不可见,可以判断点 N 可能位于内环面的前、后部分或外环面的后半部分上,因此对应的 N 点可以有三个解。具体求解时,可先作出过点 N 的内、外环面上的水平纬圆,求出 n,然后再按投影关系由 n′、n 求出(n″)。

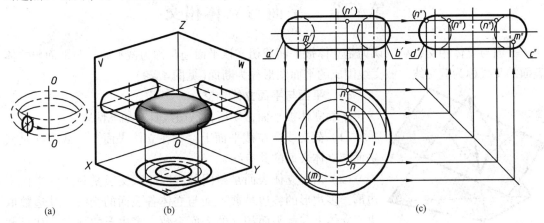

图4-7　环的投影及表面取点

5. 组合回转体

实际的回转物体往往由一条组合轮廓线作为母线绕轴线回转而成,如图4-8(a)所示,

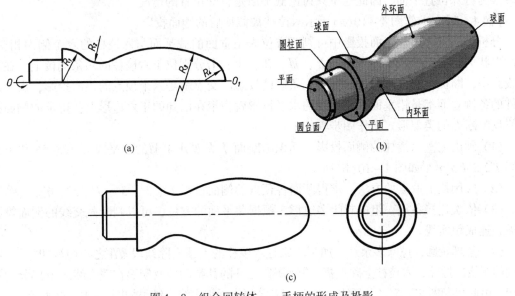

图4-8　组合回转体——手柄的形成及投影

该母线由4段直线和4段彼此相切的圆弧组成，回转后形成的手柄由平面、圆台面、圆柱面、平面、球面、内环面、外环面及球面包络而成，如图4-8(b)所示。

在手柄的正面投影中，要画出其外形转向轮廓线及各端面的积聚性投影；在侧面投影中，要画出各个端面圆、组合曲面的喉圆(最小圆)及赤道圆(最大圆)的投影。画组合回转体的投影时还需注意：若两个回转面相交，其交线的投影必须画出，如手柄圆台面与圆柱面交线圆的投影；若两个回转面相切，其分界线不画，如手柄中由弧 R_1、R_4 形成的球面与弧 R_2、R_3 形成的内、外环面间的分界线的投影都没有画，如图4-8(c)所示。

回转曲面上取点的方法仍然采用上述的纬圆法，此处不再赘述。

若闭合的组合轮廓线与轴线相距一定距离时，旋转后将形成具有内孔的组合回转体。

第三节　平面与立体相交

平面与立体相交，可以认为是立体被平面截切。该平面通常称为截平面，截平面与立体表面的交线称为截交线。截交线围成的平面图形称为断面(见图4-9)。

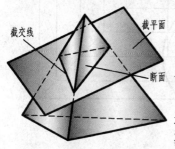

图4-9　截交线与断面

一、平面与平面立体相交

平面立体被平面截切所得截交线具有如下性质：

(1) 截交线既在截平面上，又在立体表面上，截交线是截平面与立体表面的共有线。

(2) 由于立体表面是封闭的，因此截交线是封闭的平面多边形，多边形的各边是截平面与立体各表面的交线，其边数取决于立体上与截平面相交的表面个数。多边形的顶点往往是截平面与立体各棱线的交点。

由于物体上绝大多数的截平面是特殊位置平面，因此可利用积聚性作出其共有点、线，如果截平面为一般位置平面时，也可利用投影变换方法使截平面转换为特殊位置平面，因此这里只讨论截平面是特殊位置的情况。

【例4-1】　求作图4-10(a)所示六棱柱被截切后的侧面投影。

分析：从立体图和正面投影中可判断方位为正垂面的截平面与六棱柱的六个侧面相交，断面形状为六边形，六个顶点 I、II、III、IV、V、VI 分别位于六棱柱的六条侧棱上。在正面投影中，断面积聚成一线段，它与六条侧棱投影的交点就是六个顶点的正面投影；由于六棱柱的各侧立面都是铅垂面，截交线的水平投影就积聚在已知的正六边形上；待求的侧面投影将反映断面的类似形。其作图步骤如下：

(1) 画出完整六棱柱的侧面投影。标识出断面 I II III IV V VI 的水平投影 123456 和正面投影 1'2'3'4'5'6'，如图4-10(b)所示。

(2) 应用线上取点的方法，求得断面各顶点的侧面投影 1″、2″、3″、4″、5″、6″。

(3) 依次连接各点，组成封闭多边形，根据截平面的方位，可以判断截交线的侧面投影可见，连成粗实线。

(4) 整理轮廓，擦除多余线，加深。原有六棱柱的上顶面除线段 III IV 之外均被切掉，3″4″ 两侧的图线应擦除；六棱柱上除点 III、IV 所属棱之外的其余侧棱及侧面在截交线之上部分均被截切，由此可判断 2″、5″ 之上无线；4″6″、3″1″ 之间应画细虚线。结果如图4-10(c)所示。

截交线的侧面投影与已知的水平投影均为六边形 Ⅰ Ⅱ Ⅲ Ⅳ Ⅴ Ⅵ 的类似形，据此可以检查作图是否正确。

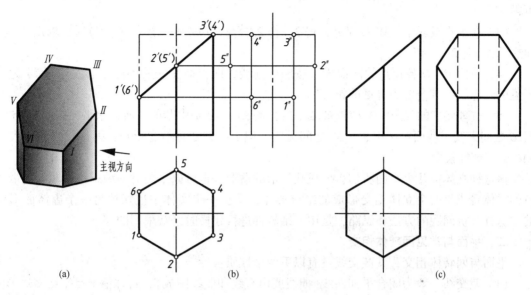

图 4 - 10 正六棱柱被截切

【例 4 - 2】 完成带切口的三棱锥的水平投影，并补画侧面投影［见图 4 - 11(a)］。

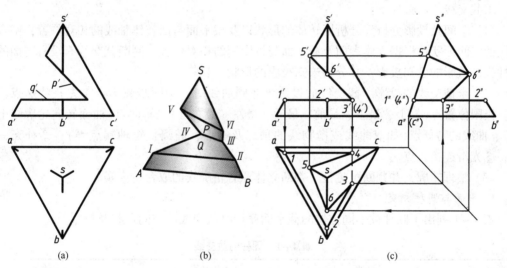

图 4 - 11 三棱锥切口

分析：切口由一个正垂面 P 和一个水平面 Q 形成。两个截平面都与三棱锥的三个侧面相交，同时面 P 和面 Q 还交于一条线 Ⅲ Ⅳ，所以两个面的截交线皆为四边形，分别为图 4 - 11(b)所示的 Ⅰ Ⅱ Ⅲ Ⅳ 和 Ⅲ Ⅳ Ⅴ Ⅵ。面 P 的水平和侧面投影都是比实形缩小的类似形。面 Q 的侧面投影积聚为一条线；水平投影反映实形，且边 Ⅰ Ⅱ、Ⅱ Ⅲ、Ⅰ Ⅳ 分别与三棱锥底面的三条边平行。作图步骤如下［见图 4 - 11(c)］：

(1) 作完整三棱锥的侧面投影，其中面 SAC 为侧垂面，$s''a''c''$ 积聚为一条直线。

（2）直接在正面投影中标示出面 Q、P 与棱线 SA、SB 的交点投影 $1'$、$2'$ 和 $5'$、$6'$，并标示出面 P、Q 的交线投影 $3'(4')$。由 $1'$、$5'$ 按投影关系可得 1、5 和 $1''$、$5''$，由 $6'$ 按投影关系可得 $6''$ 和 6。

（3）在水平投影中，作 $12 // ab$，得 2，作 $23 // bc$，$14 // ac$，并与 $3'(4')$ 对正求出 3、4，而后求得 $3''$、$2''$、$(4'')$。

（4）将面 P、Q 各顶点的同面投影按顺序连线，即得截交线的各面投影。注意 34 为不可见的细虚线，其余皆为可见的粗实线。

（5）整理侧棱的投影。三棱锥被截切后，棱 SA、SB 是中断的，所以水平投影中 1、5 和 2、6 之间无线，侧面投影中 $2''$、$6''$ 之间无线，但 $1''$、$5''$ 之间不能断开，因这段线还代表面 SAC 的积聚性投影。

像这种立体被几个平面所切，形成孔或槽的情形，也可以采用另一种思路解题：把带切口的立体看成是两个立体相交形成的组合形体，即从一个实体中挖切掉另一个虚体而形成的。这种分析问题的方法和思路，是用三维软件进行建模时经常采用的。

二、平面与常见回转体相交

平面与回转体相交，其截交线具有以下两个性质：

（1）截交线一般为闭合平面曲线（曲线或由直线和曲线围成），特殊情况是平面多边形。

（2）截交线是截平面与回转体表面的共有线，截交线上的点是截平面与回转体表面的共有点。

求截交线的步骤如下：

（1）空间及投影分析。分析回转体的形状以及截平面与回转体轴线的相对位置，确定截交线的空间形状；根据立体表面及截平面与投影面的相对位置，判断截交线有没有与面的积聚性投影重影的已知投影，并分析未知投影的形状、趋势。

（2）求截交线的投影。截交线的投影为非圆曲线时，画图步骤为：①先找特殊点，包括：极限位置点（最上、最下、最前、最后、最左、最右点）、转向点（曲面转向轮廓线上的点）、曲线的特征点（如双曲线或抛物线的顶点及端点、椭圆长短轴端点等）；②补充一般点；③光滑连接各点。

（3）整理轮廓，并判断可见性。判断立体原有轮廓线的取舍、虚实。

1. 平面与圆柱相交

表 4 – 1 列出了圆柱被不同方位的截平面截切时截交线的空间形状及投影。

表 4 – 1　圆柱的截交线

截平面位置	平行于轴线	垂直于轴线	倾斜于轴线
截交线	矩　形	圆	椭　圆
立体图	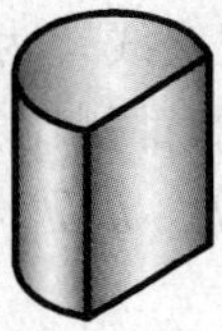	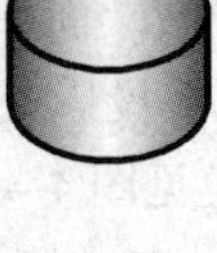	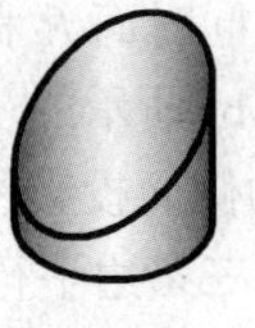

续表

截平面位置	平行于轴线	垂直于轴线	倾斜于轴线
投影图	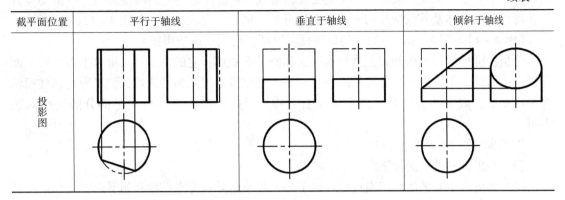		

【例 4 – 3】　图 4 – 12(a)为圆柱被截切后的正面和水平投影，试画出它的侧面投影。

分析：圆柱左上角被正垂面 P 和侧平面 Q 截切[见图 4 – 12(b)]，截平面 P 与圆柱轴线倾斜，截交线空间形状为椭圆弧加直线段；截平面 Q 与圆柱轴线平行，截交线空间形状为矩形。在侧面投影中椭圆弧为类似形，矩形反映实形。

作图步骤如下[见图 4 – 12(c)]：

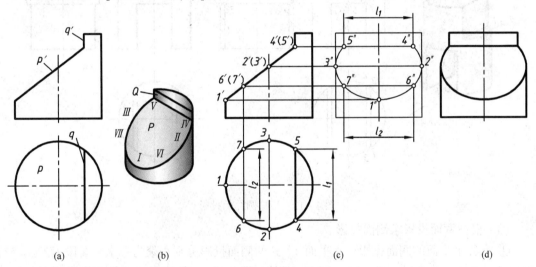

图 4 – 12　圆柱被截切

（1）求特殊点。在椭圆弧上取特殊点 I、II、III、IV、V，其中 I 为最左、最下点和正面转向点，同时也是椭圆弧长轴端点；II、III 为最前、最后点和侧面转向点，同时也是椭圆弧短轴端点；IV、V 为椭圆弧两端点，也是最高、最右点。在正面和水平投影中直接标示出 $1'$、$2'$、$3'$、$4'$、$5'$ 和 1、2、3、4、5，由此再按投影关系求其侧面投影 $1''$、$2''$、$3''$、$4''$、$5''$。根据这些特殊点即可确定截交线的大致范围。

（2）再作出适当数量的一般点，如 VI、VII，同样先定 $6'$、$7'$ 及 6、7，后求 $6''$、$7''$。

（3）按顺序光滑连接出椭圆弧的侧面投影。

（4）侧平面的矩形竖直边直接过 $4''$、$5''$ 向上连线即可。

（5）整理轮廓，并判断可见性。圆柱的最前、最后两素线在 II、III 之上被截切，则侧面投影中 2″、3″ 之上无线；顶平面的积聚性直线被截后长度缩短为 l_1，两端无线。根据切口方位，可以判断立体及其截交线的侧面投影均可见。加深、完成全图，如图 4 - 12(d)所示。

【例 4 - 4】 图 4 - 13(a)为一切口圆柱，试画出它的三面投影图。

分析：圆柱的左上角和右上角被水平面和侧平面截切，它的中下部又被水平面和侧平面开了一个通槽。水平面与圆柱面轴线垂直相交，截交线为圆弧加直线段；侧平面与圆柱面轴线平行相交，截交线为矩形。该立体左右对称，因此只需详细分析左半部分的交线画法即可。

作图步骤如下[见图 4 - 13(b)]：

(1) 画出圆柱的三面投影图。

(2) 画出 7 个截平面的正面投影。由于 7 个截平面分别为水平面和侧平面，故其正面投影分别积聚为 3 条水平线段和 4 条竖直线段。

(3) 根据投影关系，作出水平投影 12、34 及其对称线。

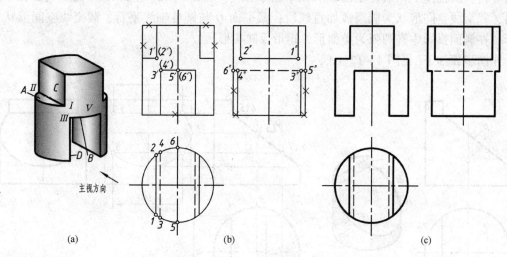

图 4 - 13 切口圆柱的投影

(4) 根据两面投影求侧面投影。

① 求各水平面的侧面投影。水平面 A、B 的侧面投影分别积聚为一水平线段 1″2″(= 12)和 5″6″(= 56)。并根据 3″4″ = 34 确定 3″、4″的位置，3″、4″是确定 B 面侧面投影可见与否的分界点。右上切口水平面的侧面投影与 1″2″完全重合。

② 求各侧平面的侧面投影。侧平面 C 及 D 的侧面投影皆为反映实形的矩形，其竖直边分别以 1″、2″、3″、4″为起点。右半侧的两个侧平面侧面投影与 C、D 的完全重合。

(5) 整理轮廓，并判别可见性。由于圆柱的左、右上角被截去，故正面投影的左、右上角不画线；圆柱下部开通槽，故底面的正面投影中间一段线不画；侧面投影中最前、最后素线的下半段及底面的前后两端被截去，也不画线。圆柱上方切口的投影在各投影图中均可见，下方通槽的水平投影 34 及其对称线、侧面投影 3″4″因在立体内部被其他部位遮挡，不可见，应画成细虚线。结果如图 4 - 13(c)所示。

2. 平面与圆锥相交

表 4 - 2 列出了圆锥被不同方位的截平面截切时截交线的空间形状及投影。

表 4 – 2　圆锥的截交线

截平面位置	与轴线垂直	与轴线倾斜，且 $\theta > \alpha$	与轴线倾斜，且 $\theta = \alpha$	与轴线平行或倾斜，且 $0 \leq \theta < \alpha$	过锥顶
截交线	圆	椭　圆	抛物线和直线	双曲线和直线	等腰三角形
立体图					
投影图					

【**例 4 – 5**】　图 4 – 14 为一直立圆锥被正垂面截切，求作其水平和侧面投影。

分析：该截平面倾斜于圆锥轴线，且属于 $\theta > \alpha$ 的情形，因此截交线为椭圆。截交线的正面投影积聚为一直线，其水平投影和侧面投影仍为椭圆。作图步骤如下：

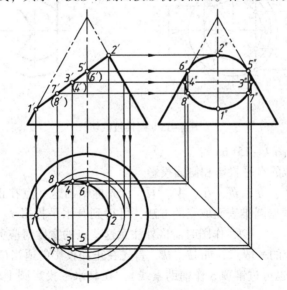

图 4 – 14　正垂面与圆锥相交

（1）求截交线上的特殊点。

求空间椭圆长轴端点 **I**、**II**，在 V 面标示出 1'、2'，由 1'、2' 可求 1、2 和 1″、2″。

求空间椭圆短轴的端点 **III**、**IV**，取 1'2' 的中点，得 3'、(4')，应用纬圆法可求得 3、4 和 3″、4″，即过 **III**、**IV** 作辅助水平纬圆，先画出纬圆的水平投影，则 3、4 必在该圆上且与

3′、*4′*对正，再由此求得 *3″*、*4″*。

求圆锥侧面转向线上的点 *V*、*VI*，先确定 *5′*、*6′*，再求出 *5″*、*6″*，最后求出 *5*、*6*。*5″*、*6″* 是椭圆侧面投影与圆锥侧面转向轮廓线的切点。

（2）作适当数量的一般点。如点 *VII*、*VIII*，作图方法与点 *III*、*IV* 一致，不再赘述。

（3）依次光滑连接各点即得椭圆的水平投影及侧面投影，由图 4-14 可见 *12*、*34* 分别为水平投影椭圆的长、短轴；*3″4″*、*1″2″* 分别为侧面投影椭圆的长、短轴。

（4）整理轮廓。

【例 4-6】 补画图 4-15(a) 所示立体的水平投影和侧面投影。

分析：图示立体可视为圆锥被三个平面挖切掉左半部分所形成的。三个截平面分别为正垂面、水平面和侧平面，过锥顶的正垂面与锥面的交线为素线 *S I*、*S II*，垂直于轴线的水平面与圆锥面的交线为圆弧 *I III*、*II IV*，平行于轴线的侧平面与圆锥面的交线为双曲线 *III V*、*IV VI*，此外三个截平面及圆锥底面之间还交得三段直线 *I II*、*III IV*、*V VI*，如图 4-15(a) 所示。

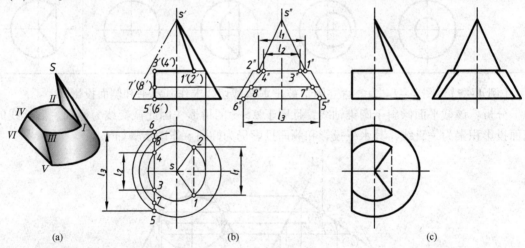

图 4-15　圆锥被截切

作图步骤如下［见图 4-15(b)］：

（1）画出完整圆锥的水平投影和侧面投影。

（2）先求特殊点 *I*、*II*、*III*、*IV*、*V*、*VI*。首先标示出这些点在正面投影中的位置 *1′*、*2′*、*3′*、*4′*、*5′*、*6′*，根据圆锥表面取点的方法，可得到其水平投影 *1*、*2*、*3*、*4*、*5*、*6* 和侧面投影 *1″*、*2″*、*3″*、*4″*、*5″*、*6″*，作图时需格外注意这些点的宽度对应关系。

（3）再求双曲线上的一般点，如 *VII*、*VIII*，首先在正面投影的适当位置取 *7′*、*8′*，根据纬圆法作辅助水平纬圆（也可过锥顶 *S* 作辅助素线），在其水平投影圆上求出 *7*、*8*，然后根据两投影求出侧面投影 *7″*、*8″*。同理，可作出其他一般点。

（4）将各段交线按一定顺序连线或画弧。其中 *S I II* 为等腰三角形，水平和侧面投影都是类似形，各边直接连成直线即可；水平断面的水平投影反映实形，侧面投影是积聚性的直线；侧平断面的水平投影积聚为直线，侧面投影反映双曲线的实形。

（5）整理轮廓，并判断可见性。水平投影中圆锥底圆左侧被截切；侧面投影中圆锥最前、最后素线在水平面之上的部分被截切。除 *12* 为细虚线外，其余图线均可见。完成全图，如图 4 – 15(c)所示。

3. 平面与圆球相交

任何平面与圆球相交，其截交线的空间形状总是圆，但这个圆的投影可能是圆、椭圆或直线，它取决于截平面相对于投影面的位置。

【例 4 – 7】 试求图 4 – 16(a)所示半球开槽后的水平投影和侧面投影。

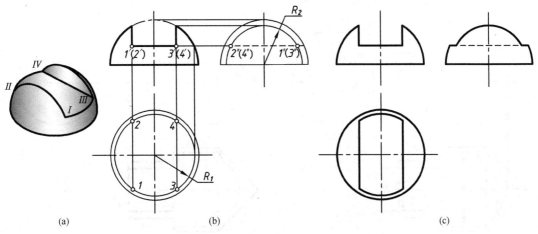

图 4 – 16 半球被截切

分析：半球被两个侧平面和一个水平面截切，它们与球面的截交线均为圆弧，截交线的正面投影在各截平面的积聚性投影上，为直线段。水平面与球面产生的交线圆弧的水平投影反映实形，而侧面投影积聚成直线段；两侧平面与球面产生的交线圆弧的侧面投影反映实形，且因整个立体对称而重合，水平投影积聚为直线段。

作图步骤如下[见图 4 – 16(b)]：

(1) 求作水平投影。根据槽底水平面的正面投影量取水平纬圆半径 R_1，绘制反映实形的水平纬圆弧 13 和 24；两侧平面的水平投影积聚为直线 12、34。

(2) 求作侧面投影。根据两侧平面的正面投影量取侧平纬圆半径 R_2，绘制反映实形的侧平纬圆弧 1″2″；水平面的侧面投影积聚为直线。

(3) 整理轮廓，并判断可见性。侧面投影中半球的侧面转向轮廓线在水平截平面以上部分已被切去，无线。槽底水平面的积聚性投影被左边球体遮住部分，应画成细虚线；其余均为可见的粗实线。结果如图 4 – 16(c)所示。

4. 平面与组合回转体相交

组合回转体是由若干基本回转体组合而成。作图时首先分析各部分曲面的形状，区分各曲面的分界位置，然后逐个形体进行交线的分析与作图，最后综合、整理、连接成完整的截交线。

【例 4 – 8】 画出图 4 – 17 所示顶尖的三面投影。

分析：顶尖由圆锥、大圆柱和小圆柱组成，现被水平面截切。圆锥面上的截交线为双曲线，两圆柱面上的截交线为平行两直线。这里需要注意大、小圆柱表面上的两平行线的间距是不同的。

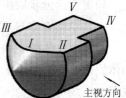

图 4 – 17 顶尖

作图步骤如下[见图 4 – 18(a)]：

（1）画出组合回转体的三面投影，作出水平截平面积聚性的正面和侧面投影——直线。

（2）作圆锥面的截交线。双曲线的正面和侧面投影分别积聚在截平面的相应投影上；水平投影反映实形，首先标示出顶点 *I* 及端点 *II*、*III* 的正面投影 *1'*、*2'*、*3'*，找出对应的侧面投影 *1"*、*2"*、*3"*，进而按投影关系确定其水平投影 *1*，根据宽（l_1）相等确定 *2* 及 *3*，然后再求取一对一般点，依次光滑连成双曲线，此时要注意在顶点 *I* 处不能连接出尖点。

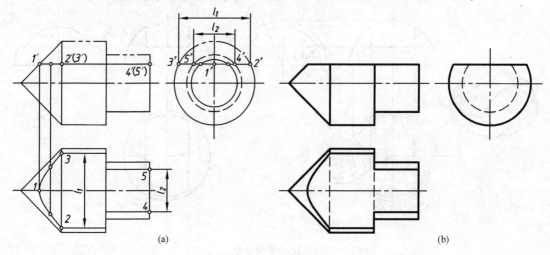

图 4 – 18　顶尖的投影图

（3）作圆柱面的截交线。截平面与两圆柱面截交线为两对平行直线，其正面、侧面投影也积聚在直线上。水平投影反映实形，其中大圆柱面的交线以点 *II*、*III* 为起点，过 2、3 直接画线即可；小圆柱面的交线以点 *IV*、*V* 为起点，先标示出 *4'*、*5'* 和 *4"*、*5"*，再根据宽（l_2）相等求出 4、5，从而画出交线的水平投影。

（4）整理轮廓，并判断可见性。顶尖的正面、侧面投影中水平面之上的部分被截切，无线；水平投影中因锥、柱分界线及柱、柱相交的台阶面在水平面之上的部分已经被截切，相应的粗实线投影应擦除，但在原位要用细虚线补画出下半部分的投影。结果如图 4 – 18（b）所示。

第四节　两立体相交

两立体相交，其表面的交线称为相贯线。

相贯线具有下列性质：

（1）相贯线是两立体表面的共有线，也是两立体表面的分界线。

（2）一般情况下，相贯线是封闭的空间曲线或折线，特殊情况下为平面曲线或直线。

相贯线的形状取决于两立体表面的形状、大小及相对位置。

一、平面立体与平面立体相贯

两平面立体的表面交线是封闭的空间折线或平面多边形。由于折线的各个顶点是一个平面体的棱线与另一个平面体表面的交点，折线的各段线段是两平面体表面（棱面）的交线，故求相贯线可归结为求两立体相应棱面的交线，或求一立体的棱线与另一立体表面的交点。

【例 4 – 9】　求图 4 – 19 所示两棱柱相交的表面交线。

分析：根据两棱柱的大小和相对位置可以判断，两棱柱为互贯［见图 4 – 19(a)］，交线是分布在棱面 KML 和 LMN 上的一条封闭空间折线，其水平投影积聚在这两棱面的水平投影上，为已知。现只需求出正面投影，作图方法如下［见图 4 – 19(b)］：

（1）求各棱线对另一立体表面的交点。斜置三棱柱的棱线 AA_1，CC_1 与竖直三棱柱的棱面 KML 和 LMN 相交于点 I、II、III、IV；竖直三棱柱仅棱线 ML 与斜置三棱柱表面相交于点 V、VI。这些点的水平投影 1、2、3、4、5、6 可以直接标示出来，然后可按点线从属关系向上对正求出 1′、2′、3′、4′；但 5′、6′ 需利用辅助平面法求取：包含棱线 ML 作辅助正平面 P（画出 P_H），求出面 P 与斜置棱柱的交线 DE($de{\to}d'e'$)、FG($fg{\to}f'g'$)，$d'e'$ 和 $f'g'$ 与棱线 $m'l'$ 的交点 5′、6′ 即为所求。

（2）确定连接顺序。交线的每一段线段是两立体棱面的公有线，因此连点成线时要注意：只有当两点位于两立体的同一棱面上，才可用直线将它们连接起来，所以图 4 – 19 中各点的连按顺序是：1′ – 5′ – 2′ – 4′ – 6′ – 3′ – 1′。

（3）判别交线的可见性。交线上的某一段线段，只有同时位于两立体的可见棱面上，该段线段才可见，否则不可见。图 4 – 19 中，1′ 5′ 2′ 和 4′ 6′ 3′ 可见，1′ 3′、2′ 4′ 不可见。

（4）检查棱线的投影，判别可见性。两棱柱相交后成为一体，所以棱线 AA_1 和 CC_1 在交点 I、II 及交点 III、IV 之间应断开，棱线 ML 在交点 V、VI 之间也应断开，棱线 K 和 N 的正面投影被斜置棱柱遮挡的部分应该画成细虚线。

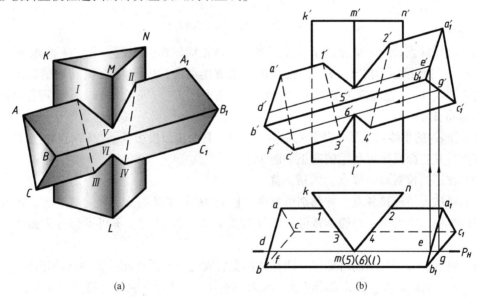

(a)　　　　　　　　　　　　　　(b)

图 4 – 19　两三棱柱相贯

二、平面立体与曲面立体相交

平面立体与曲面立体相交的表面交线，是平面立体的各棱面分别与曲面立体相交的各段截交线的组合。各段截交线的结合点是平面立体的棱线对曲面立体表面的交点（贯穿点）。故求平面立体与曲面立体相交的交线（相贯线），实际是求截交线与贯穿点。

【例 4 – 10】　求图 4 – 20(a)所示三棱柱与半球体相交的表面交线。

分析：本例为三棱柱完全贯通到半球体中，形成的立体左右对称，相贯线由三段圆弧

$I II$、$II III$、$I III$组合而成，分别是三棱柱的三个侧棱面 AB、BC、AC 截切球面所得。相邻两段的结合点 I、II、III分别位于棱柱的三条侧棱 A、B、C 上，如图 4 - 20(c)中的立体图所示。相贯线的水平投影积聚在三个侧棱面的水平投影上，为已知。正面投影中圆弧 $I III$ 反映实形，圆弧 $I II$、$II III$ 的投影为对称的椭圆弧，作图方法如下 [见图 4 - 20(b)]：

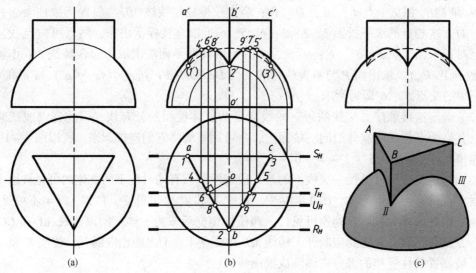

图 4 - 20　三棱柱与半球相交

（1）求特殊点。三个结合点 I、II、III 及圆球正面转向线上两点 IV、V 的水平投影 1、2、3、4、5 可直接标示出来，$4'$、$5'$ 按投影关系直接可求。$1'$、$2'$、$3'$需利用辅助正平面求解：包含棱线 A、C 作辅助正平面 S，与球交一正平圆，$1'$、$3'$ 必在该圆上；同理作辅助正平面 R 可求得 $2'$。

从 o 作 ab 的垂线得垂足 6 及其对称点 7，VI、VII 为正面投影椭圆长轴端点，也是椭圆弧的最高点，其正面投影可利用辅助正平面 T 求得。

（2）在适当位置取一般点，如 VIII、IX。

（3）顺次光滑连接各点，并判别可见性。棱面 AC 与半球的交线就是弧 $1'3'$，因其位于立体的后半面，不可见。两椭圆弧可见部分为弧 $4'2'$、弧 $2'5'$，不可见部分为弧 $4'1'$、弧 $5'3'$。

（4）整理轮廓，并判别可见性。两立体相交后成为一体，正面投影中球的正面转向轮廓线在 $4'$、$5'$ 之间应断开，其余部分可见；棱线 A、B、C 只能分别画至贯穿点 $1'$、$2'$、$3'$ 处，并且棱线 A、C 在球体正面转向轮廓线之下的部分不可见，应画成细虚线，结果如图 4 - 20(c)上图所示。

三、两曲面立体相交

1. 求两曲面立体相贯线的步骤

1）空间分析及投影分析

根据回转体的形状、大小及相对位置，判断两立体是全贯还是互贯、有无对称性，了解相贯线的空间形状；根据立体表面与投影面的相对位置，判断相贯线是否有积聚性的已知投影，分析未知投影的形状。

2）求相贯线的投影

画图步骤为：①先找特殊点，包括极限位置点、转向点、曲线的特征点等；②补充一般点；③判断相贯线的可见性，当两立体外表面相贯时，只有同时位于两立体的可见表面上的相贯线，其投影才可见，否则不可见；④依次光滑连接各点。

3）整理轮廓

判断立体原有轮廓线的取舍、虚实。

2. 常用求作相贯线的方法

1）积聚性法求作相贯线

当相交的两曲面立体中有一个是圆柱，且其轴线垂直于某投影面时，则圆柱面的投影积聚为圆，相贯线在该投影面上的投影也一定积聚在这个圆上，此时可将相贯线看成是另外一个立体表面上的线，根据立体表面取点的方法即可求出其他投影。

【例4-11】　求轴线正交的两圆柱的相贯线，如图4-21所示。

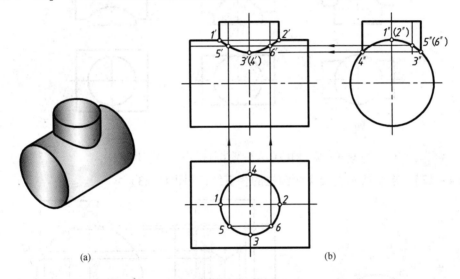

图4-21　两圆柱正交相贯

分析：两圆柱轴线正交（垂直而且相交），小圆柱完全贯通到大圆柱中，相贯线为围绕小圆柱表面一周的、前后和左右均对称的封闭空间曲线，如图4-21(a)所示。因两圆柱轴线分别与 H 面、W 面垂直，故相贯线的水平投影积聚在 H 面的小圆上，侧面投影积聚在 W 面的一段大圆弧上，均为已知；因为相贯线前后对称，正面投影中后一半与前一半重合，所以现在只需求其正面投影的前半部分即可。作图步骤如下［见图4-21(b)］：

（1）求相贯线上的特殊点。求相贯线上的最高点 I 和 II，其中点 I 又为最左点，点 II 为最右点，它们均为两圆柱正面转向线上的点，是判断相贯线正面投影可见性的分界点。1′、2′可直接在图上标示。求最前、最下点 III，3′可根据3、3″求得。点 IV 为相贯线上最后、最下点，4′与3′重合。

（2）求相贯线上的一般点。如点 V、VI，在铅垂圆柱面的水平投影圆上取两点5、6，先求出侧面投影5″、6″，则其正面投影5′、6′可按投影规律求出。同理还可求得相贯线上一系列一般点的投影。

（3）顺次光滑地连接各点。

（4）整理轮廓。两圆柱的正面转向轮廓线的正面投影均画到 1′、2′ 为止。

图 4 – 22 表示两个正交相贯的圆柱，其大小改变时相贯线的变化情况。当两圆柱等径正交相贯（公切于同一球面）时，相贯线空间形状为两个椭圆，其正面投影为一对相交直线，如图 4 – 22（b）所示；直径不等时，相贯线总是偏向大圆柱的轴线，如图 4 – 22（a）、（c）所示。

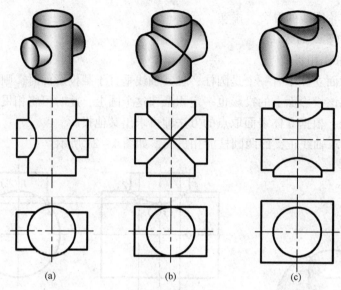

图 4 – 22　两圆柱大小变化对相贯线形状的影响

【例 4 – 12】　求轴线垂直交叉两圆柱的相贯线（见图 4 – 23）。

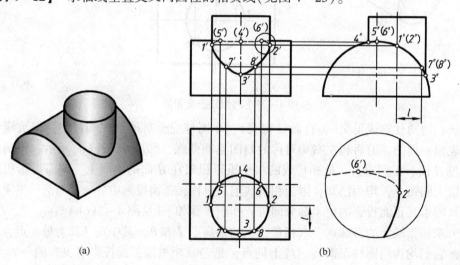

图 4 – 23　两圆柱偏交相贯

分析：两圆柱轴线偏交（垂直交叉），竖直小圆柱完全贯通到横向半圆柱中，相贯线为围绕小圆柱表面一周的、左右对称的封闭空间曲线，如图 4 – 23（a）所示。因两圆柱轴线分别与 H 面、W 面垂直，故相贯线的水平投影积聚在 H 面的小圆上，侧面投影积聚在 W 面的一段大圆弧上，均为已知。现只需求出相贯线的正面投影。与上例不同的是，因两圆柱偏心相贯，其相贯线前后没有对称性，故相贯线的正面投影前后不重合，为一闭合曲线。

作图步骤如下[见图 4 – 23(b)]：

(1) 求出相贯线上的特殊点。

相贯线的特殊点包括：最左点 Ⅰ、最右点 Ⅱ、最前点 Ⅲ、最后点 Ⅳ、最高点 Ⅴ和Ⅵ，其中 Ⅰ、Ⅱ 亦是小圆柱正面转向线上的点，Ⅲ、Ⅳ 亦是小圆柱侧面转向线上的点，Ⅴ和Ⅵ亦是大圆柱正面转向线上的点。首先标示出这些特殊点的水平投影 1、2、3、4、5、6，再按点线从属关系标示出它们的侧面投影 1″、2″、3″、4″、5″、6″，最后按投影规律求出它们的正面投影 1′、2′、3′、4′、5′、6′。

(2) 求出相贯线上的一般点。

如点Ⅶ、Ⅷ，在竖直圆柱面的水平投影圆上取两点 7、8，先求出它们的侧面投影 7″、8″，然后再求其正面投影 7′、8′。同理可根据需要求出相贯线上足够数量的一般点。

(3) 顺次光滑连接各点的正面投影，并判别可见性。

相贯线上 Ⅰ – Ⅲ – Ⅱ 段在小圆柱的前半圆柱面上，故其正面投影 1′ – 3′ – 2′可见；而 Ⅰ – Ⅳ – Ⅱ 段在后半圆柱面上，故其正面投影 1′ – 4′ – 2′不可见，画成细虚线。1′、2′为相贯线正面投影可见与不可见的分界点。

(4) 整理轮廓，并判别可见性。

因为相贯线是两立体表面的分界线，所以两圆柱的正面转向轮廓线的投影均应画到相贯线上为止。竖直小圆柱最左、最右素线的正面投影分别画到 1′、2′，并与相贯线的投影曲线相切，全部可见，画成粗实线。大圆柱最上素线的正面投影画到(5′)、(6′)，也与曲线相切，但被小圆柱挡住的部分应画成细虚线。由于 Ⅴ、Ⅵ 两点间大圆柱的最上素线不存在，故(5′)、(6′)之间不能画线。详见图 4 – 23(b)中的局部放大图。

图 4 – 24 表示两个垂直交叉相贯的圆柱，其相对位置改变时相贯线的变化情况。

两轴线正交相贯的圆柱在实际零件上是最常见的，一般为图 4 – 25 所示的三种形式。

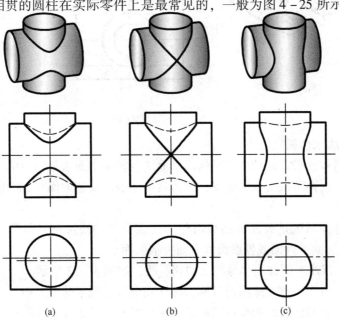

(a)　　　　　　(b)　　　　　　(c)

图 4 – 24　两圆柱位置变化对相贯线形状的影响

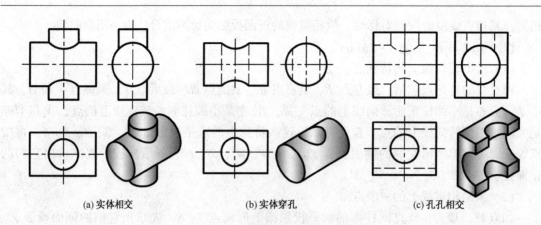

(a) 实体相交　　　　　　　　(b) 实体穿孔　　　　　　　　(c) 孔孔相交

图 4 – 25　两圆柱相交的常见情况

【例 4 – 13】　求两空心圆柱正交相贯线，如图 4 – 26 所示。

分析：在例 4 – 12 的基础上，两圆柱同时挖空，除了已有两圆柱面外表面相交形成的表面交线外，因穿孔在内壁及下孔口都要形成相贯线，如图 4 – 26(a) 所示。其各部分相贯线的求法与例 4 – 12 相似，注意判别可见性，作图过程及结果如图 4 – 26(b) 所示。

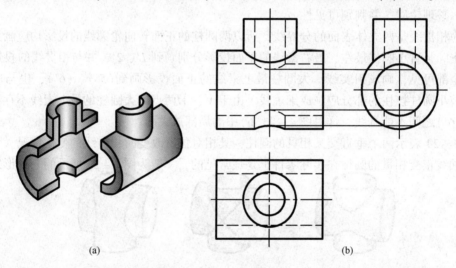

(a)　　　　　　　　　　　　　(b)

图 4 – 26　两空心圆柱相交

2）辅助平面法求作相贯线

求两曲面相贯线比较普遍的方法是辅助平面法。辅助平面法是假想用一个辅助平面截切相交的两立体，所得两条截交线的交点，即为两立体表面及辅助面"三面共有"的点，也就是相贯线上的点。

辅助平面的选择原则是要使辅助平面与两曲面交线的投影都是最简单的线条(直线或圆)。一般常选投影面平行面或投影面垂直面为辅助面。

【例 4 – 14】　求水平圆柱与半球相交的相贯线，如图 4 – 27 所示。

分析：从图中可知，该立体前后对称，圆柱完全贯通到半球中，相贯线是围绕圆柱表面一周的空间曲线。其侧面投影积聚在圆柱的积聚性圆上，正面投影前后重合，水平投影为闭合曲线。求取相贯线时可以选择与圆柱轴线平行的水平面为辅助平面，这时平面与圆柱面的截交线为一对平行直线，与球面的交线为圆，两条交线的交点即为相贯线的点，见图4－27(a)。

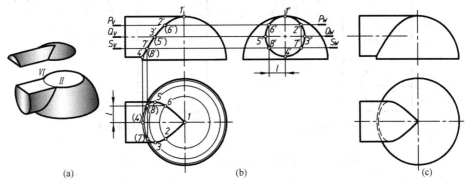

图4－27 水平圆柱与半球相交

其作图步骤如下[见图4－27(b)]：

① 求特殊点。I、IV分别为最高点和最低点，也是最右点和最左点，可以直接求出。III、V为最前点和最后点，也是水平投影可见与不可见的分界点，可过圆柱轴线作辅助水平面Q，则与圆柱面相交于最前和最后素线，与球面相交于圆，其水平投影交点3、5点即为所求，由此可求3′、5′。

② 求一般点。同理可作辅助水平面P、S，求得两对一般点II、VI和VII、VIII。为作图简便、清晰，取面P、S相对于面Q上下对称。

③ 顺次连接各点，即得相贯线的各个投影。其连接原则是：如果两曲面的两个共有点分别位于一曲面的相邻两素线上，同时也分别在另一曲面的相邻两素线上，则这两点才能相连。如图4－27(b)所示，其连接顺序为I－II－III－VII－IV－VIII－V－VI－I。

④ 判别可见性，并整理轮廓。

正面投影中相贯线前后重合，前一半1′－2′－3′－7′－4′可见，画粗实线；水平投影中下半圆柱面上的相贯线投影3－7－4－8－5不可见，画成细虚线；其余段画成粗实线。圆柱的水平转向线画至3、5为止，半球的正面转向线在1′、4′之间不存在，无线。半球底圆被圆柱遮住部分不可见，画成细虚线，但其与相贯线的不可见段很接近，为看清楚相贯线的投影，可将两者的间隙夸大点。补画相贯线后的V、H面投影如图4－27(c)所示。

本例也可选择与圆柱轴线相垂直的侧平面作为辅助平面，这时平面与圆柱面、球面均相交于圆或圆弧。

3. 相贯线的简化画法

实际作图中，当不需要精确画出相贯线的投影时，可以示意性的用简化画法画出。下面即为两圆柱正交相贯时，其相贯线的简化画法。

（1）当两圆柱正交且直径不等时，相贯线的正面投影可以用圆弧近似代替，简化圆弧可用两种方法画出：①根据圆心、半径画简化圆弧：此时半径等于大圆柱半径，圆心在小圆柱轴线上，画图时注意圆弧弯曲的趋势总是偏向大圆柱轴线；②三点法画弧：圆弧过点1′、3′、2′，如图4－28(a)所示。

（2）当两圆柱直径相差很大时，相贯线投影可用直线代替，如图4－28(b)所示。

【例4－15】 试求图4－29所示组合圆柱体的相贯线。

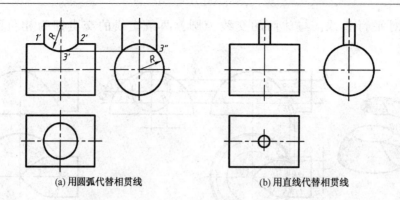

(a) 用圆弧代替相贯线　　　　　　　(b) 用直线代替相贯线

图 4-28　两圆柱正交时相贯线投影的简化画法

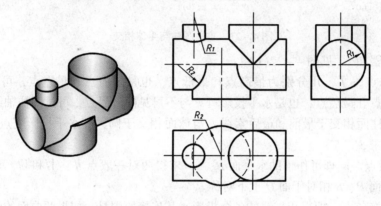

图 4-29　采用简化画法绘制组合圆柱体的相贯线

分析：组合圆柱体是由三个竖直圆柱与一个水平圆柱正交而成的前后对称的立体，其中左上方的竖直圆柱与水平圆柱不等径相贯，相贯线是围绕竖直小圆柱一周的空间曲线，正面投影为一段弯向水平圆柱轴线的曲线；下方的竖直大圆柱高至水平圆柱轴线，与水平圆柱的下半圆柱面不等径相贯，相贯线是左右两段空间曲线，正面投影为两段弯向大圆柱轴线的曲线；这两组相贯线的投影均可用图 4-28(a) 所示的简化画法绘制。右上方的竖直圆柱与水平圆柱的上半圆柱面等径相贯，相贯线是两段半个椭圆弧，正面投影为两段相交直线。结果如图 4-29 所示，作图步骤略。

【例 4-16】　试求图 4-30 所示立体的侧面投影。

分析：图示立体可以想象为主体圆柱经过一系列挖切形成的，如图 4-30(a) 所示。首先在实心圆柱 I 上从上向下挖圆柱孔 II，其次从前向后开半圆柱槽 III，最后从前向后挖通孔 IV。此外从正面投影和水平投影可以看出，圆柱孔 II 和 IV 的直径相同。求解侧面投影的关键是要画出圆柱表面相贯线的投影。因圆柱间都是正交相贯，求解时根据圆柱体的大小关系，判断相贯线的形状、趋势及投影特点，若为不等径相贯，其投影可用简化画法画出；若为等径相贯，则其投影为直线。

作图步骤如下 [见图 4-30(b)]：

(1) 补画完整圆柱 I 的侧面投影——矩形；挖圆柱孔 II，补画孔的侧面转向线（竖直细虚线），因为圆柱 I 的上下底面为平面，穿孔后孔口处投影不变。

(2) 从前向后挖半圆柱槽 III，前后两端与圆柱 I 产生孔口交线，交线可见且偏向主体圆柱轴线；中心部位将与圆柱孔Ⅱ相交产生孔壁交线，相贯线不可见且向上偏。

（3）从前向后挖圆柱孔Ⅳ，与圆柱Ⅰ产生孔口交线，交线可见且偏向主体圆柱轴线；中心部位将与圆柱孔Ⅱ相交产生孔壁交线，由于其直径相等，相贯线空间形状为两个椭圆，投影为互相垂直的两条细虚线。

（4）整理轮廓，擦除挖切掉的轮廓线，结果如图4-30（c）所示。

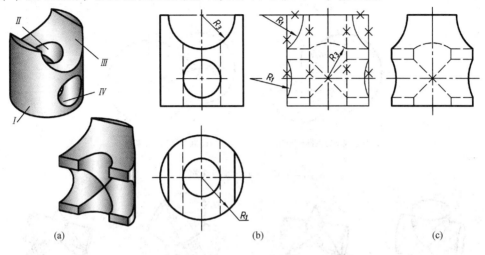

（a）　　　　　　　　　（b）　　　　　　　　　（c）

图4-30　采用简化画法绘制圆柱穿孔的投影

4. 相贯线的特殊情况

两曲面立体的相贯线，一般情况下为封闭的空间曲线，特殊情况下可能为平面曲线或直线，可直接作出。下面介绍几种常见的相贯线的特殊情况。

（1）当两回转体同轴相交时，相贯线为垂直于回转体轴线的圆。在与轴线垂直的投影面上，相贯线的投影为圆；在与轴线平行的投影面上，其投影为直线，如图4-31所示。

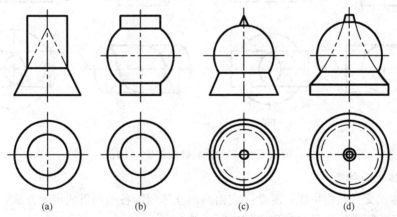

（a）　　　　　　　（b）　　　　　　　（c）　　　　　　　（d）

图4-31　同轴回转体的相贯线

（2）两轴线平行的圆柱相交及共锥顶的圆锥相交，其相贯线为直线，如图4-32所示。

（3）当两个回转体轴线相交且同时外切于一个球面时，其相贯线为两个椭圆。如果两轴线同时平行于某投影面，则这两个椭圆在该投影面上的投影为相交两直线，如图4-33所示。

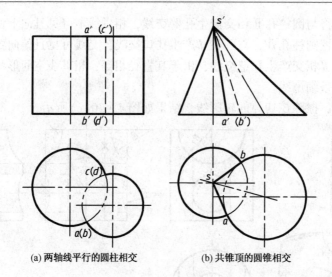

(a) 两轴线平行的圆柱相交　　　　　　(b) 共锥顶的圆锥相交

图 4 - 32　两立体特殊相贯

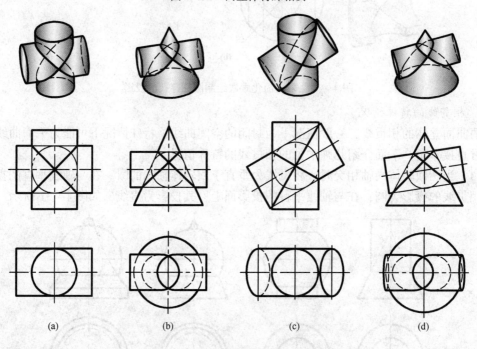

(a)　　　　　　(b)　　　　　　(c)　　　　　　(d)

图 4 - 33　两个回转体外切于一个球

5. 多形体表面相交

多个立体相交，其相贯线较复杂，它由两两立体间的各条相贯线组合而成。求解时，既要分别求出各条相贯线，又要求出它们之间的结合点。

求解步骤如下：

（1）首先分析参与相交的立体是哪些基本体，是平面立体还是曲面立体，是内表面还是外表面，是完整立体还是不完整立体，对于不完整的立体应想象成完整的立体。

（2）分析哪些立体间有相交关系，并分析相贯线的形状、趋势、范围。

（3）对于相交部分分别求出其相贯线，以及各条相贯线的结合点(亦为分界点，如切点、交点等），综合起来成为多形体的组合相贯线。

【例 4 – 17】　求图 4 – 34 所示三个立体相交的相贯线。

分析：图 4 – 34 所示立体由直立圆柱、半圆球及轴线为侧垂线的圆台三个形体构成，整个立体前后对称，对称面 Q 平行于 V 面。组合相贯线是由圆柱与半球的相贯线 A、圆柱与圆台的相贯线 B、圆台与半球的相贯线 C 组合而成，这三条相贯线的结合点为点 I 和 II。欲求出组合相贯线，应分别求出相贯线 A、B、C，以及它们的结合点 I、II 的投影。

作图步骤如下（见图 4 – 34）：

（1）求圆柱与半球的相贯线 A。由于圆柱与半球同轴相贯，因此相贯线为一水平圆，且 V 面投影积聚为直线 a'，H 面投影与圆柱面的投影重合。

（2）求圆柱与圆台的相贯线 B。由于两回转体轴线正交，且水平投影中圆柱与圆台的轮廓线相切，因此相贯线为一椭圆弧，其正面投影为直线 b'，水平投影与圆柱面投影重合。作图时，延长圆柱和圆台的正面转向线得交点 m'、n'，连接 m'、n' 与 a' 交于 $1'$、$2'$（$1'$、$2'$ 重影），再求出 1、2，即得相贯线的结合点 I、II。

（3）求圆台与半球的相贯线 C。由于圆台与半球轴线相交，且同时平行于 V 面，相贯线为一段前后对称的空间曲线。

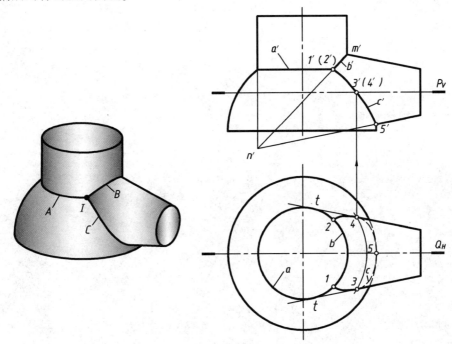

图 4 – 34　三立体相贯

求圆台最前、最后素线上的点 III、IV。过圆台轴线作水平辅助面 P（画出 P_V），P 面与半球的交线为圆，水平投影反映圆的实形，P 面与圆台的交线为最前、最后素线，圆弧与素线的交点即为点 III、IV 的水平投影 3、4，再按投影关系求其正面投影 $3'$、$4'$（$3'$、$4'$ 重影）。

求最低点 V。点 V 为组合形体前后对称面上的点，也是半球、圆台正面转向轮廓线的交点，因此按投影关系可直接求出 $5'$、5。

选用侧平面作辅助面，还可求出适当数量的一般点（图中未画，读者可自行分析）。

（4）光滑连接各点，并判别可见性。

正面投影中，相贯线均可见。a'、b'为直线，c'的投影为曲线 $1'-3'-5'$。

水平投影中，与圆柱相关的交线均积聚在其投影圆上，圆台与半球的相贯线为一段曲线，其可见与否的分界点为 3、4。曲线段 $2-4$、$1-3$ 可见，画粗实线；$4-5-3$ 不可见，画细虚线。圆台的转向轮廓线分别画到 3、4 点与相贯线相切为止，半球底圆被圆台遮住部分画细虚线。

第五章　组合体的三视图

本章着重介绍根据基本投影理论，综合运用形体分析法和线面分析法，绘制、阅读组合体三视图及标注尺寸的方法，并介绍了 SolidWorks 中组合体建模及生成三视图的方法和技巧。

第一节　组合体的形体分析法

组合体是机器零件简化了工艺结构后的抽象的几何模型。任何复杂的组合体都可以看成是由若干个基本体或简单立体按一定的方式组合而成的。

形体分析法就是假想将复杂的组合体分解为一些基本体或简单体，并确定它们的组合方式、相对位置及形体邻接表面的连接关系，从而产生对整个形体形状的完整概念。

一、形体的分解及组合方式

形体间的组合方式主要有叠加和挖切两种。叠加是形体间进行组合，如图 5 – 1(a)所示的立体是由矩形板 Ⅰ、Ⅱ、Ⅲ叠加而成的。挖切是从一个形体中挖去某些形体，如图 5 – 1(b)所示的立体是由柱体 Ⅰ 逐步切掉 Ⅱ、Ⅲ、Ⅳ、Ⅴ、Ⅵ五个部分后所形成的。一般的立体往往是由叠加和挖切两种方式组合形成的，如图 5 – 1(c)所示的立体是由半圆柱 Ⅰ、长圆柱 Ⅱ及两个对称的底板Ⅲ、Ⅳ叠加后再挖去形体 Ⅴ、Ⅵ形成的。

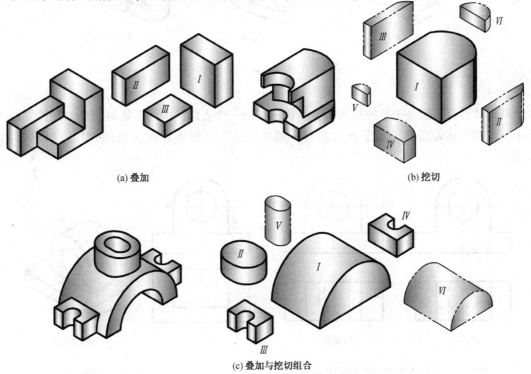

(a) 叠加　　　　　　　　　　　　　　(b) 挖切

(c) 叠加与挖切组合

图 5 – 1　组合体的组合方式

运用形体分析法分析组合体时，构型思路并不是惟一的，图5-1(b)所示的立体既可以按"挖切"方式分析，也可以按"叠加"方式分析，如图5-2所示。这两种构型方案的最终结果虽然都是相同的，但"叠加"方式建模和绘图更简便。所以在分析问题时可以多考虑几种分解方案，然后从方便画图、读图及建模的角度出发，进行比较，选择一种简捷、快速、便于理解的构型方案。另外对一些常见的简单组合体，也可以直接把它们作为简单体，不必再作过细的分解，如图5-1(c)的底板Ⅲ及图5-2中的3块板类零件。

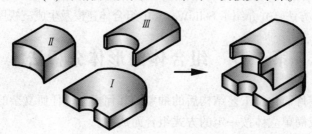

图5-2　形体的不同分解方案

二、各形体邻接表面间的关系

经过叠加、挖切组合后，各形体邻接表面间的关系可分为三种：平齐、相切和相交，如图5-3所示。

(a) 平齐　　　　　(b) 相切　　　　　(c) 相交

图5-3　形体间邻接表面间的关系

1. 平齐

两形体邻接表面处于平齐位置时，就构成了同一个表面，中间不能画分界线，如图5-4所示。当两形体表面处于不平齐状态时，则必须画出两形体表面交线的投影，如图5-5所示。

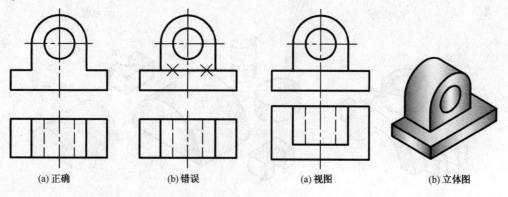

(a) 正确　　　　　(b) 错误　　　　　(a) 视图　　　　　(b) 立体图

图5-4　两形体表面平齐共面的画法　　　　图5-5　两形体表面不平齐的画法

2. 相切

两形体邻接表面(平面与曲面或曲面与曲面)相切时,由于是光滑过渡,所以在视图中不画相切表面间的分界线,如图5-6(a)主、左视图中底板前后侧面与圆柱面的分界线不画。

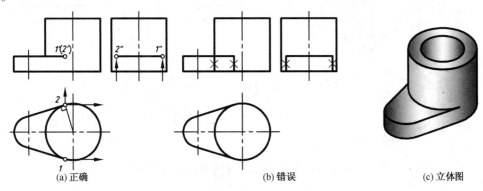

(a) 正确　　　　　　　　(b) 错误　　　　　　　(c) 立体图

图5-6　相切的画法

3. 相交

两形体邻接表面相交时,在相交处一定会产生交线,应画出交线的投影,如图5-7所示。

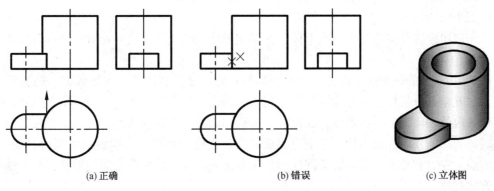

(a) 正确　　　　　　　　(b) 错误　　　　　　　(c) 立体图

图5-7　相交的画法

图5-8是一个支座,由主体圆柱、耳板、底板和凸台组成。由于底板的前、后面与主体圆柱体表面相切,所以在主、左视图中相切处不画线,底板顶面在主、左视图上的积聚性投影应画到相切处为止;右上耳板的前、后面及底面与圆柱体表面相交,截交线必须画出,其上表面与圆柱体上表面平齐,在俯视图中分界线的投影不画;主体圆柱与前面的凸台、主体圆柱中的竖直孔与凸台中的小孔均属两圆柱正交相贯,产生的相贯线在左视图中的投影可用简化画法画出。

综上所述,采用形体分析法分析问题的步骤为:假想分解—分析形体间的组合方式—分析彼此的相对位置—根据相邻表面的关系,进行相应的投影分析。

运用形体分析法分析组合体可以化繁为简。只要我们掌握了正确的分析方法和邻接表面间各种关系的投影特性,任何复杂程度的组合体,其画图、读图、标注尺寸的问题都将迎刃而解,因此形体分析法是组合体画图、读图及标注尺寸的最基本方法。

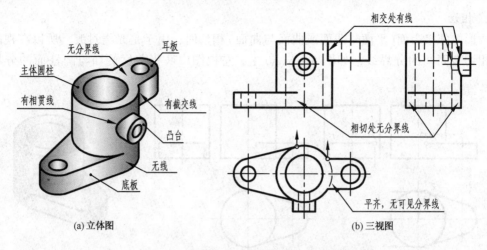

(a) 立体图　　　　　　　　　　　　　　　(b) 三视图

图 5 – 8　平齐、相切、相交画法综合举例

第二节　组合体画图的方法和步骤

一、画组合体三视图的步骤

下面以图 5 – 9 为例，说明画组合体三视图的具体步骤。

1. 进行形体分析

首先把组合体分解为几个基本形体，并确定形体间的组合方式、相对位置以及邻接表面间的关系。

图 5 – 9 所示的轴承座可以分解为五个部分：底板 Ⅰ、套筒 Ⅱ、支撑板 Ⅲ、肋板 Ⅳ 及凸台 Ⅴ。这五个部分是按叠加方式组合在一起的。凸台与套筒是两个正交相贯的空心圆柱体，在它们的内外表面上都有相贯线；底板、支撑板和肋板是不同形状的平板；支撑板的两个侧面上端与套筒的外圆柱面相切，下端与底板的左、右侧面相交，支撑板与底板后表面平齐；肋板的前、左、右侧面与套筒的外圆柱面、底板上表面及支撑板前表面均相交；整个轴承座左右方向对称。

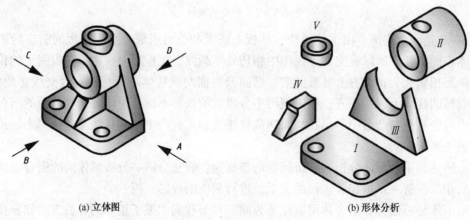

(a) 立体图　　　　　　　　　　　　　　　(b) 形体分析

图 5 – 9　轴承座的形体分析

2. 确定主视图

在三视图中，主视图是最重要的视图，选择主视图的原则如下：

（1）选择最能反映组合体形状特征及各形体间相对位置的方向为其投射方向；

（2）选择自然安放位置，并力求使主要平面平行于投影面，以便投影获得实形；

（3）使三视图中的细虚线（不可见轮廓线）尽可能少。

对于轴承座的主视图选择，首先将其按底面在下的自然位置安放，然后对图 5 – 9 中 A、B、C、D 四个方向进行比较，选择主视图的投影方向。图 5 – 10 表示了与四个方向相对应的主视图，从图中可知，由方向 D 所得的视图，细虚线较多，不如 B 向视图清晰；A 向和 C 向视图是按主要的加工位置安放的，虚线和实线的数量相同，所反映的形体特征也相同，表示了套筒、凸台、肋板的形状特征及各形体的厚度，尤其突出地反映了各形体间的相对位置特征和层次，但其中 C 向视图不宜作为主视图的投射方向，因若以它为主视图，则左视图中细虚线较多；B 向视图可以反映套筒、凸台和支撑板的形状特征及肋板的宽度和各形体的相对位置，尤其突出地表示了支撑板和套筒外表面的相切关系。综上所述，A 向和 B 向视图作为主视图的投射方向都比较合适，各有特点，实际选用时可根据具体情况进行选择。本例中，选 B 向为主视图的投影方向。

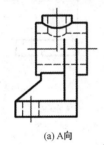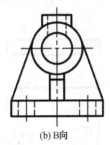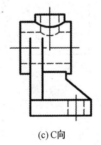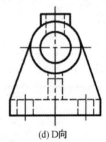

(a) A向　　　　　(b) B向　　　　　(c) C向　　　　　(d) D向

图 5 – 10　分析主视图的投影方向

3. 选比例，定图幅

根据组合体的复杂程度和大小，选择符合国标规定的画图比例，尽量选用 1∶1 的比例，以便于画图，并可由视图直接估算组合体的大小。根据所选比例和组合体的大小，并考虑在视图间留出适当的距离以标注尺寸，来选取标准图幅。

4. 画底稿

（1）布图，画基准线。根据各视图的最大轮廓尺寸，在图纸上均匀地安排它们的位置，为此，先画出确定各视图位置的基准线（一般选取对称中心线、轴线、较长的轮廓线等为基准线），如图 5 – 11（a）所示。

（2）按照形体分析，逐个画出各形体的三视图。画图时要时刻保证各形体的相对位置准确无误，如图 5 – 11（b）~（f）所示。

画图顺序一般为：先实（实形体）后空（挖去的形体）；先主（主要形体）后次（次要形体）；先画外部轮廓，后画局部细节。

对每部分形体，要从反映其形状特征的视图入手，按照投影规律，三个视图一起画。

注意：各形体间邻接表面的相对位置关系要表示正确。例如支撑板的两个侧面与套筒相切，在相切处为光滑过渡，所以切线（12，1″2″）不应画出，如图 5 – 11（d）所示；肋板与套筒外表面是相交关系，所以交线(平面与圆柱面的截交线)的侧面投影 $5''6''$ 一定要准确画出，如图 5 – 11(e)所示；两形体相交时，立体参加叠加或挖切的部分将被融合或挖切，有些轮廓线的投影不能画出，如套筒与肋板及支撑板融合成一体，所以在左视图中，套筒外表面的最下素线只剩前、后的两小段，而在俯视图中肋板和支撑板相接处的细虚线(67)不应画出，如图 5 – 11(e)所示；套筒外表面与支撑板相融处的最左素线(ab)、最右素线(cd)不应画出，如图 5 – 11(d)所示。

5. 检查、加深

底稿画完后，按形体逐个仔细检查，看每部分形体的投影是否画全；彼此之间的相对位置是否正确；表面间的过渡关系(平齐、相切、相交)是否表达无误；投影面垂直面、一般位置面的投影是否符合投影规律等。校核完毕，修改并擦去多余的线条后，就可按国标规定的线型进行加深。

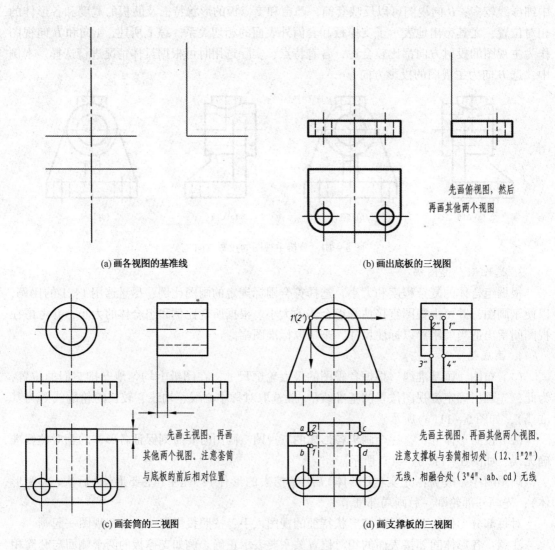

(a) 画各视图的基准线　　　　　　　　(b) 画出底板的三视图

先画俯视图，然后再画其他两个视图

(c) 画套筒的三视图　　　　　　　　(d) 画支撑板的三视图

先画主视图，再画其他两个视图，注意套筒与底板的前后相对位置

先画主视图，再画其他两个视图。注意支撑板与套筒相切处 (12、1''2'') 无线，相融合处 (3''4''、ab、cd) 无线

图 5 – 11　组合体的画图方法

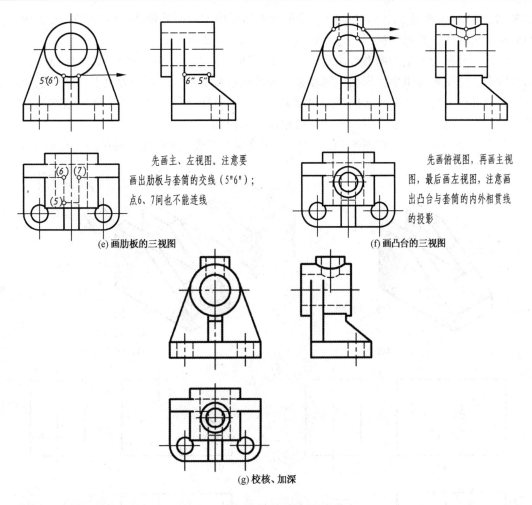

先画主、左视图。注意要
画出肋板与套筒的交线（5″6″）；
点6、7间也不能连线

(e) 画肋板的三视图

先画俯视图，再画主视
图，最后画左视图，注意画
出凸台与套筒的内外相贯线
的投影

(f) 画凸台的三视图

(g) 校核、加深

图5-11　组合体的画图方法(续)

二、画图示例

【例5-1】　画出图5-12(a)所示压块的三视图。

(1) 形体分析。压块可以看作是由长方体切去左上方的三角块，又从左到右对中挖去一个四棱柱而成，是一个挖切式的组合体，如图5-12(b)所示。

对于挖切式组合体的分析方法和画图方法与上述的叠加式立体的基本相同，只不过各个形体是一块块切割下来，不是叠加上去而已。

(2) 确定主视图。选择图5-12(a)中箭头所指方向为主视图投影方向。

(3) 选比例，定图幅。以1∶1的比例确定图幅。

(4) 布图，画基准线。如图5-12(c)所示。

(5) 画出形体被逐个挖切后的三视图。如图5-12(c)~(e)所示。

(6) 检查，加深。全面检查，并用斜面 P 的类似形验证投影的准确性，如图5-12(f)所示。

该立体的形体分析也可以采用其他思路，如图5-13所示。图5-13(a)假设原始形体是由主视图外轮廓拉伸的五棱柱，再从左到右对中挖去一个四棱柱而成，绘三视图时就可从

图 5 – 12(d)开始画起。图 5 – 13(b)假设原始形体是由左视图外轮廓拉伸的"凹"形棱柱，再切除左上角而成，绘制三视图的过程如图 5 – 14(b) ~ (d)所示。

　　比较三种挖切方案的构型方法及绘图过程可知，挖切式立体构型时原始形体简单，则挖切步骤多，绘图步骤也多；原始形体复杂，则挖切过程简单，绘图步骤也少。所以挖切式立体构型时可以外轮廓边数较多的视图轮廓为原始形体草图进行拉伸，然后再根据其他视图分析挖切过程，这样绘图步骤少，进行三维建模时也快捷。

　　当然压块的构型也可按图 5 – 13(c)所示的叠加方式进行，绘制三视图的过程略。

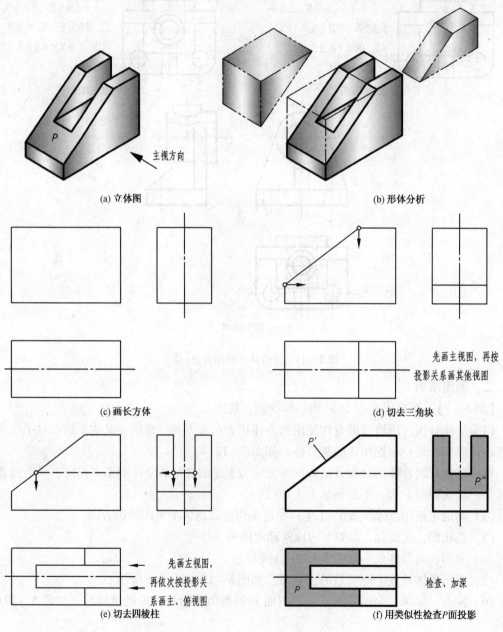

(a) 立体图　　　　　　　　　　　　　　(b) 形体分析

先画主视图，再按投影关系画其他视图

(c) 画长方体　　　　　　　　　　　　　(d) 切去三角块

先画左视图，再依次按投影关系画主、俯视图

检查、加深

(e) 切去四棱柱　　　　　　　　　　　(f) 用类似性检查P面投影

图 5 – 12　压块的绘图方法一

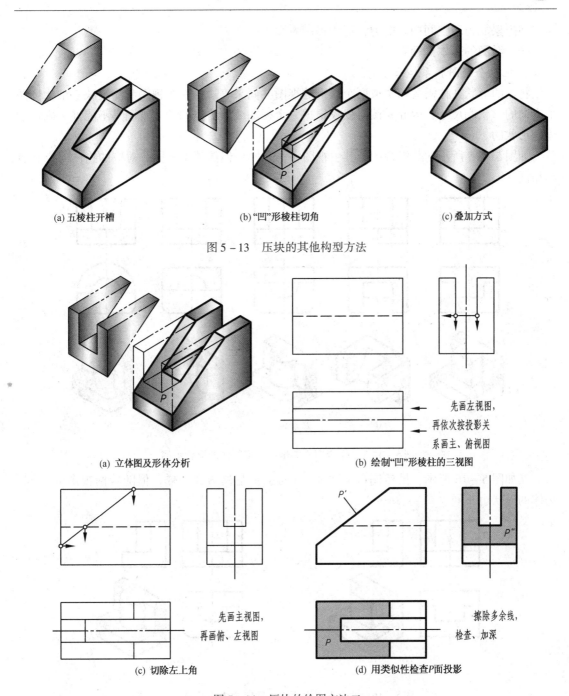

(a) 五棱柱开槽   (b) "凹"形棱柱切角   (c) 叠加方式

图 5-13 压块的其他构型方法

(a) 立体图及形体分析   (b) 绘制"凹"形棱柱的三视图

先画左视图，
再依次按投影关
系画主、俯视图

先画主视图，
再画俯、左视图

擦除多余线，
检查、加深

(c) 切除左上角   (d) 用类似性检查P面投影

图 5-14 压块的绘图方法二

第三节 组合体看图的方法和步骤

看图和画图是学习本课程的两个重要环节。画图是把空间的物体用正投影的方法表达在平面上；而看图则是运用正投影的方法，根据已画好的平面视图想象出空间物体的结构形状。要想正确、迅速地读懂视图，必须掌握看图的基本要领和基本方法，通过反复实践，培养空间想象能力和空间构思能力，逐步提高看图水平。

一、看图的基本要领

1. 把几个视图联系起来分析

物体的形状往往需要两个或两个以上的视图共同来表达，一个视图只能反映三维物体两个方向的形状和尺寸，因此看图时仅仅根据一个视图或不恰当的两个视图是不能惟一确定物体的形状的。

如图 5 – 15 所示的几组视图，其主视图完全相同，但俯视图不同，对应的物体的形状就不相同。

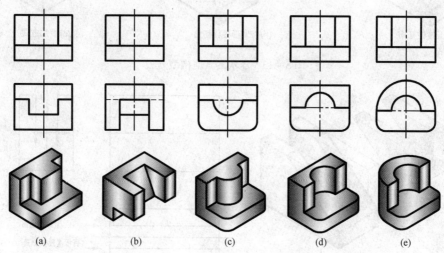

图 5 – 15　一个视图不能惟一确定物体的形状示例

又如图 5 – 16 所示，虽然图（a）和图（b）的主、左视图都一样，但随着俯视图的不同，物体的形状也不同。

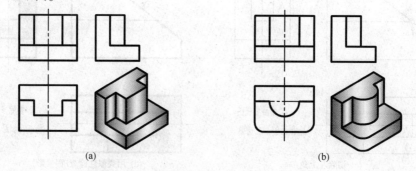

图 5 – 16　两个视图不能惟一确定物体的形状示例

由此可见，看图时必须几个视图联系起来进行分析，才能准确确定物体的空间形状。

2. 抓住特征视图

所谓的特征视图，就是把物体的形状特征和位置特征反映得最充分的那个视图。一般来说，主视图最能反映物体的形状和位置特征，因此读图时一般先从主视图入手，再结合其他几个视图，能较快地识别出物体的形状。但是，物体的形状千变万化，组成物体的各个形体的形状特征，也不是总集中在一个视图中，可能分布在各个视图中。如图 5 – 17 所示的支架是由四个形体叠加而成的，主视图反映形体 I 、IV的特征，俯视图反映形体III的特征，左视图反映形体II的特征。在这种情况下，如果要看整个物体的形状，就要抓住反映形状特征较多的视图(本例为主视图)，而对于每个基本形体，则要从反映它形状特征的视图着手。

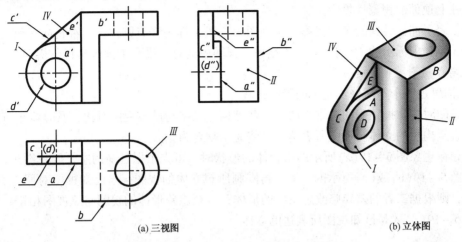

(a)三视图　　　　　　　　　　　　　　(b)立体图

图5－17　特征视图及封闭线框分析

3. 明确视图中的封闭线框和图线的含义

看图时应分析视图中的封闭线框和图线代表了物体哪部分的投影，在其他视图中对应的投影是什么，有什么特点。

1) 视图中封闭线框的含义

(1) 视图中的封闭线框表示物体上一个不与该投影面垂直的面的投影，这个面可为平面、曲面，也可为曲面及其切平面，甚至可能是一个通孔。如图5－17所示，视图中的封闭线框 a′表示立体上的平面 A 的正面投影；封闭线框 b′、c″分别代表立体上两个圆柱面及其切平面 B、C 的投影；而图中的圆形线框 d′ 则表示圆柱通孔 D 的投影。图5－18中的封闭线框 a′代表竖直圆柱面的正面投影。

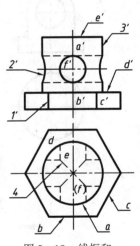

图5－18　线框和图线的含义

(2) 视图中相邻封闭线框肯定代表两个面，这两个面有可能平行、相交或错位。图5－17中的封闭线框 a′、e′分别代表立体上互相平行的两正平面 A、E 的投影；图5－18中的封闭线框 b′、c′分别代表六棱柱前方和右方相交两侧面的投影；封闭线框 a′、b′分别代表在空间前后相错的圆柱面和六棱柱表面的投影。

(3) 视图中嵌套的封闭线框肯定代表两个面，内框代表的立体可能从外框代表的立体上凸起(叠加)也可能是从中开的孔洞(挖切)，这需要通过其他视图进一步判断。如图5－18俯视图中嵌套的六边形 d 和圆 e，通过观察主视图对应的投影，可以判断圆柱从六棱柱上顶面凸起；主视图中嵌套的封闭线框 a′和圆 f′，通过观察俯视图对应的投影(细虚线)，可以判断是从大圆柱上从前到后挖切了一个小圆孔。

2) 视图中图线的含义(以图5－18为例)

(1) 表示两个表面交线的投影。主视图中的直线 1′是六棱柱两侧面交线的投影；曲线 2′是竖直圆柱面与圆柱通孔的交线——相贯线的投影；直线 e′可视为竖直圆柱面与顶面交线的投影；俯视图中交叉的细虚线 *4* 是两圆孔相贯线的投影。

（2）表示与该投影面垂直的一个面的积聚性投影。俯视图中直线 *b*、*c* 是六棱柱侧面（铅垂面）的积聚性投影；圆周 *a* 是竖直圆柱面的积聚性投影；而主视图中的直线 *e'* 也可看作是竖直圆柱上顶面的积聚性投影。

（3）表示曲面转向轮廓线投影。主视图中直线 *3'* 即为竖直圆柱面正视转向轮廓线投影。

图 5 – 18 中标示的 *1'*、*2'*、*3'*、*4* 在另一视图中的对应投影请读者自行分析。

4. 善于进行空间构思

1）构思是一个不断修正完善的思维过程

在看图时应掌握正确的思维方法，不断把构思结果与已知视图对比，及时修正有矛盾的地方，直至构想的立体与视图所表达的立体完全吻合为止。

例如在想象图 5 – 19（a）所示的组合体的形状时，可先根据已知的主、俯视图进行分析，想象成图 5 – 19（b）或（c）所示的立体，再默画所想立体的视图，与已知视图对照是否相符，不符合，则根据二者的差异修改想象中的形体，直至想象形体的视图与原视图相符。由此可见，图 5 – 19（d）才是已知视图所表达的立体。

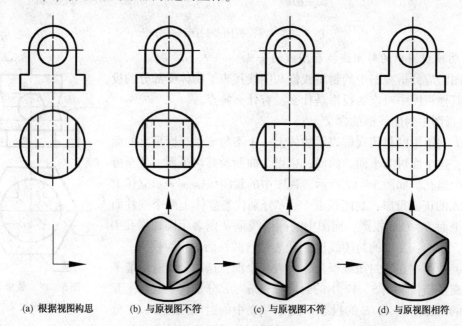

(a) 根据视图构思　　(b) 与原视图不符　　(c) 与原视图不符　　(d) 与原视图相符

图 5 – 19　构思过程示例

这种边分析、边想象、边修正的方法在实践中是一种行之有效的思维方式。

2）构思的立体要合理

构思出的立体应具有一定的强度和工艺性等，且连接牢固、便于加工制造。

（1）两个形体组合时要连接牢固，不能出现点接触或线接触，如图 5 – 20（a）、（b）、（c）所示；也不能用假想的面连接，如图 5 – 20（d）所示。

（2）一般情况下不要出现封闭的内腔，封闭的内腔不便于加工造型，如图 5 – 20（e）所示。

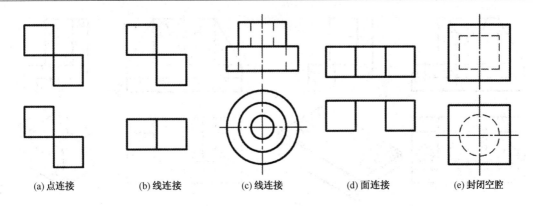

| (a)点连接 | (b)线连接 | (c)线连接 | (d)面连接 | (e)封闭空腔 |

图 5-20 不合理的构思示例

二、看图的基本方法和步骤

1. 形体分析法

看图与画图类似，仍以形体分析和线面分析为主要方法。一般从反映物体形状特征较多的主视图入手，分析该物体由哪些基本形体所组成，然后运用投影规律，逐个找出每个基本形体在其他视图中的投影，从而想象出各个基本体的形状、相对位置及组合形式，最后综合想象出物体的整体形状。

下面以座体的三视图(见图 5-21)为例，说明看图的具体步骤。

1)抓住特征，分线框

首先从已给视图中找出反映物体形状特征较多的视图，而后从特征视图(多数情况下为主视图)入手，结合其他视图，判断组成它的封闭线框数，每个封闭线框一般为组成物体的各基本立体的投影，这样初步把物体分为几个部分。

图 5-21 中反映座体形状特征较多的视图为主视图，根据该视图，再对照其他视图，可把座体分为 I、II、III、IV 四个部分。

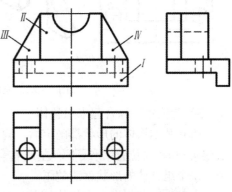

图 5-21 座体的三视图

2)对投影，定形体

按照投影规律，分别找出各基本形体在其他视图中对应的投影，想象出各基本体的形状。看图的顺序与画图时类似，也是先看主要形体，后看次要形体；先看外部轮廓，后看局部细节；先看容易看懂的部分，后看难于确定的部分。

图 5-21 中，首先看形体 I 底板，左视图反映了它的形状特征，结合俯视图和主视图可以看出，形体 I 为以左视图为特征视图的拉伸体，且在上方左右对称位置上钻了两个小圆孔，如图 5-22(a)所示。

然后看形体 II，按照投影关系，找出它在俯、左视图中对应的投影，可知形体 II 是一个以主视图为特征视图的拉伸体，如图 5-22(b)所示。

同样方法，通过对照形体 III 和 IV 的其余投影，可知形体 III 和 IV 是以主视图为特征视图的左右对称的两个三角块，如图 5-22(c)所示。

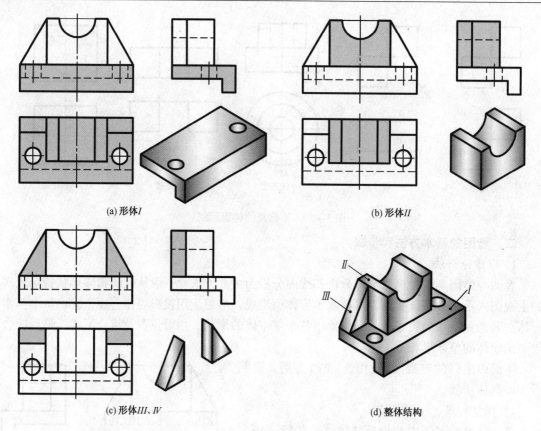

(a) 形体I   (b) 形体II

(c) 形体III、IV   (d) 整体结构

图 5-22 座体的看图方法——形体分析法

3）看位置，综合起来想整体

所有基本形体的形状都确定后，再根据已知的三视图，判断各个形体的组合方式（叠加或挖切）和相对位置（上或下、左或右、前或后），把各基本形体的形状、位置信息综合起来，整个组合体的形状就清楚了。

本例中，起支撑和定位作用的底板 I 位于最下方，形体 II 在其后上方、左右居中的位置，三角块 III 和 IV 分别位于形体 II 的左右两侧，从俯视图和左视图可看出所有形体的后表面都是平齐的。这样综合起来，即能想象出组合体的整体形状，如图 5-22(d) 所示。

2. 线面分析法

由于立体是由其表面包络而成的，在绘制或阅读较复杂组合体的视图时，在应用形体分析法的基础上，对不易表达或难于读懂的局部，还应结合线、面的投影，分析物体表面的形状、物体面与面的相对位置及物体的表面交线等，来帮助表达或读懂这些局部，这种方法叫线面分析法。

1）分析面的形状

画图、看图时，要熟知投影面平行面、投影面垂直面及一般位置平面等各种位置平面的投影特点，分析立体表面的形状及其投影。

图 5-23(a) 中有一个"L"形的铅垂面，图(b) 中有一个"凸"字形的正垂面，图(c) 中有一个"凹"字形的侧垂面，它们的投影除了在一个视图中积聚为一条直线外，在其他两个视图中均为相应空间实形的类似形。图(d) 中有一个梯形的一般位置平面，它在三个投影面上

的投影亦均为空间实形的类似形——梯形。

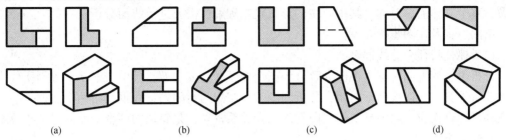

图5-23　斜面的投影为类似形

画图、看图时遇到投影面垂直面和一般位置平面往往可通过"类似形"，找到解决问题的切入点，也可利用"类似性"这个投影特点，检查、判断立体的投影是否正确。

2）分析面的相对位置

如前所述，视图中每个封闭线框都代表组合体上的一个面的投影，相邻的封闭线框通常表示物体的两个表面的投影，这两个面一般是有层次的，或平行、或相交、或错位；而嵌套的封闭线框表示两个面非凸即凹（包括通孔）。两个面在空间的相对位置还要结合其他视图来判断，下面以图5-24为例详细说明判断方法。

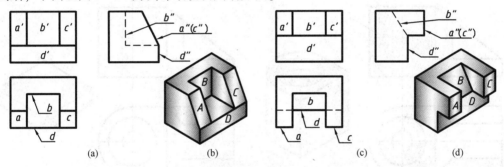

图5-24　分析面的相对位置

在图5-24(a)中，比较面 A、B、C 和 D。由于俯视图中所有图线都是粗实线，所以只可能是最下面的 D 面凸出在前，A、B、C 面凹进在后；再比较 A、C 和 B 面，由于左视图中有细虚线，结合主、俯视图，则可判断是 A、C 面在前，B 面在后。左视图的右边是条斜线，因此 A、C 面是斜面(侧垂面)；代表 B 面投影的细虚线是条竖直线，因此 B 面为正平面。判断出面的前后关系后，即能想象出该组合体的形状，如图5-24(b)。

在图5-24(c)中，由于俯视图左、右出现细虚线，中间有两段粗实线，所以可判定 A、C 面在 D 面之前，B 面在 D 面的后面。又由左视图中有一条倾斜的细虚线可知，凹进去的 B 面为一斜面，且与 D 面相交。图5-24(d)为该形体的立体图。

【例5-2】　根据图5-25所示滑块的主、俯视图，想象其空间形状，并补画左视图。

首先按形体分析法分析滑块的组成。从滑块的主视图着

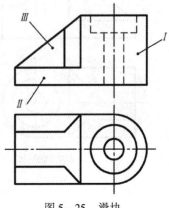

图5-25　滑块

手，结合俯视图，可将滑块分解为三部分：右端带沉孔的 U 形柱 Ⅰ、底板 Ⅱ 及其上方的斜块 Ⅲ，整个立体前后对称。其中斜块的形状较难理解，需要进行线面分析。

读图过程及作图步骤如下：

（1）抓住特征，分线框。

分析主、俯视图，将主视图大致分为三个线框 Ⅰ、Ⅱ、Ⅲ，其中线框 Ⅰ、Ⅱ 因所代表的立体前后平齐，所以线框不封闭，分析问题时可假想为封闭的；线框 Ⅲ 由两个线框——三角形和梯形组合而成，原因是从俯视图看出二者关系密切，是斜块的两个侧面的投影，故组合起来一起分析。

（2）对投影，定形体。

将三个线框对应的俯视图中的投影找出，分析可知形体 Ⅰ 为带沉孔的 U 形柱［见图 5-26(a)］，形体 Ⅱ 为长方体的底板［见图 5-26(b)］。形体 Ⅲ 可视为以其俯视图轮廓为特征草图的拉伸体，再被一正垂面切割而成的斜块，如图 5-26(c) 所示，侧面 ABG 为正平面，正面投影反映实形，水平投影积聚为直线；侧面 BCHG 为铅垂面，水平投影积聚为直线，正面投影为空间实形的缩小的类似形；斜面 ABCDEF 为正垂面，正面投影积聚为直线，水平投影为空间实形的缩小的类似形。

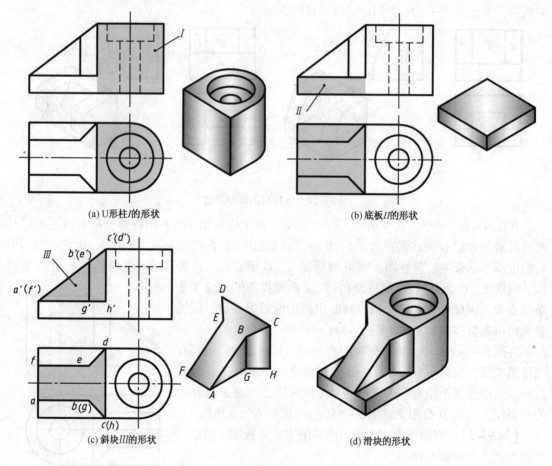

(a) U形柱Ⅰ的形状   (b) 底板Ⅱ的形状

(c) 斜块Ⅲ的形状   (d) 滑块的形状

图 5-26　读懂滑块的形状并补画左视图

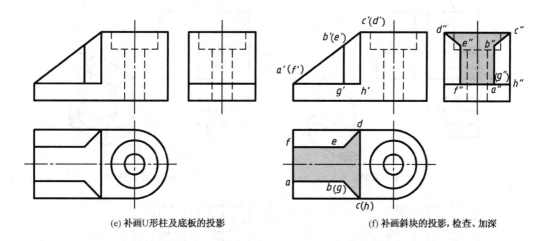

(e) 补画U形柱及底板的投影　　　　　　　(f) 补画斜块的投影, 检查、加深

图5-26　读懂滑块的形状并补画左视图(续)

（3）看位置，综合起来想整体。

从主、俯视图可以看出，底板 II 在左下方，与右侧的 U 形柱 I 共底面，且前后平齐，斜块 III 在底板的上方，右侧紧贴 U 形柱，前后对称。综合上述情况，想象出滑块的整体形状，如图5-26(d)所示。

（4）补画左视图。

首先补画 U 形柱 I 和底板 II 的左视图，如图5-26(e)所示；然后补画斜块 III 的左视图，此时要以斜块的斜面 $ABCDEF$ 为切入点，其侧面投影仍为空间实形的缩小的类似形，即与其水平投影也是类似的，只是方位不同而已，结果如图5-26(f)所示。

【例5-3】　如图5-27所示，已知架体的主、俯视图，想象其整体形状，并补画左视图。

（1）形体分析及线面分析。

已知的主、俯视图外轮廓基本是矩形，故可断定这是一个长方体经切割和穿孔后所形成的立体。从主视图入手，可分出 a'、b'、c' 三个线框，对照俯视图，这三个线框所表示的面可能与俯视图中的 a、b、c 相对应，如图5-27所示，该结论是否成立，还需进一步判断。对照主、俯视图按投影关系可知，架体分成前、中、后三层，在主视图中 b' 面上有一个小圆，与俯视图中终止于 b 面的细虚线相对应，说明小圆是一个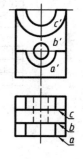

图5-27　架体

从中层到后层的通孔，且 B 面是中层的前端面；又因前层上挖掉一个半圆柱孔，俯视图上均为可见轮廓线，而且前层没有小孔的投影细虚线，所以 A 面是前层的前端面，则 C 面是后层的前端面。假设 C 面在 A 面之前，是否正确？如该假设成立，架体上部挖的半圆通孔在俯视图中的投影应是从后到前连续的粗实线，这与已给俯视图不符，所以该假设不成立。因此，我们前述的分析是正确的，由此可想象出架体的空间形状，如图5-28(e)所示。

（2）补画左视图。

根据形体分析的结果，按照挖切顺序，逐次补画架体的左视图，如图5-28(a)~(f)所示。

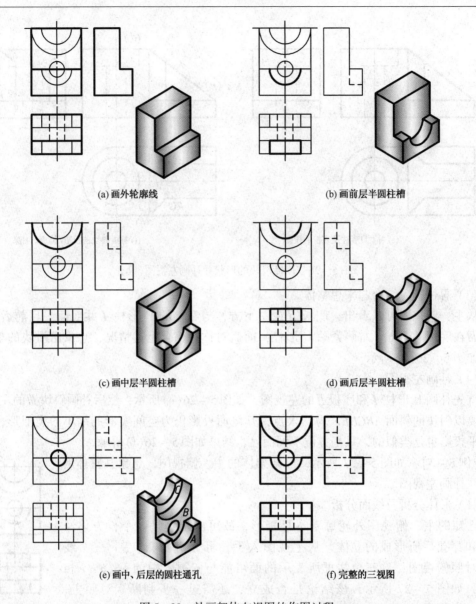

(a) 画外轮廓线　　　　　　　　　　(b) 画前层半圆柱槽

(c) 画中层半圆柱槽　　　　　　　　(d) 画后层半圆柱槽

(e) 画中、后层的圆柱通孔　　　　　(f) 完整的三视图

图 5 – 28　补画架体左视图的作图过程

【例 5 – 4】　如图 5 – 29 所示，已知物体主、左视图，想象其整体形状，并补画俯视图。

（1）形体分析。

从已知的主、俯视图可见，该形体是一个挖切式立体，原始形体可视为以主视图外轮廓为特征草图的拉伸体，前上方被一侧垂面截切，后方居中又切掉一个长方体，如图 5 – 30(a) 所示。补画该立体左视图时，可像【例 5 – 1】那样采用形体分析法按成型过程和挖切顺序进行，也可采用下面的线面分析法进行。

（2）线面分析。

包络该立体的表面有：三个水平面——上顶面 A、槽底 B、下底面 C，前上方的侧垂面 D，槽两侧的正垂

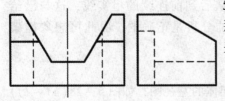

图 5 – 29

面 E、F，此外还有前、中、后三个正平面，左、右端两个侧平面，如图 5-30(a)所示。其中面 D 的形状为梯形，因为是侧垂面，所以其水平投影应与正面投影类似，均为空间实形的类似形；两个正垂面 E、F 的形状为七边形，其侧面投影和水平投影也均为空间实形的类似形；面 D 与面 E、F 的的交线都是一般位置直线。水平面 A、B 的形状都是矩形，水平面 C 的形状是"凹"字形，其边长由正面投影和侧面投影可以确定；其余的正平面和侧平面的形状分别在主、左视图中反映实形，它们的水平投影均为积聚性的直线。

　　补画俯视图时，只需画出在俯视图中反映实形的水平面和反映类似形的面的投影即可，其余的正平面和侧平面的积聚性投影均在前两类图形的边线上，不需特殊考虑。

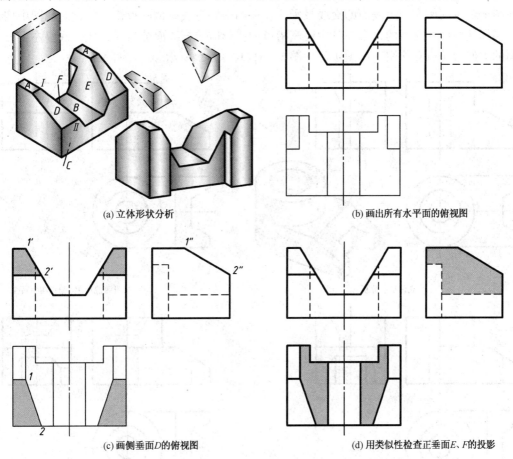

(a) 立体形状分析　　　　　　　　　　　(b) 画出所有水平面的俯视图

(c) 画侧垂面 D 的俯视图　　　　　　　(d) 用类似性检查正垂面 E、F 的投影

图 5-30　补画俯视图

　　(3) 补全俯视图。

　　按上述分析结果，先画出所有水平面的水平投影，如图 5-30(b)所示；再补全侧垂面 D 的水平投影，即直线 Ⅰ Ⅱ(12、1'2'、1″2″)及其对称线的水平投影，如图 5-30(c)所示，这两条一般位置直线恰是侧垂面 D 与正垂面 E、F 的交线。此时正垂面 E、F 的投影已经呈现，无需再添加任何图线，如图 5-30(d)所示。

　　(4) 全面检查，加深。

　　【例 5-5】 补画图 5-31(a)中所缺的图线。

　　虽然补画漏线的已给图形中缺少某些图线，但物体的形状已经基本确定。解题时根据已知图形进行形体分析，将立体的形状想象出来，然后查看各个形体的投影是否齐全，相邻表面的连接关系是否进行了恰当的处理，最后补画所缺图线即可。

（1）形体分析。

图示立体由左侧底座和右端圆柱两部分构成，其中底座可视为由其俯视图外轮廓为特征草图的拉伸体，再切除左上角形成的；右端圆柱从上到下挖切了圆台孔和圆柱孔，如图5-31（a）中立体图所示。

（2）补画视图中所缺图线。

底座的前后表面与圆柱相切，两面间无分界线，但主视图底座上表面的投影没画到位，俯视图中缺少底座左、上表面的交线投影，左视图中缺少底座槽的投影；主、左视图中均缺少右端圆柱中内孔交线的投影。其中底座槽口的投影应结合线面分析法，抓住底座左上方正垂面的类似形分析和作图。作图步骤如图5-31（b）~（d）所示。

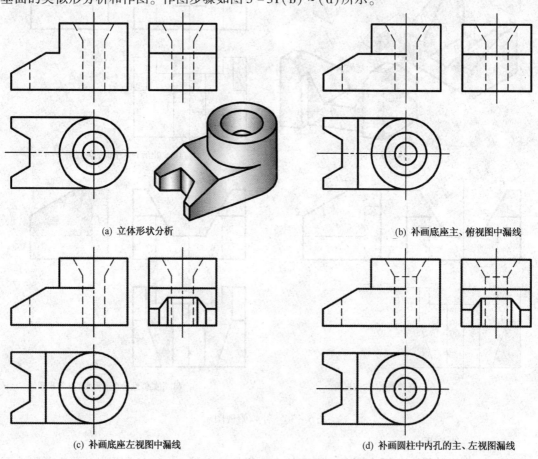

(a) 立体形状分析　　　(b) 补画底座主、俯视图中漏线

(c) 补画底座左视图中漏线　　　(d) 补画圆柱中内孔的主、左视图漏线

图5-31　补画视图中的漏线

第四节　组合体的尺寸标注

视图只能表达组合体的形状，而其各部分的真实大小及准确的相对位置，必须通过标注尺寸来确定。

一、组合体尺寸标注的基本要求

标注组合体尺寸时，要使所标注的尺寸满足以下三个方面的要求：

（1）正确 所注尺寸必须符合国家标准中有关尺寸注法的规定。

（2）完整 所注尺寸必须把物体各部分的大小及相对位置完全确定下来，不能多余，也不能遗漏。

（3）清晰 是指尺寸布局要清晰恰当，既要便于看图，又要使图面清楚。

二、组合体尺寸分类

在图样上，一般要标注三类尺寸，即定形尺寸、定位尺寸和总体尺寸。

1. 定形尺寸

确定组合体中各个形体的形状及大小的尺寸称为定形尺寸，如物体的长、宽、高尺寸以及圆的直径、半径尺寸及角度尺寸等。图5－32中不带"＊"的尺寸均属于定形尺寸。

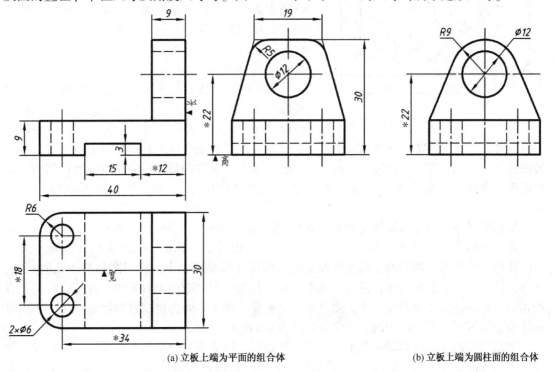

(a) 立板上端为平面的组合体　　　　(b) 立板上端为圆柱面的组合体

图5－32 组合体的尺寸标注

2. 定位尺寸与尺寸基准

确定组合体中各形体之间相对位置的尺寸称为定位尺寸，如图5－32和图5－33中带有"＊"的尺寸。

尺寸标注的起点称为尺寸基准。各形体的定位尺寸一般都应从相应方向的尺寸基准处开始标注。通常选取物体上的对称中心线、轴线、较大的平面或较长的轮廓线为尺寸基准。在三维空间中，物体的长、宽、高各方向上都应有相应的尺寸基准，而且在同一方向上根据需要可以有若干个基准，其中只有一个为主要基准，其余均为辅助基准。

在图5－32中，用符号"▲"与"长"、"宽"或"高"组合，分别表示了物体长度方向、宽度方向及高度方向的尺寸基准。长度方向上，以底板的右端面为基准，标注了前后通槽的长

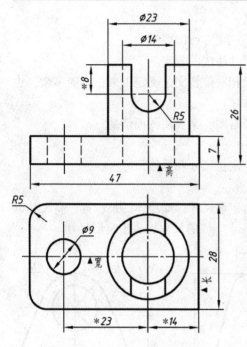

图 5 - 33　定位尺寸与尺寸基准

度定位尺寸 12，两个小圆孔的长度定位尺寸 34；在宽度方向上物体对称，因此，以物体前后对称面为基准，标注了两个小圆孔的宽度定位尺寸 18（而不标两个"9"）；以底板的底面为高度方向的尺寸基准，标注了立板圆孔的高度定位尺寸 22。

两个形体间一般应该有三个方向的定位尺寸，但当两形体在某一方向上处于叠加（或挖切）、共面、对称或同轴时，就可省略一个定位尺寸。如图 5 - 32 中，底板上的两个 φ6 孔的高度定位尺寸省略不标，立板的宽度及长度定位尺寸均已省略等。

图 5 - 33 是同一方向具有多个基准的例子。在长度方向上以底板的右端面为主要基准标注了圆柱的定位尺寸 14，又以圆柱对称中心线为辅助基准标注了圆孔的定位尺寸 23。

3. 总体尺寸

为了解组合体所占空间大小，一般需要标注组合体的外形尺寸，即总长、总宽和总高尺寸，称为总体尺寸。有时，各形体的尺寸就反映了组合体的总体尺寸，如图 5 - 32 和图 5 - 33 中底板的长和宽就是该组合体的总长和总宽，此时，不必另外标注。否则，在加注总体尺寸的同时，就需要对已标注的形体尺寸进行适当的调整，以免出现多余尺寸。如图 5 - 32 中，当加注物体的总高尺寸 30 后，就去掉了立板高度尺寸 21。

特殊情况下，为了满足加工要求，既要标注总体尺寸，又要标注定形尺寸。如图 5 - 34 中，底板的四个圆角可能与小孔同心［见图（a）］，也可能不同心［见图（b）］，但标注尺寸时，孔的定位尺寸、圆角的定形尺寸及板的总体尺寸都要标注出来。当圆角与小孔同心时，这样标注就产生了多余尺寸，此时一定要确保所标注的尺寸数值没有矛盾。此外，底板上直径相同的孔，注尺寸时只注一次，而且要注上数量，如 4 × φ8；相同的圆角也只注一次，可标注数量也可不注，如图中的 R6（也可标注为 4 × R6）。

当组合体的一端或两端不是平面而是回转面时，该方向上一般不直接标注总体尺寸，而是标注回转面轴线位置的定位尺寸和回转面的定形尺寸（φ 或 R），如图 5 - 32（b）中立板上

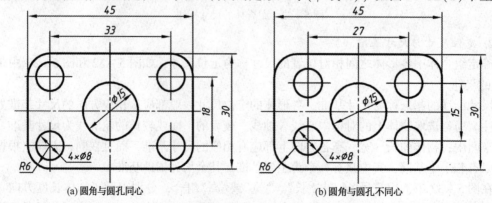

(a) 圆角与圆孔同心　　　　　　　　　　　　　　　(b) 圆角与圆孔不同心

图 5 - 34　四角带孔和圆角的长方体的尺寸标注

端为圆柱面时的尺寸注法。

三、基本几何形体的尺寸标注

由于各基本几何形体的形状特点各异，所以定形尺寸的数量也不相同。表 5 - 1 列出了常见基本几何形体的定形尺寸数量及标注方法。

表 5 - 1　常见基本几何形体的尺寸注法及其数量

尺寸数量	一个尺寸	两个尺寸		三个尺寸
回转体尺寸标注	$s\varnothing$	$\varnothing$	$\varnothing$　　$\varnothing$	$\varnothing$　$\varnothing$

尺寸数量	两个尺寸	三个尺寸		四个尺寸	五个尺寸
平面立体尺寸标注					

四、常见板类零件的尺寸标注

图 5 - 35 列出了几种常见底板或法兰盘的尺寸注法。这类零件上常有数量不等的圆孔和

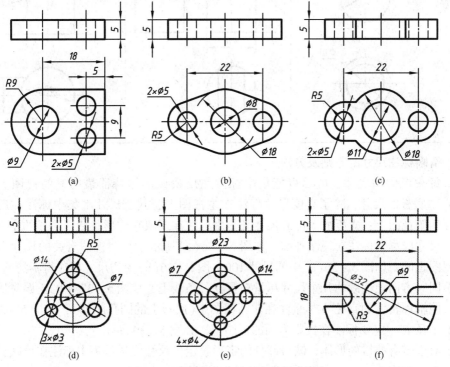

(a)　　　　　　　　(b)　　　　　　　　(c)

(d)　　　　　　　　(e)　　　　　　　　(f)

图 5 - 35　常见底板和法兰盘的尺寸标注

圆角，往往大小相等且均匀分布，在标注尺寸时，既要标注确定孔和圆角大小的定形尺寸，还要标注确定其位置的定位尺寸。若沿圆周方向均匀分布，定位尺寸需标注定位圆直径；若按特殊角度分布，无需标注角度定位尺寸，否则需要标注定位角度。

图 5－35 中每块板在左（或右）方向都有回转面，所以各个板的总长尺寸都不必标注。

五、截切和相贯体的尺寸标注

当形体被截切或是立体相贯在其表面产生交线时，不要直接标注交线的尺寸，而应标注截面的定位尺寸和产生交线的各形体之间的定位尺寸，原因是当它们的位置确定以后，截交线或相贯线的形状、大小自然确定。常见截切、相贯体的尺寸标注正误对比见表 5－2。

表 5－2　常见截切和相贯体尺寸标注正误对比

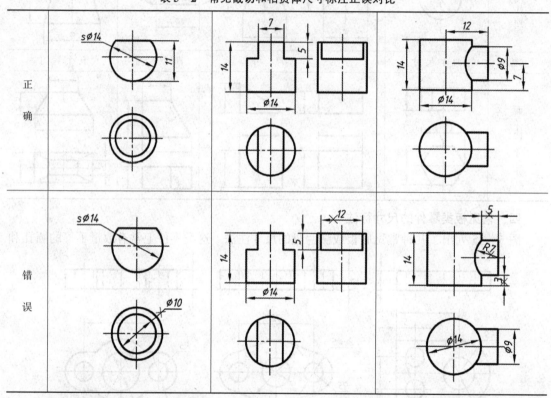

六、清晰标注尺寸的原则及方法

（1）每一形体的尺寸，应尽可能集中标注在反映该形体特征最明显的视图上。如图 5－36(a)中底板的尺寸，除了高度尺寸标注在主视图上，其余尺寸都集中标注在反映形位特征明显的俯视图上；立板的大部分尺寸则集中标注在反映它的形状特征明显的主视图上。

（2）尺寸应尽量标注在视图外部，如图 5－36(a)所示。与两视图有关的尺寸尽量注在两相关视图之间，如图 5－36(a)中的尺寸 100。图 5－36(b)中的尺寸标注得不清晰。

（3）同一方向上连续的几个尺寸尽量布置在一条线上，如图 5－37 中的正误对比。

（4）同轴回转体的直径 φ 尽量注在非圆视图中（底板上的圆孔除外），如图 5－38 所示。而圆弧的半径 R 一定要标注在投影为圆的视图上，如图 5－39 所示。

（5）对于带有缺口的形体，缺口部分的定形、定位尺寸应尽量集中标注在反映其真实形状的视图上，如图 5－32 中底板下方通槽的尺寸注法。

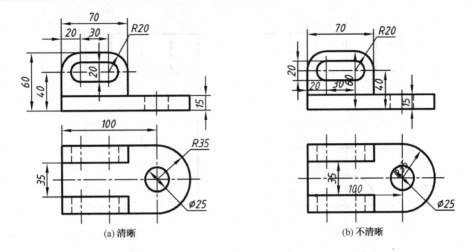

图 5 – 36　尺寸尽量集中标注在反映形位特征的视图中

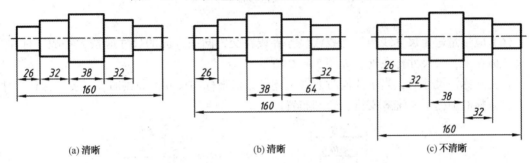

图 5 – 37　同一方向连续尺寸的注法

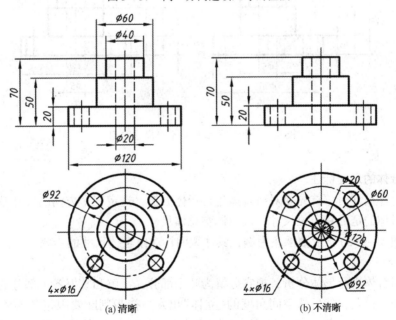

图 5 – 38　同轴回转体直径的注法

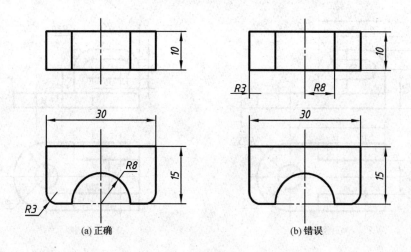

图 5-39 圆弧轮廓的尺寸注法

(6) 应尽量避免尺寸线与尺寸线或尺寸界线相交,同一方向的尺寸应按大小顺序标注,小尺寸标在内,大尺寸标在外,如图 5-40 所示。

在实际标注尺寸时,当不能同时兼顾上述各条清晰标注尺寸的原则时,就要在保证尺寸正确、完整的前提下,统筹安排,合理布置。

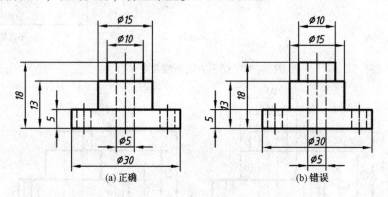

图 5-40 尺寸界线尽量不与尺寸线相交

七、组合体的尺寸标注

标注组合体尺寸时,首先要对组合体进行形体分析,选定三个方向的尺寸基准,然后逐个标注出各形体的定形和定位尺寸,最后调整总体尺寸。

下面以图 5-9(a)所示轴承座为例,具体说明标注组合体尺寸的步骤。

1. 形体分析

首先对组合体进行形体分析,把它分解为几个部分,了解和掌握各个部分的空间形状和彼此之间的相对位置,然后从空间角度的"立体"出发,初步判断要限定各形体的大小及位置需要几个定形尺寸、几个定位尺寸。本例的轴承座可以分解为五个部分:底板 I、套筒 II、支撑板 III、肋板 IV 及凸台 V。各部分的形状及定形尺寸、定位尺寸如图 5-41(a) 及表 5-3所示。

表 5 - 3　轴承座尺寸分析

各基本形体	定 形 尺 寸		定 位 尺 寸		尺寸数量	多数尺寸集中标注位置	参考图例
	必须标注的尺寸	不必标注的重复尺寸	必须标注的尺寸	不必标注或重复的尺寸			
底板 I	长 90 宽 60 高 15 圆角 R15 小孔 2×φ16	无	孔定位长 60 定位宽 45	整个底板的三个方向的定位尺寸(在尺寸基准上)	7	俯视图	图 5 -41(b)
套筒 II	内径 φ30 外径 φ50 筒长 50	无	定位高 65 定位宽 10	定位长(轴线在长度定位基准上)	5	左视图	图 5 -41(c)
支撑板 III	厚度 12	长(=底板长) 高(由圆筒大小、位置及底板高度确定) 半径(=圆筒外径 50/2)	无	定位长(对称) 定位宽(平齐) 定位高(叠加)	1	左视图	图 5 -41(c)
肋板 IV	厚度 14 打折处宽 23 高 20	宽(=底板宽 - 支撑板厚) 高(由圆筒大小、位置及底板高度确定) 半径(=圆筒外径 50/2)	无	定位长(对称) 定位宽(叠加) 定位高(叠加)	3	左视图	图 5 -41(d)
凸台 V	内径 φ18 外径 φ28	高(由圆筒大小及凸台的定位高确定)	定位高 32 定位宽 29	定位长(对称)	4	主视图	图 5 -41(d)
调整总体尺寸	总长 = 底板长 90(无须再注) 总宽 = 底板宽 60 + 圆筒定位宽 10 = 70(不注,因为 60 和 10 是生产上直接要用的尺寸,有利于底板的定形和圆筒的定位) 总高 = 圆筒定位高 65 + 凸台定位高 32 = 97(需加注,并去掉凸台定位高 32) 见图 6 - 20(e)				综上所述,轴承座的尺寸总数为 7 + 5 + 1 + 3 + 4 + 1 - 1 = 20 个,见图 5 -41(f)		

2. 选择尺寸基准

根据组合体的结构形状特征、各形体的组合情况,选择尺寸基准。轴承座长度方向对称,所以选择左右对称面为长度方向的尺寸基准;在宽度和高度方向上轴承座都不对称,因此选择底板的后端面和底面为宽度和高度方向的尺寸基准,如图 5 -41(b)所示。

3. 逐个标注各形体的定形及定位尺寸

根据步骤 1 形体分析的结果,按照"先主后次"的顺序,逐个在视图中标注各形体的定形及定位尺寸。标注时要考虑其中有无重复或不必标注的尺寸;各形体尺寸在视图中的标注位置是否清晰、明了(多数尺寸要按"集中标注在形状特征明显的视图中"这一原则进行布置)。本例中各形体的尺寸分析见表 5 -3,尺寸标注情况如图 5 -41(b)、(c)、(d)所示。

4. 调整总体尺寸

标注完各基本形体的尺寸后,整个组合体还要考虑总体尺寸的调整。除特殊情况[如本例中的总长(已标注)、总宽(不必标注)]外,一般情况下都需进行调整(如本例中的总高),如表 5 -3 及图 5 -41(e)所示。

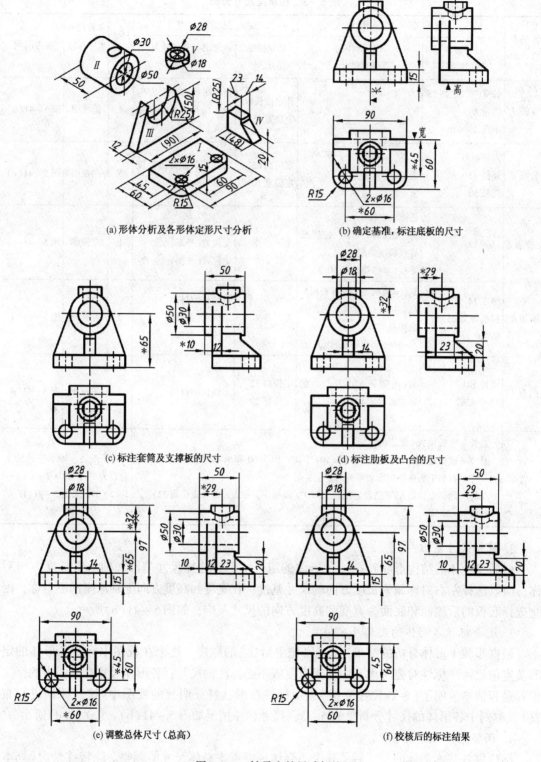

(a) 形体分析及各形体定形尺寸分析
(b) 确定基准，标注底板的尺寸
(c) 标注套筒及支撑板的尺寸
(d) 标注肋板及凸台的尺寸
(e) 调整总体尺寸（总高）
(f) 校核后的标注结果

图 5-41　轴承座的尺寸标注

5. 检查

按正确、完整、清晰的要求对已注尺寸进行检查，如有不妥，则作适当修改或调整，这样才完成了尺寸标注的全部工作，如图 5-41(f) 所示。

【例 5-6】 标注图 5-42 所示支座的尺寸。

(1) 形体分析。

支座可分解为四个部分：直立圆筒 I 、底板 II 、右耳板 III 和凸台 IV 。初步分析空间各形体的定形尺寸和形体间的定位尺寸如图 5-42(b) 及表 5-4 所示。

表 5-4　支座尺寸分析

各基本形体	定　形　尺　寸		定　位　尺　寸		尺寸数量	多数尺寸集中标注位置	参考图例
	必须标注的尺寸	不必标注的重复尺寸	必须标注的尺寸	不必标注或重复的尺寸			
圆筒 I	高度 35 内径 φ20 外径 φ30	无	无	圆筒三个方向的定位尺寸(在尺寸基准上)	3	左视图	图 5-42(c)
底板 II	孔径 φ8 左圆角 R8 高度 11	长、宽(由圆筒大小、底板的定位长及左圆角 R8 确定)右圆角(=圆筒外径 30/2)	定位长 30	定位宽(对称)定位高(平齐)	4	俯视图	图 5-42(d)
右耳板 III	孔径 φ8 右圆角 R9 高度 10	长(由圆筒大小、耳板的定位长确定)左圆角(=圆筒外径 30/2)	定位长 22	定位宽(对称)定位高(平齐)	4	俯视图	图 5-42(d)
凸台 IV	内径 φ6 外径 φ12	宽(由圆筒大小及凸台定位宽确定)	定位宽 20 定位高 23	定位长(对称)	4	左视图	图 5-42(e)
调整总体尺寸	总长 = 8+30+22+9 = 69　　(不注，因为两端均为回转面) 总宽 = 30/2+20 = 35　　　(不注，因为一端为回转面) 总高 = 圆筒高 = 35　　　　(无须再注)				综上所述，支座的尺寸总数为 3+4+4+4 = 15 个，见图 5-42(f)		

(2) 选择尺寸基准。

支座在三个方向上都不对称，所以选择主要形体 I (圆筒)的底面为高度方向尺寸基准，其轴线为长度方向和宽度方向的尺寸基准，如图 5-42(c) 中所示。

(3) 逐个标注各形体的定形、定位尺寸。

各形体的定形尺寸和定位尺寸标注如表 5-4 及图 5-42(c)、(d)、(e) 所示。

(4) 调整总体尺寸。

本例中的总体尺寸无需调整，如表 5-4 所示。

(5) 检查。

最终结果如图 5-42(f) 所示。

【例 5-7】 标注图 5-43(a) 所示立体的尺寸。

(1) 形体分析及挖切式立体尺寸标注方法。

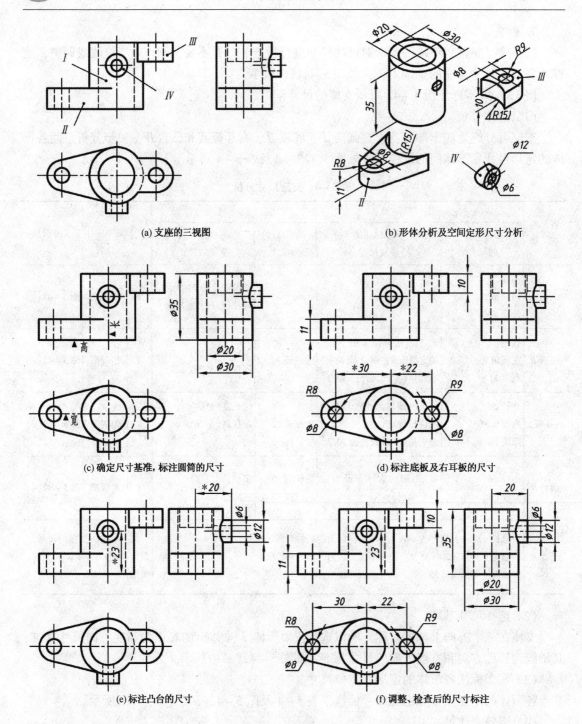

(a) 支座的三视图　　　　　　　　(b) 形体分析及空间定形尺寸分析

(c) 确定尺寸基准，标注圆筒的尺寸　　　　(d) 标注底板及右耳板的尺寸

(e) 标注凸台的尺寸　　　　　　　(f) 调整、检查后的尺寸标注

图 5-42　支座的尺寸标注

该立体是图 5-29 所示挖切式立体，原始形体可视为以主视图外轮廓为特征草图的拉伸体，前上方被一侧垂面截切，后下方居中又切出一个长方槽，如图 5-43(a) 所示。

标注挖切式立体尺寸时，需注意以下几个问题：

① 对于截平面应直接标注确定其位置的定位尺寸，不能标注截交线本身的定形尺寸。

② 对于挖切出的孔、槽，可把挖切掉的部分视为基本体，考虑其定形、定位尺寸的标注。

③ 因原始形体各个方向的最大尺寸即为总体尺寸，故无需额外考虑总体尺寸的标注。

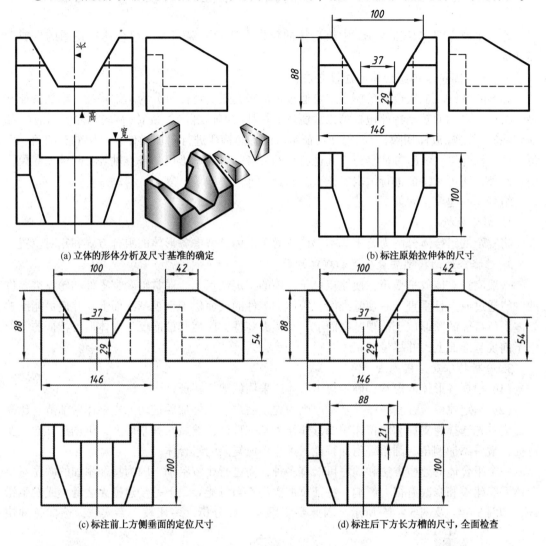

(a) 立体的形体分析及尺寸基准的确定　　　　　　　　(b) 标注原始拉伸体的尺寸

(c) 标注前上方侧垂面的定位尺寸　　　　　　　　(d) 标注后下方长方槽的尺寸，全面检查

图 5 - 43　挖切式立体的尺寸标注

（2）选择尺寸基准。

该立体左右对称，所以选择左右对称中心线为长度方向的尺寸基准；在宽度和高度方向上都不对称，因此选用后端面和底面为宽度和高度方向的尺寸基准，如图 5 - 43(a)所示。

（3）按形体分析的结果，逐个标注原始形体及各挖切过程的定形、定位尺寸。

原始形体的尺寸标注，如图 5 - 43(b)所示；原始形体前上方被一侧垂面截切，需要标注确定侧垂面位置的高度定位尺寸和宽度定位尺寸，且集中标注到反映其方位的左视图中，如图 5 - 43(c)所示；后下方居中又切出一个长方槽，需标注长方槽的长度和宽度尺寸，因在高度方向是通槽，所以无需标注尺寸，如图 5 - 43(d)所示。

（4）检查。

最终结果即为图 5 - 43(d)所示。

第五节　SolidWorks 组合体建模及三视图生成方法

本节主要介绍在 SolidWorks 中组合体的建模方法及注意事项、组合体三视图的生成及尺寸标注。

一、SolidWorks 中组合体的建模方法

在 SolidWorks 中建造三维模型主要通过特征来完成。特征可分为基础特征、附加特征和参考特征。常用的基础特征包括第二章所述的拉伸(拉伸切除)、旋转(旋转切除)、扫描(扫描切除)、放样(放样切除)等。附加特征是对已有的特征进行附加操作,常用的有圆角、倒角、筋、抽壳等。参考特征是建立其他特征的参考,例如基准面、基准轴等,起辅助建模作用。此外,还可对特征进行编辑操作,如组合、阵列、镜像、复制、移动等。

组合体的建模步骤如下所述。

1. 形体分析

将复杂的组合体分解为若干基本形体或简单形体,考虑各形体的组合方式和相对位置。

2. 选择合适的模型安放位置和观察方向

一般应将立体放平摆正,使原点位于立体的主定位点上。通常轴套类零件和轮盘类零件的轴线通过原点且垂直于右视基准面;箱体类零件的底面位于上视基准面上,并使最能反映立体形位特征的图形位于前视基准面上;叉架类零件亦应使其最能反映立体形位特征的图形位于前视基准面上,并尽量摆正。

3. 分析特征及建模方法

(1) 根据各形体的形状,确定每个形体应采用的建模特征。

(2) 确定建模流程和顺序。基本原则为先主后次、先叠加后挖切、先整体后细节。建模时,应首先选择起支撑和定位作用的形体作为基础特征,然后在其基础上,再创建其他次要特征,最后添加倒角、圆角等附加特征,逐步生成复杂的组合体。

一个组合体的建模方法和顺序可能有多种,需进行比较鉴别,因为特征添加的顺序对组合体后续建模和修改有很大影响,特征添加次序不当可能导致下一步建模无法继续或发生错误,如图 5-44 及图 5-45 所示。因此要多思考、多分析、多比较、多实践,选择一种快

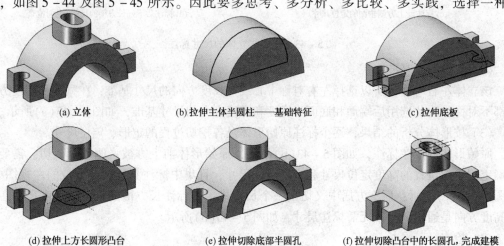

(a) 立体　　　　　　　(b) 拉伸主体半圆柱——基础特征　　　　　　　(c) 拉伸底板

(d) 拉伸上方长圆形凸台　　　　　　(e) 拉伸切除底部半圆孔　　　　　　(f) 拉伸切除凸台中的长圆孔,完成建模

图 5-44　立体的建模顺序

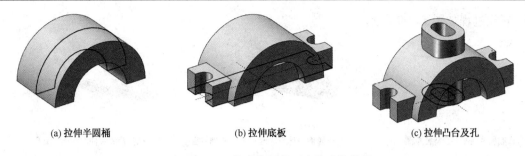

(a) 拉伸半圆桶　　　　　　(b) 拉伸底板　　　　　　(c) 拉伸凸台及孔

图 5 – 45　立体建模顺序不当导致的错误

捷、方便、符合设计意图和成型特点的流程和方式。

【例 5 – 8】　创建图 5 – 46(a)所示立体的三维模型。

(1) 形体分析。

该立体可分解为底板及两端的凸台、中心主体圆柱、上方法兰盘、左侧 U 形柱、右侧筋板、前方圆柱凸台；底板两端及主体圆柱中分别开有竖直圆孔和阶梯孔，左侧 U 形柱中开孔与中间竖直孔相通，前方凸台中从前到后开有通孔。如图 5 – 46(b)所示。

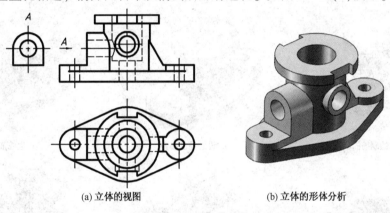

(a) 立体的视图　　　　　　(b) 立体的形体分析

图 5 – 46　立体

(2) 模型安放位置和观察方向。

将立体的底面和前后对称面分别置于上视基准面和前视基准面上，底面中心位于原点，如图 5 – 47(a)所示。

(3) 分析特征及建模方法。

该立体的各组成部分均可用拉伸或拉伸切除特征建模，如图 5 – 47(a) ~ (k)及图 5 – 47(m)所示；中心的阶梯孔也可用旋转切除建模，如图 5 – 47(l)所示。其中基础特征为起支撑和定位作用的底板，其他特征都是依附于它而陆续建立的。

绘制草图时，关系比较密切(如面与面相切，或形状、位置联系紧密)的几个特征，其轮廓可以绘制在一个草图中，然后建模时选择不同的轮廓进行拉伸，如图 5 – 47(a) ~ (c)所示。

该立体开孔较多，要注意建模顺序，当孔与孔彼此相交时，应按前述的"先叠加后挖切"的顺序进行建模，这样建模既能保证形体间的正确关系，又可直接选择默认基准面或已建形体的表面为草图平面，不必创建新的基准面，因而简单、方便、快捷；而对于与其他形体或孔没有相交关系的孔、槽，可直接随外轮廓拉伸，如图 5 – 44(c)、图 5 – 47(c)所示。

建模过程如图 5 - 47 所示。

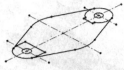
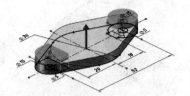

(a) 底板及两端凸台特征草图　　　(b) 选择外轮廓拉伸形成底板——基础特征　　　(c) 选择凸台轮廓拉伸两端凸台及孔

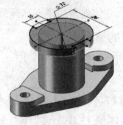

(d) 拉伸上视基准面的圆生成主体圆柱　　　(e) 拉伸上方法兰盘　　　(f) 拉伸前方凸台

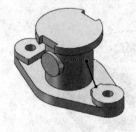
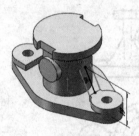
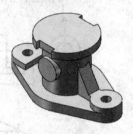

(g) 绘制筋的草图　　　(h) 设置筋的参数　　　(i) 生成筋

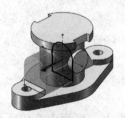
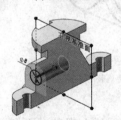
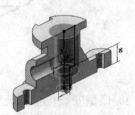

(j) 拉伸左侧U形柱　　　(k) 拉伸切除U形柱圆孔　　　(l) 旋转切除中心阶梯孔

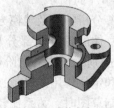

(m) 拉伸切除前后通孔,完成建模　　　(n) 立体外形　　　(o) 立体内腔

图 5 - 47　立体的建模过程

【例 5 - 9】　创建图 5 - 43 所示挖切式立体的三维模型。

挖切式立体构型时可以外轮廓边数较多的视图轮廓为原始形体特征草图进行拉伸,然后再根据挖切过程,逐步切除其余部分,这样建模步骤少、简单、快捷。

该立体的形体分析在【例 5 - 4】中已经详细阐述。

建模时将立体的下底面、后表面分别置于上视基准面和前视基准面上，原点位于下底面后边线中点上，如图 5 - 48(a)所示。

建模过程如图 5 - 48 所示。

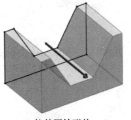 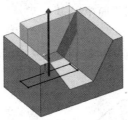 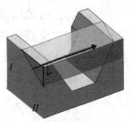

(a)拉伸原始形体　　　　　　(b)拉伸切除后下方矩形槽　　　　　(c)拉伸切除前上角,完成建模

图 5 - 48　挖切式立体的建模过程

其中被切除部分的草图轮廓只要把截平面位置限定下来，其余部分的形状、大小可以随意。如图 5 - 48(c)中，只要把确定侧垂面位置的直线 I II 确定下来，即可保证挖切形状的正确性。其余图线的位置、长短对挖切后立体的形状没有影响，如图 5 - 49 所示。图 5 - 50 就是仅通过添加过直线 I II 的侧垂面为基准面，而后用【插入】→【特征】→【使用曲面切除】命令，指定该基准面完成的挖切。通过以上的分析比较可知，该立体建模时宜采用简捷、方便的图 5 - 48(c)或图 5 - 50 所示的方法。

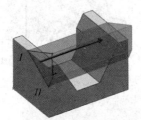 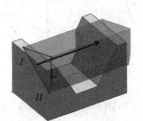

(a)挖切草图轮廓形状变化　　　　　　　　(b)挖切草图轮廓大小变化

图 5 - 49　挖切草图轮廓的变化

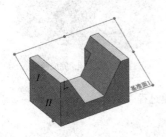 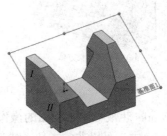

(a)建立通过 I II,且与左端面垂直的基准面1　　　　(b)使用基准面1将前上角切除

图 5 - 50　使用基准面将前上角切除

【例 5 - 10】　创建图 5 - 51(a)所示立体的三维模型。

(1) 形体分析及建模特征分析。

该立体可视为实体穿孔形成的，如图5-51(b)所示，其中实体可分为前后两部分，后半部分是一个长方体，用拉伸特征创建即可；前半部分是一平面立体，其上方五个侧面中面 I、III、V为侧垂面，面 II、IV为一般位置平面[面 II详细的投影分析如图5-51(a)所示]，该形体的前后表面虽然形状相似，但大小不一，所以建模时无论用叠加还是挖切都会很繁琐，且不好理解，而采用放样特征则要简单得多。

（2）模型安放位置和观察方向。

建模时将立体的下底面、前表面分别置于上视基准面和前视基准面上，原点位于底面前边线中点上。建模过程如图5-51所示。

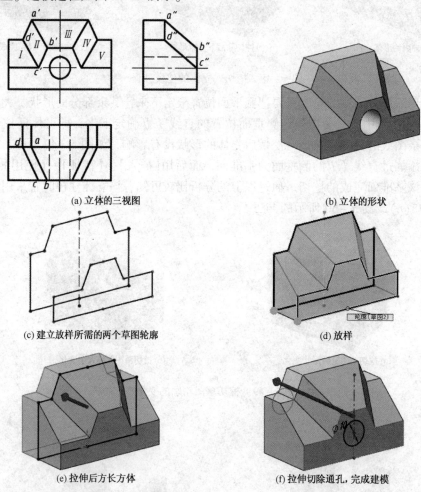

(a) 立体的三视图　　(b) 立体的形状
(c) 建立放样所需的两个草图轮廓　　(d) 放样
(e) 拉伸后方长方体　　(f) 拉伸切除通孔，完成建模

图5-51　立体的建模过程

二、SolidWorks 生成标准三视图的操作方法

在 SolidWorks 中，可以非常方便、快速地创建组合体的三视图，而且视图之间严格遵守投影规律。此外，组合体三维模型与三视图之间是相互关联的，当模型的形状、大小发生变化时，三视图会随之修改；反之，若更改三视图中的尺寸，模型大小也会同步变化。

1. 进入工程图绘图环境，建立三视图文件

要生成三视图需先进入 SolidWorks 的工程图绘图环境，方法如下：

打开组合体(亦可称为零件)模型文件，单击菜单【文件】→【从零件(或从装配体)制作工程图】命令，在【新建 SolidWorks 文件】对话框中，选择一个工程图模板文件，进入到工程图绘图环境；也可点击【文件】→【新建】命令去选取一个工程图模板文件，进入工程图绘图环境。

2. 生成标准三视图的常用方法

在如图 5 – 52 所示的【视图布局】工具栏中，可利用【标准三视图】命令生成零件的三个默认正交视图，其主视图的投射方向为组合体的前视，投影类型按照图纸格式设置的第一视角进行投影。

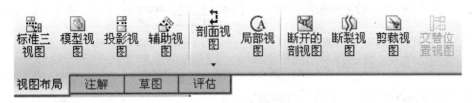

图 5 – 52　【视图布局】工具栏

(1) 单击【视图布局】工具栏上的【标准三视图】按钮，在窗口的左边，弹出【标准三视图】属性管理器，单击【浏览】按钮，弹出【打开】对话框，选择一个模型(如轴承座)，单击【打开】，即可建立轴承座的标准三视图，如图 5 – 53 所示。

(2) 在绘图区点击主视图，或右键点击【特征设计树】中的【工程视图 1】(主视图)，选择编辑特征，在弹出的【工程视图 1】属性管理器中，选择【显示样式】下的【隐藏线可见】选项，可在三视图中显示虚线；单击【比例】下的【使用自定义比例】选项，可改变视图的比例，如图 5 – 54(a)所示。

主、左视图中底板圆角位置的点画线不应画出，选中、删除；单击【注解】工具栏中的【中心线】按钮，选择主视图及左视图底板上孔的两条虚线，可在视图中添加孔的轴线；选择对称中心线，可点击端点并拖动以调整其长度，调整好的轴承座三视图如图 5 – 54(b)所示。

需要说明的是工程图中的图线除中心线可以删除外，其他任何图线都不能删除，只能点击右键在快捷菜单中选择隐藏边线使之不显示，否则将会删除整个视图。

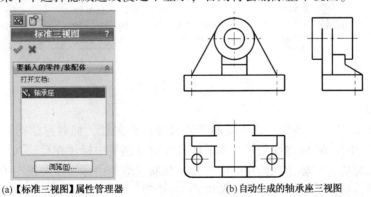

(a)【标准三视图】属性管理器　　　　(b)自动生成的轴承座三视图

图 5 – 53　标准三视图

也可用图 5 – 52 中的【模型视图】命令逐个选取所需视图，或生成一个视图后通过【投影视图】命令，再生成其他视图，然后再调整细节。具体过程不再赘述。

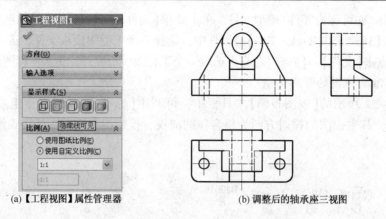

(a)【工程视图】属性管理器   (b) 调整后的轴承座三视图

图 5 - 54 轴承座三视图的生成及修改

三、SolidWorks 中标注三视图尺寸的方法

SolidWorks 中标注三视图尺寸的方法有两种。第一种是通过【模型项目】插入尺寸,能将建模时的草图尺寸和特征尺寸直接插入到工程图中,这种尺寸称为模型尺寸,是主动尺寸,当更改模型尺寸的数值时,不仅工程图中的图形大小会变化,相应的立体模型大小也会同步改变。第二种是使用【智能尺寸】命令添加尺寸,但这样标注的尺寸是参考尺寸,参考尺寸显示模型的测量值,是从动尺寸,不能通过改变参考尺寸的数值更改模型,但是当模型更改时,参考尺寸值会相应改变。参考尺寸常用来作为插入尺寸的补充或替换插入的模型尺寸。

在三视图中标注尺寸,一般先将模型尺寸插入到工程视图中,然后通过编辑、添加尺寸,使标注的尺寸达到正确、完整、清晰和合理的要求。

1. 通过【模型项目】插入尺寸的方法

点击图 5 - 55 中【注解】工具栏中的【模型项目】命令,系统将显示图 5 - 56(a)所示的属性管理器。在【来源】下拉列表中选择【整个模型】选项,勾选【将项目输入到所有视图】复选框;在【尺寸】区域中,选择【为工程图标注】按钮,勾选【消除重复】复选框,单击【确定】按钮,模型尺寸自动插入到所有视图中,如图 5 - 56(b)所示。

图 5 - 55 【注解】工具栏

2. 编辑尺寸

在图 5 - 56(b)中,由系统自动生成的多数尺寸位置欠佳,如对称结构不应标一半尺寸(尺寸 17、15);小孔 $\phi4$ 应加注数量,各形体尺寸应分别集中标注在反映其形状特征的视图中,如底板的尺寸应集中标注在俯视图中,套筒和筋板应集中标注在左视图中,筋板缺少折点高度尺寸 4 等,因此需要对尺寸进行编辑。

1) 移动和复制尺寸

(1) 直接拖动尺寸,可将尺寸在视图内移动,并且通过推理线与其他尺寸对齐。

(2) 按住 Shift 键拖动尺寸,可将尺寸从一个视图移动到另一个视图中,如图 5 - 56(b)中的圆柱尺寸直径 $\phi8$、$\phi16$ 及宽度 16 等应移动到左视图中集中标注。

(a)【模型项目】属性管理器

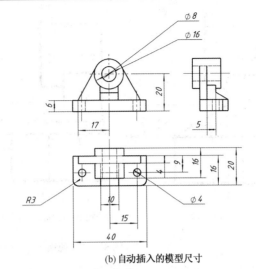

(b) 自动插入的模型尺寸

图 5-56　通过【模型项目】插入模型尺寸

（3）按住 Ctrl 键拖动尺寸，将尺寸从一个视图复制到另一个视图中。

（4）如要一次移动或复制多个尺寸，请在选取尺寸时按住 Ctrl 键。

2）隐藏/显示尺寸

对于不符合国标的尺寸可以隐藏，然后用【智能尺寸】标注的参考尺寸代替，如图 5-56(b)中主视图中的尺寸 17、俯视图中的尺寸 15 被隐藏后，应用尺寸 34 和 30 代替。

右击需要隐藏的尺寸，从快捷菜单中选择【隐藏】，或单击【视图】→【隐藏/显示注解】，则尺寸从视图上消失。

若需要显示隐藏的尺寸，单击【视图】→【隐藏/显示注解】，位于此视图上所有的被隐藏的注解都显示出来，且为灰色。单击被隐藏的尺寸，尺寸便会正常显示，单击鼠标右键，从快捷菜单中选择【选择】，或单击【重建模型】🔳按钮，退出【隐藏/显示注解】状态。

3）删除尺寸

单击尺寸，按 Delete 键可以将尺寸从工程图中删除，但并没有从模型中删除。

4）修改尺寸线和尺寸界线

（1）修改箭头位置及样式。单击尺寸，当指针位于箭头尾部控标上时形状将变为 ↳⃗ ，如图 5-57(a)所示；左键单击控标，将改变箭头方位，如图 5-57(b)所示；右键点击控标，在弹出的快捷菜单中可以选择箭头样式，如图 5-57(c)所示。

（2）倾斜尺寸界线。单击尺寸，当指针位于尺寸界线端部控标上时形状将变为 ↳⃗ ，拖动尺寸界线到所需的位置释放鼠标，单击尺寸以外的部分，完成倾斜尺寸界线的操作。

（3）隐藏/显示尺寸界线。单击尺寸，当指针位于尺寸界线附近时形状将变为 ◇ ，单击鼠标右键，从快捷菜单中选择【隐藏延伸线】，隐藏一侧的尺寸界线。当尺寸界线隐藏时，在隐藏的尺寸界线附近，单击右键，从快捷菜单中选择【显示延伸线】，隐藏的尺寸界线重新显示。

（4）隐藏/显示尺寸线。单击尺寸，当指针位于尺寸线附近时形状将变为 ◇ ，单击鼠标右键，从快捷菜单中选择【隐藏尺寸线】，隐藏一侧的尺寸线。当尺寸线隐藏时，在尺寸线

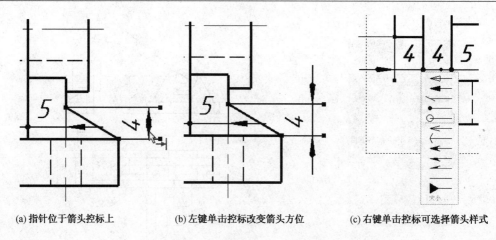

(a)指针位于箭头控标上　　(b)左键单击控标改变箭头方位　　(c)右键单击控标可选择箭头样式

图5-57　修改箭头位置及样式

附近，单击右键，从快捷菜单中选择【显示尺寸线】，隐藏的尺寸线重新显示。

　　5）修改尺寸

　　双击需要修改的尺寸，在【修改】对话框中输入新的尺寸值，可修改尺寸。单击尺寸，在【尺寸】属性管理器中，可修改尺寸属性。

　　（1）添加尺寸的前缀和后缀。在【标注尺寸文字】文本框中，在尺寸数字的"< DIM >"（代表真实的尺寸值）前添加的字符均作为尺寸的前缀，在其后添加的字符均作为尺寸的后缀。如可在< DIM >前单击鼠标，然后点击直径字符按钮 Ø，将在尺寸数字前添加直径符号。图5-58中添加了底板小孔的数量。采用类似方法也可添加尺寸后缀。

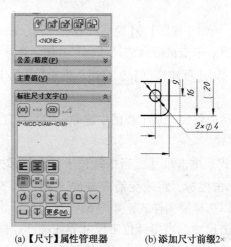

(a)【尺寸】属性管理器　　　(b)添加尺寸前缀2×

图5-58　添加尺寸前缀

　　（2）对于半径值很大的半径尺寸，可以使用尺寸线打折标注。单击半径尺寸，在【尺寸】属性管理器的【引线】选项卡中，单击【尺寸线打折】按钮即可。单击尺寸拖动控标，可以重新放置圆心位置和折断位置。

　　（3）自定义文字位置。尺寸文字的位置，可以在【文件属性】的【尺寸】选项中统一设置，也可以在【尺寸】属性管理器的【引线】选项卡的【自定义文字位置】中单独设置，如图5-59

所示。

（4）圆弧或圆之间的尺寸标注。默认情况下，圆弧或圆之间标注的尺寸是圆弧或圆的圆心之间的尺寸。单击要编辑的尺寸，在【尺寸】属性管理器的【引线】选项卡中，改变【第一圆弧条件】和【第二圆弧条件】，可以形成圆弧或圆之间不同的尺寸标注，如图5-60所示。

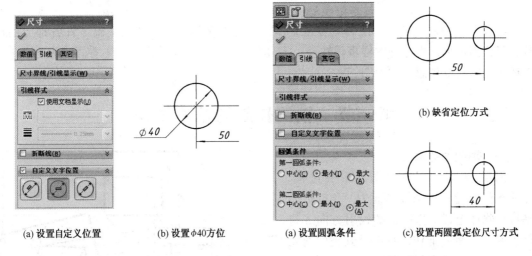

图5-59　自定义文字方位　　　　　　图5-60　改变圆弧条件

轴承座调整后的尺寸标注如图5-61所示。

SolidWorks模型尺寸的编辑调整是很繁琐的一项工作，因此实际应用时，也经常用智能尺寸直接标注参考尺寸来代替模型尺寸。

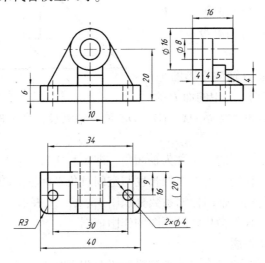

图5-61　调整后的轴承座尺寸标注

第六章　轴测投影

工程上一般采用多面正投影图表达立体，它可以完整、确切地表达出零件各部分的形状，且作图简便。但这种图样直观性差，不具备一定读图知识的人，难于看懂。为此，工程上还采用富有立体感的轴测图。

第一节　轴测投影的基本知识

一、轴测图的术语

图 6 - 1 表明了轴测图的形成过程。在适当位置设置一个投影面 P，并选取不平行于物体上任一坐标面的投射方向 S 进行投射，在面 P 上作出物体及其空间直角坐标系的平行投影，就得到一个能同时反映物体长、宽、高三个尺度的富有立体感的图形。这种将物体连同其空间直角坐标系，沿不平行于任一坐标面的方向，用平行投影法将其投射在单一投影面上，所得的具有立体感的图形就称为轴测投影，又称轴测图。

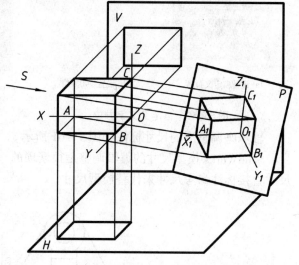

图 6 - 1　轴测图的形成

（1）轴测投影面　获得轴测投影的平面称为轴测投影面，如图 6 - 1 中的面 P。

（2）轴测轴　空间直角坐标系 OX、OY、OZ 轴在轴测投影面上的投影 O_1X_1、O_1Y_1、O_1Z_1 称为轴测轴。

（3）轴间角　轴测轴之间的夹角称为轴间角，即 $\angle X_1O_1Y_1$、$\angle X_1O_1Z_1$、$\angle Y_1O_1Z_1$。

（4）轴向伸缩系数　轴测轴上的单位长度与空间直角坐标轴上的单位长度之比，称为轴向伸缩系数。X_1、Y_1、Z_1 轴的轴向伸缩系数分别用 p_1、q_1、r_1 表示。

轴间角和轴向伸缩系数是画物体轴测图的作图依据。

二、轴测投影的基本性质

（1）物体上互相平行的两条直线的轴测投影仍互相平行。

（2）物体上两平行线段或同一直线上的两线段长度之比，在轴测投影后保持不变。

因此，在空间平行于 OX、OY、OZ 轴的线段，其轴测投影必然平行于相应的 O_1X_1、O_1Y_1、O_1Z_1 轴，其空间长度乘以相应的轴向伸缩系数就是该线段的轴测投影长，据此长度在轴测图中就可以沿轴测轴直接度量以确定其轴测投影位置，这也是"轴测"投影的含义。但物体上不平行于坐标轴的线段具有不同的伸缩系数，不能直接度量，只能按端点坐标沿轴测量，先定端点、后连成线得其轴测投影。

三、轴测投影的分类

如前所述，根据投射方向和轴测投影面的相对位置关系，轴测图可分为正轴测图和斜轴测图两类。根据轴向伸缩系数的不同，每类又可分为三种：

(1) 正(或斜)等轴测图，p_1、q_1、r_1 三个参数均相等，简称为正(或斜)等测；

(2) 正(或斜)二等轴测图，p_1、q_1、r_1 中只有 2 个参数相等，简称为正(或斜)二测；

(3) 正(或斜)三轴测图，p_1、q_1、r_1 三个参数均不相等，简称为正(或斜)三测。

轴测图的种类很多，随着计算机技术的发展，用计算机绘图显示物体各种方位的轴测图非常快速、方便。但对于手工尺规绘图而言，从立体感强、绘图简便的角度考虑，采用较多的是正等测和斜二测。

第二节　正等测

一、正等测的轴间角和轴向伸缩系数

如图 6－2(a)所示，使三条坐标轴对轴测投影面处于倾角都相等的位置，即将图中立方体的对角线 AO 置于与轴测投影面垂直的位置，并以 AO 的方向为投射方向，所得到的轴测图就是正等测。

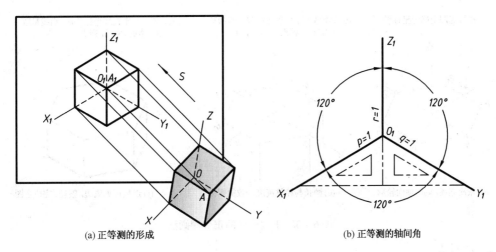

(a) 正等测的形成　　　　　　　　　(b) 正等测的轴间角

图 6－2　正等测

正等测的轴间角 $\angle X_1 O_1 Y_1 = \angle X_1 O_1 Z_1 = \angle Z_1 O_1 Y_1 = 120°$，作图时，使 $O_1 Z_1$ 轴处于竖直方位，利用 30° 三角板可以很方便地作出 $O_1 X_1$ 和 $O_1 Y_1$ 轴，如图 6－2(b)所示。正等测的轴向伸缩系数 $p_1 = q_1 = r_1 \approx 0.82$。实际作图时常采用简化系数，即 $p = q = r = 1$，此时沿各轴向的所有尺寸都用真实长度量取，简单方便。虽然所画出的图形沿各轴向的长度都分别放大了约 $1/0.82 \approx 1.22$ 倍，但不影响我们正确地理解物体的形状。

二、平面立体的正等测画法

绘制平面立体轴测图的最基本的方法就是坐标法。根据立体的结构特点，还可以采用切割法和组合法。

1. 坐标法

根据物体形状的特点，选定合适的坐标轴，画出轴测轴，然后按坐标关系求出各点的轴测投影，进而连接各点即得物体的轴测图，这种方法称为坐标法。

【例 6 – 1】 作图 6 – 3(a)所示正六棱柱的正等测。

分析：正六棱柱上下底面形状相同，均为正六边形。在正等测中，其上顶面完全可见，下底面部分可见。为减少作图线，画图时可先画出上顶面，其次画出可见侧棱，最后画下底面的可见投影。为定位方便，将坐标原点确定在上顶面中心。作图步骤如图 6 – 3 所示。

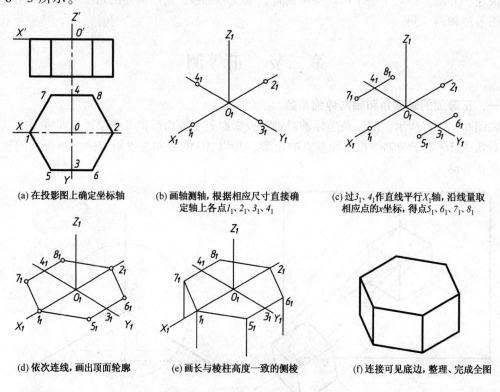

(a) 在投影图上确定坐标轴　　　(b) 画轴测轴，根据相应尺寸直接确　(c) 过 3_1、4_1 作直线平行 X_1 轴，沿线量取
　　　　　　　　　　　　　　　定轴上各点 1_1、2_1、3_1、4_1　　　　相应点的 x 坐标，得点 5_1、6_1、7_1、8_1

(d) 依次连线，画出顶面轮廓　　(e) 画长与棱柱高度一致的侧棱　(f) 连接可见底边，整理、完成全图

图 6 – 3　正六棱柱的正等测画法

2. 切割法

对于某些带有缺口的挖切式物体，可先画出它的完整形体的轴测图，再按形体形成的过程逐一切去多余的部分而得到所求的轴测图。

【例 6 – 2】 作图 6 – 4(a)所示垫块的正等测。

分析：垫块是长方体先被一个正垂面切去左上方的三角块、又被一水平面和正平面组合切去前上方的四棱柱形成的挖切式立体。作图步骤如图 6 – 4 所示。

3. 组合法

用形体分析法将物体分成多个简单形体，按照相对位置绘制出各部分的轴测投影，分析相邻表面之间的连接关系，擦除平齐面的分界线，并补画必要的交线，即得组合体的轴测图。

【例 6 – 3】 作图 6 – 5(a)所示座体的正等测。

分析：该立体由三个部分组成：底板、立板及三角块。作图步骤如图 6 – 5 所示。

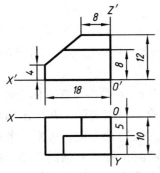

(a) 在投影图上确定坐标轴

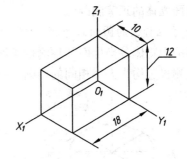

(b) 画轴测轴,沿各轴分别量尺寸18、10和12作长方体

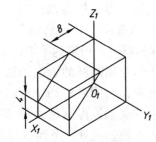

(c) 沿轴量尺寸8、4,切去左上角

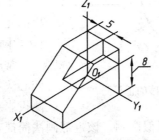

(d) 沿轴量尺寸5, 平行$X_1O_1Z_1$面由上往下切, 量尺寸8, 平行$X_1O_1Y_1$面由前往后切, 画出交线, 切去一角

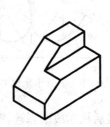

(e) 整理、加深、完成全图

图 6 – 4 垫块的正等测画法

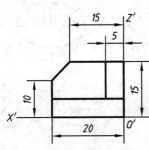

(a) 在投影图上确定坐标轴

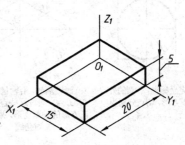

(b) 画轴测轴,沿轴量长20、宽15、高5,画出底板

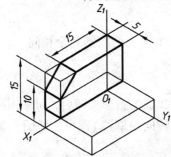

(c) 立板与底板在左、右及后侧共面,沿轴量取厚5、高15画出长方体,再量取尺寸15、10切去左上角,得立板

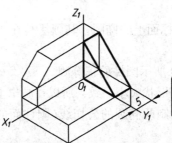

(d) 三角块与底板右侧共面,沿轴量取厚度5, 画出其投影

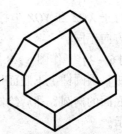

(e) 擦去组合体左侧平齐表面上的分界线和被遮挡的线,加深,完成全图

图 6 – 5 座体的正等测画法

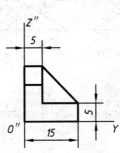

三、曲面立体的正等测画法

1. 平行于坐标面的圆的正等测

因正等测中物体各坐标面与轴测投影面的倾斜角度一致,所以物体上与各坐标面平行的圆,其正等测投影均为大小相同的椭圆。

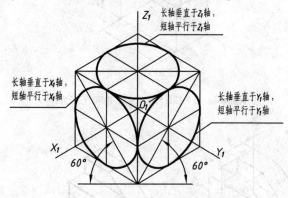

图 6-6　平行于坐标面的圆的正等测

图 6-6 画出了立方体表面上三个内切圆的正等测椭圆,并标示出各个投影椭圆的长短轴方向。可知,平行于坐标面的圆的正等测椭圆的长轴,垂直于与圆平面垂直的坐标轴的轴测轴;短轴则平行于该轴测轴。用各轴向简化系数画出的正等测椭圆,其长轴约等于 $1.22d$(d 为圆的直径),短轴约等于 $0.71d$。

常用的绘制椭圆的近似画法为菱形四心法:先作出圆的外切正方形的正等测投影——菱形,再通过该菱形确定四个圆心,最后用四段圆弧连成近似椭圆。该近似画法简捷、方便、美观。下面以与 XOY 坐标面平行的圆为例,说明正等测近似椭圆的作图步骤(见图 6-7)。

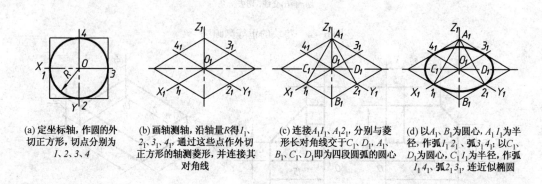

(a) 定坐标轴,作圆的外切正方形,切点分别为 1、2、3、4

(b) 画轴测轴,沿轴量 R 得 1_1、2_1、3_1、4_1,通过这些点作外切正方形的轴测菱形,并连接其对角线

(c) 连接 $A_1 1_1$、$A_1 2_1$,分别与菱形长对角线交于 C_1、D_1,A_1、B_1、C_1、D_1 即为四段圆弧的圆心

(d) 以 A_1、B_1 为圆心,$A_1 1_1$ 为半径,作弧 $1_1 2_1$、弧 $3_1 4_1$;以 C_1、D_1 为圆心,$C_1 1_1$ 为半径,作弧 $1_1 4_1$、弧 $2_1 3_1$,连成近似椭圆

图 6-7　近似椭圆的画法

平行于 XOZ 和 YOZ 坐标面上的椭圆,其画法与在 XOY 面上的椭圆完全相同,只是长、短轴的方向不同。

【例 6-4】　作图 6-8 所示圆柱的正等测。

分析:因圆柱上下底面形状大小一致,所以在画出上顶面的投影椭圆后,可采用移心法绘制下底面的椭圆,然后绘制两椭圆的公切线(圆柱面的转向轮廓线)即可。作图步骤如图 6-8 所示。

2. 圆角的正等测

平行于坐标面的圆角,实质上是平行于坐标面的圆的一部分,因此其轴测投影是椭圆的一部分。特别是常见的 1/4 圆周的圆角,其正等测恰好是上述近似椭圆的四段圆弧中的一段。其画法可进一步简化,图 6-9 以底板为例介绍了圆角的简化画法。

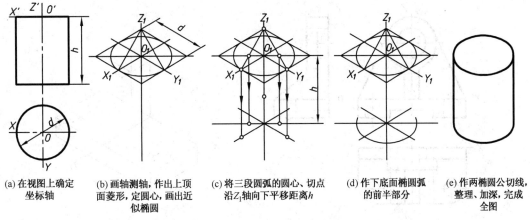

(a) 在视图上确定坐标轴

(b) 画轴测轴，作出上顶面菱形，定圆心，画出近似椭圆

(c) 将三段圆弧的圆心、切点沿 Z_1 轴向下平移距离 h

(d) 作下底面椭圆弧的前半部分

(e) 作两椭圆公切线，整理、加深，完成全图

图 6 – 8　圆柱的正等测画法

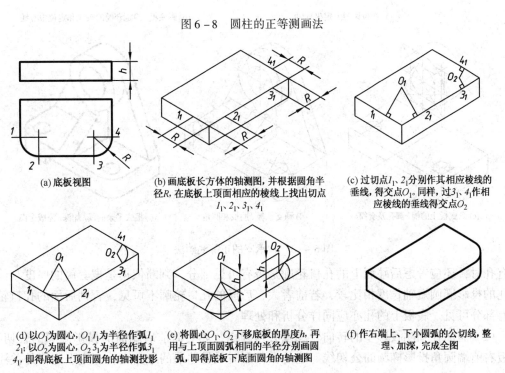

(a) 底板视图

(b) 画底板长方体的轴测图，并根据圆角半径 R，在底板上顶面相应的棱线上找出切点 1_1、2_1、3_1、4_1

(c) 过切点 1_1、2_1 分别作其相应棱线的垂线，得交点 O_1。同样，过 3_1、4_1 作相应棱线的垂线得交点 O_2

(d) 以 O_1 为圆心，$O_1 1_1$ 为半径作弧 $1_1 2_1$；以 O_2 为圆心，$O_2 3_1$ 为半径作弧 $3_1 4_1$，即得底板上顶面圆角的轴测投影

(e) 将圆心 O_1、O_2 下移底板的厚度 h，再用与上顶面圆弧相同的半径分别画圆弧，即得底板下底面圆角的轴测图

(f) 作右端上、下小圆弧的公切线，整理、加深，完成全图

图 6 – 9　圆角的正等测画法

四、组合体的正等测画法

画组合体的轴测图时，首先进行形体分析，然后根据需要采用切割法或组合法进行绘图。画图时应注意各组成部分的相对位置，以及由于切割或叠加而产生的交线或消失的轮廓线。

【例 6 – 5】　作图 6 – 10 所示轴承座的正等测。

分析：轴承座由底板、套筒、支撑板及肋板四部分组合而成。作图步骤如图 6 – 10 所示。

画图时需注意如下几个问题：

（1）画套筒时，应首先画其可见的前端面，然后用移心法画后端面的部分可见轮廓；中

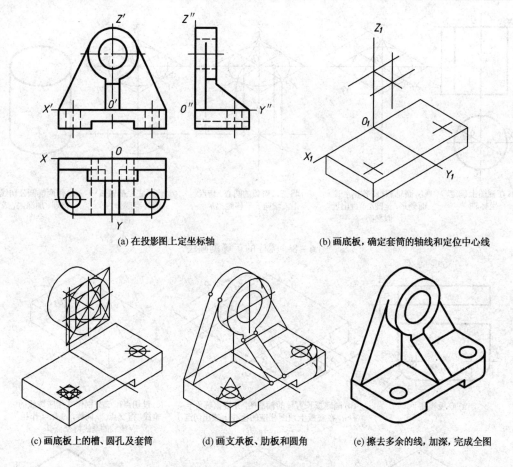

(a) 在投影图上定坐标轴　　　　　　　(b) 画底板，确定套筒的轴线和定位中心线

(c) 画底板上的槽、圆孔及套筒　　　(d) 画支承板、肋板和圆角　　　(e) 擦去多余的线，加深，完成全图

图 6 – 10　轴承座的正等测画法

间有孔时，还应考虑后端面上的孔口轮廓是否有可见部分，判断依据是把套筒的厚度与前端面孔的投影椭圆短轴长度相比较，若前者大，后面的孔口轮廓不可见，否则后面的孔口轮廓将有部分可见。底板上的孔亦应同样分析和处理。

（2）曲面在轴测投影中的转向轮廓线必须画出，如套筒前后端面的投影椭圆的公切线、底板右前端圆角投影椭圆的公切线。这是在作图时最易遗漏的地方之一，应引起格外关注。

第三节　斜二测

一、轴间角和各轴向伸缩系数

如图 6 – 11(a)所示，将坐标轴 OZ 放成竖直位置，并使 XOZ 坐标面平行于轴测投影面，当投射方向与三个坐标轴都不相平行时，则形成正面斜轴测图。此时，轴测轴 X_1 和 Z_1 仍为水平方向和竖直方向，其轴向伸缩系数 $p=r=1$，物体上平行于 XOZ 坐标面的平面在正面斜轴测图中反映实形；而轴测轴 Y_1 的方向和轴向伸缩系数 q，则随着投射方向的变化而变化，当取 $q \neq 1$ 时，即为正面斜二测。

最常用的一种正面斜二测（简称斜二测）如图 6 – 11(b)所示，其参数为：轴间角 $\angle X_1 O_1 Z_1 = 90°$，$\angle X_1 O_1 Y_1 = \angle Y_1 O_1 Z_1 = 135°$，轴向伸缩系数 $p=r=1$，$q=0.5$。作图时，一

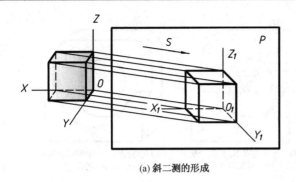

(a) 斜二测的形成

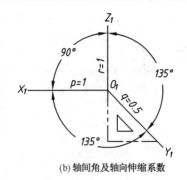

(b) 轴间角及轴向伸缩系数

图 6 - 11　斜二测

般使 O_1Z_1 轴处于竖直位置，则 O_1X_1 轴为水平线，O_1Y_1 轴可利用 45°三角板方便地作出。

二、平行于坐标面的圆的斜二测

图 6 - 12 画出了立方体表面上的三个内切圆的斜二测：平行于坐标面 XOZ 的圆的斜二测，仍是与实形大小相同的圆；平行于坐标面 XOY 和 YOZ 的圆的斜二测是形状、大小相同的椭圆，其长轴方向分别与 X_1 轴和 Z_1 轴倾斜 7°左右。这些椭圆通常采用近似画法，但作图都很繁琐。因此，当物体上只有一个坐标面上有圆时，采用斜二测最有利。当物体上两个或三个坐标面上都有圆时，则最好避免选用斜二测画椭圆，而以选用正等测为宜。

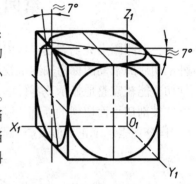

图 6 - 12　平行于坐标面的圆的斜二测

三、画法举例

画物体正等测的坐标法、切割法及组合法等都可用来画斜二测。

适于用斜二测表达的物体往往是前后端面形状复杂的立体居多，画图时先把复杂的端面置于与 XOZ 坐标面平行的方位，然后分析立体从前到后有几个层面(正平面)，按前后顺序逐个画出各层面实形的可见部分，再连接侧棱及曲面的转向轮廓线即可。若为柱状体，则其所有侧棱和转向轮廓线均与 Y_1 轴平行。

【例 6 - 6】　作图 6 - 13 所示立体的斜二测。

分析：该立体分为前、中、后三个层面，每个层面都有圆或圆弧轮廓，恰好适于用斜二测表达。作图步骤如图 6 - 13 所示。

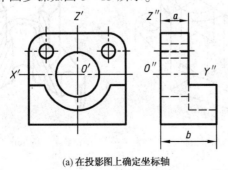

(a) 在投影图上确定坐标轴

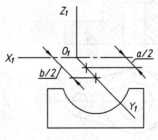

(b) 画轴测轴，按 $q=0.5$ 的伸缩系数求出各层面中心位置，并画出第一层面的实形

图 6 - 13　立体的斜二测

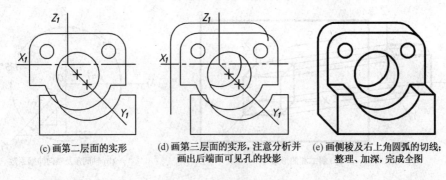

(c) 画第二层面的实形　　(d) 画第三层面的实形,注意分析并　(e) 画侧棱及右上角圆弧的切线;
　　　　　　　　　　　　画出后端面可见孔的投影　　　整理、加深,完成全图

图 6 – 13　立体的斜二测(续)

第四节　轴测剖视图的画法

　　在轴测图上为了表达零件内部的结构形状,可假想用剖切平面将零件的一部分剖去,这种剖切后的轴测图称为轴测剖视图。一般用两个互相垂直的轴测坐标面(或其平行面)进行剖切,能较完整地显示该零件的内、外形状,如图 6 – 15(c)和图 6 – 16(c)所示。画图时在立体被剖切平面切到的断面上应画出剖面线,断面方位不同,剖面线的方向也不一致,图 6 – 14分别表示了正等测及斜二测的轴测剖视图中的剖面线方向。

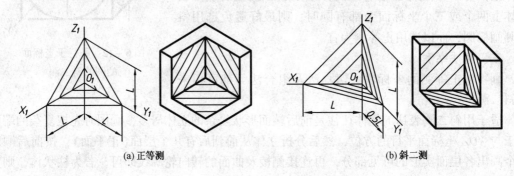

(a) 正等测　　　　　　　　　　　　(b) 斜二测

图 6 – 14　轴测剖视图中的剖面线方向

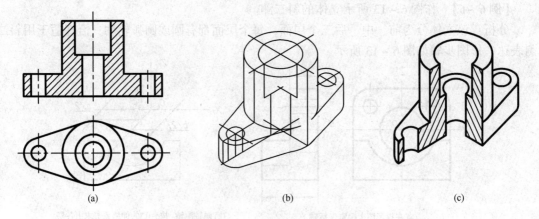

(a)　　　　　　　　　　(b)　　　　　　　　　　(c)

图 6 – 15　底座的正等测轴测剖视图

轴测剖视图一般有两种画法：

（1）先把物体完整的轴测外形图画出，然后沿轴测轴方向用剖切平面将它剖开。

如图 6 – 15（a）所示的底座的正等测剖视图，首先画出它的完整外形轮廓，如图 6 – 15（b）所示；然后分别画出 $X_1O_1Z_1$、$Y_1O_1Z_1$ 面上的断面轮廓，擦去被剖切掉的四分之一，再补画剖切后内部孔的投影，在断面上画剖面线，即完成该底座的正等测剖视图［见图 6 – 15（c）］。

（2）先画出断面的轴测投影，然后再画出其他可见轮廓线，这样可减少很多不必要的作图线，使作图更为迅速。

如图 6 – 16（a）所示的端盖的斜二测剖视图，由于该端盖的轴线处在正垂线位置，故采用通过该轴线的水平面及侧平面将其左上方剖切掉四分之一。先分别画出水平剖切平面及侧平剖切平面剖得的断面轮廓，如图 6 – 16（b）所示；再确定前后四个层面的中心位置，过各圆心作出各表面上未被切除的四分之三圆弧，并在断面轮廓内画剖面线，即完成该端盖的轴测剖视图［见图 6 – 16（c）］。

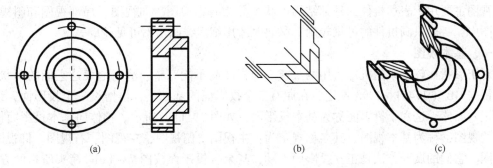

（a）　　　　　　　　　　（b）　　　　　　　　　　（c）

图 6 – 16　端盖的斜二测轴测剖视图

第七章 机件的常用表达方法

在生产实际中，机件的结构和形状是多种多样的，对于形状复杂的机件，仅用三视图还难以将它们的内外结构和形状准确、完整、清晰、简便地表达出来，为此，国家标准《技术制图》中，规定了机件的各种表达方法，主要有视图、剖视图、断面图、局部放大图和简化画法等。绘图时，应根据机件的结构特点，选用适当的表达方法，在完整、清晰表达物体形状的前提下，力求制图简便。

第一节 视　　图

视图主要用于表达机件的外部结构形状，分为基本视图、向视图、局部视图和斜视图。在视图中，一般只画机件的可见轮廓，必要时才用细虚线画出不可见轮廓。

一、基本视图

对于形状比较复杂的机件，用两个或三个视图尚不能完整、清晰地表达它们的形状时，则可根据 GB/T 17451—1998 规定，在原有三个投影面的基础上，再增设三个投影面，组成一个正六面体，这六个投影面称为基本投影面，如图 7–1(a)所示。物体向基本投影面投射所得的视图，称为基本视图。其名称规定为：主视图、俯视图、左视图、右视图、仰视图和后视图。它们的展开方法是正立投影面不动，其余各投影面按图 7–1(b)箭头所指的方向，展开到与正立投影面共面。展开后的视图配置如图 7–2 所示，视图间仍符合"长对正、高平齐、宽相等"的投影规律。在同一张图纸内按图 7–2 配置视图时，一律不标注视图的名称。

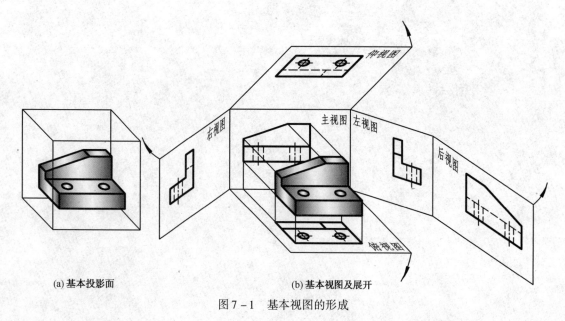

(a) 基本投影面　　　　　　　　(b) 基本视图及展开

图 7–1　基本视图的形成

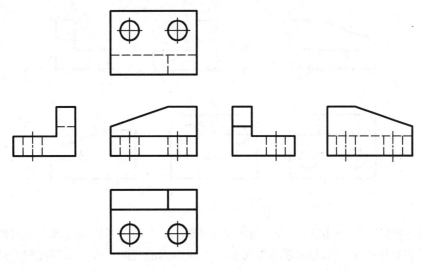

图 7 - 2　基本视图的规定配置

在实际绘图时，通常不需要将六个基本视图全部画出，应根据机件的形状和结构特点，在完整、清晰地表达机件结构的前提下，选用最少的视图，力求绘图简便。一般优先选用主、俯、左三个视图。图 7 - 3 所示的机件，用主、左、右三个视图就可以将其主体圆柱及左、右法兰盘的形状表达清楚，因此，其它视图可省略不画。主视图中保留的细虚线是为了表达主体圆柱的内孔及左、右法兰盘上的通孔，而左、右两个视图则省略了不必要的细虚线。

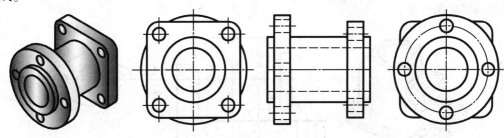

图 7 - 3　基本视图的选用

二、向视图

在实际绘图中，有时为了合理利用图纸，可以将某个基本视图绘制在适当的其他位置，这种不按规定位置配置的基本视图称为向视图。由于向视图不按投影方向配置，故画图时必须加以标注。在向视图上方，用大写拉丁字母（如 A、B、C 等）标出向视图的名称"×"，并在相应视图附近用箭头指明投射方向，同时注上相同的字母，如图 7-4 所示。

需要注意的是：表示投射方向的箭头应尽可能标注在主视图上；用向视图表示后视图时，应将投射箭头标注在左视图或右视图上。

三、局部视图

1. 局部视图的画法

图 7 - 5(a) 所示的机件，用主、俯两个视图能将机件的大部分形状表达清楚，但左侧的菱形板及右侧的 U 形凸台还未表达清楚。如果再画一个完整的左视图和右视图，显得有些重复，

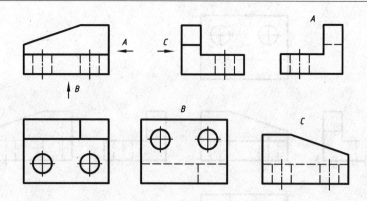

图 7-4　向视图及其标注

为简便作图，可如图 7-5(b)所示，只画出表达该部分的局部左视图和局部右视图即可。

这种只将物体的某一部分向基本投影面投射所得到的视图，称为局部视图。局部视图的断裂边界用波浪线或双折线绘制，如图 7-5(b)中的 A 向局部视图。当所表达的局部结构是完整的且轮廓线又呈封闭形状时，波浪线省略不画，如图 7-5(b)中表达菱形板的局部视图。

2. 局部视图的标注及配置

画局部视图时，一般在局部视图上方用大写拉丁字母标出视图的名称"×"，在相应的视图附近用箭头指明投射方向，并注上同样的字母，如图 7-5(b)中的 A 向局部视图。当局部视图按投影关系配置，中间又没有其他视图隔开时，可省略标注，如图 7-5(b)中表达菱形板的局部视图。

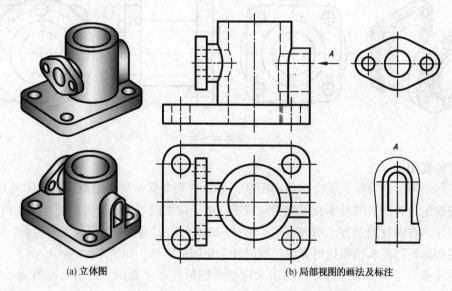

(a) 立体图　　　　　　　　　(b) 局部视图的画法及标注

图 7-5　局部视图

四、斜视图

1. 斜视图的画法

图 7-6(a)所示的机件，由于右侧是倾斜结构，因此它在六个基本投影面中的投影都不反映实形，既不方便画图，又不便于标注真实尺寸。为了得到它的实形，可选择一个与倾斜

部分平行，且垂直于一个基本投影面的辅助投影面(正垂面)，该辅助投影面和与其垂直的基本投影面构成一个新的直角投影体系，将倾斜部分向辅助投影面投射，便可得到反映倾斜结构真实形状的视图，如图 7 –6(b)所示。这种将物体向不平行于基本投影面的平面投射所得的视图，称为斜视图。

斜视图通常只表达倾斜部分的实形投影，其余部分不必全部画出，可用波浪线或双折线断开。

2. 斜视图的标注与配置

斜视图通常按向视图的形式配置并标注。最好按投影关系配置，也可平移到其他位置。标注时应注意：表示投射方向的箭头一定要垂直于倾斜部分的轮廓，而斜视图的名称"×"及箭头附近的字母应水平书写。

斜视图的图形往往都是倾斜的，为了便于画图，可将图形旋转摆正配置，此时，标注方法如图 7 –6(b)所示，旋转符号用带箭头的半圆表示，圆的半径等于标注字母的高度，箭头的指向应与图形的旋转方向一致；表示该视图名称的大写拉丁字母应配置在旋转符号的箭头旁边；必要时，允许将旋转角度注写在字母后面。

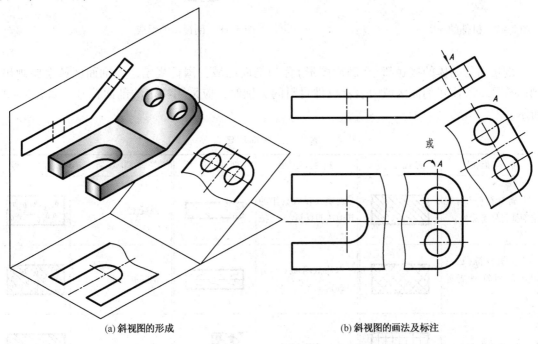

(a) 斜视图的形成　　　　　　　　　　　　(b) 斜视图的画法及标注

图 7 – 6　斜视图

第二节　剖视图

用视图表达机件时，机件上不可见的结构都用细虚线来表示，如图 7 – 7 所示。如果机件的内部结构较复杂，在视图中就会出现很多的细虚线，这样既影响图形的清晰，不利于看图，又不便于标注尺寸。因此可根据 GB/T 17452—1998 的规定，采用剖视图来表达机件的内部结构形状。

一、剖视图的概念

假想用剖切面剖开物体，将处在观察者和剖切面之间的部分移去，而将其余部分向投影面投射所得的图形称为剖视图，简称剖视，如图7-8所示。

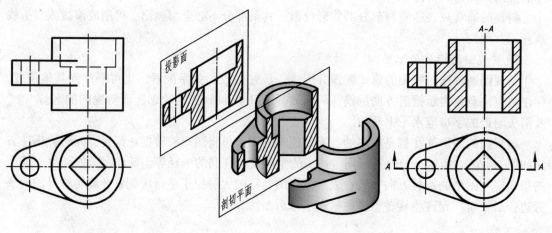

图7-7 机件的视图　　　　　　　　　图7-8 剖视图的形成

剖切面与物体的接触部分(断面图形)称为剖面区域，国标规定，在剖面区域上要画出剖面符号。若需在剖面区域中表示机件材料的类别时，应采用特定的剖面符号，如表7-1所示。

表7-1 剖面符号

材料类别	剖面符号	材料类别	剖面符号	材料类别	剖面符号
金属材料(已有规定剖面符号者除外)		玻璃及供观察用的其他透明材料		混凝土	
非金属材料(已有规定剖面符号者除外)		木质胶合板(不分层数)		钢筋混凝土	
线圈绕组元件		基础周围的泥土		砖	
转子、电枢、变压器和电抗器等的叠钢片		木材	纵剖面	格网(筛网过滤网等)	
型砂、填砂、粉末冶金、砂轮、陶瓷刀片、硬质合金刀片等			横剖面	液体	

当不需要在剖面区域表示材料类别时，可采用通用剖面线表示，通用剖面线一般采用与水平线或主要轮廓线成45°角且间隔均匀的细实线绘制，如图7-9所示。在同一张图纸上，同一机件的各剖面区域，其剖面线的间隔和方向应一致。

图7-9　剖面线的角度

二、剖视图的画法

下面以图7-10(a)所示的机件为例说明画剖视图的方法及步骤：

(1) 分析机件，画出投影的外轮廓，如图7-10(b)所示。

(2) 确定剖切平面的位置，补全断面图形。为了清楚地反映机件内部结构的真实形状，应使剖切平面平行于某一投影面且尽量较多地通过内部结构(孔、槽)的轴线或对称线。本例中选取机件的前后对称面(正平面)作为剖切平面。用粗实线画出剖切平面与机件内、外表面的交线，得到剖切后的断面图形，并按规定画上剖面符号，如图7-10(c)所示。

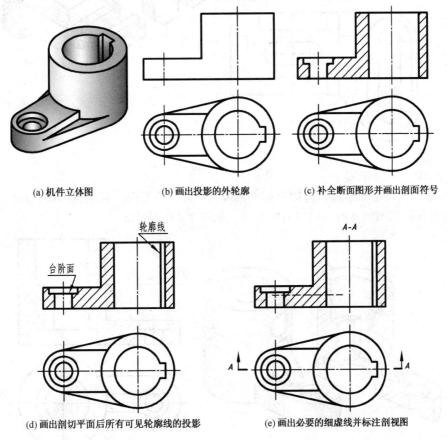

(a) 机件立体图　　　　(b) 画出投影的外轮廓　　　　(c) 补全断面图形并画出剖面符号

(d) 画出剖切平面后所有可见轮廓线的投影　　　(e) 画出必要的细虚线并标注剖视图

图7-10　剖视图的画法

(3) 画出剖切平面后所有可见轮廓线的投影，如图7-10(d)所示。其中台阶面的投影线和键槽的轮廓线容易漏画，应加注意。

在剖视图中，对于不可见的部分，如果在其他视图中已表达清楚，细虚线应该省略；对于没有表达清楚的部分，细虚线必须画出，如图 7－10(e) 所示。

（4）剖视图的标注。为了便于看图，国家标准《技术制图》中对剖视图的标注作了以下规定：

① 一般应在剖视图的上方用大写拉丁字母标注剖视图的名称"×－×"；在相应的视图上用剖切符号表示剖切位置，其两端用箭头表示投射方向，并注上同样的字母，如图 7－10(e) 所示。国标规定：剖切符号用断开的粗实线表示，尽可能不与图形的轮廓线相交。

② 当剖视图按投影关系配置，中间又没有其他图形隔开时，可以省略箭头，如图 7－11 所示。

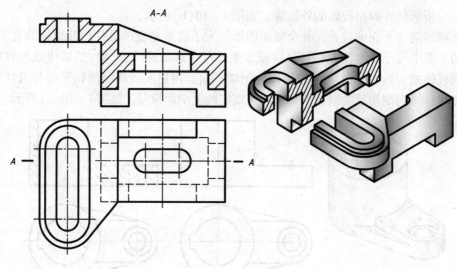

图 7－11　全剖视图

③ 当单一剖切平面通过机件的对称平面或基本对称的平面，且剖视图按投影关系配置，中间又没有其他图形隔开时，可以省略标注，如图 7－12 所示。

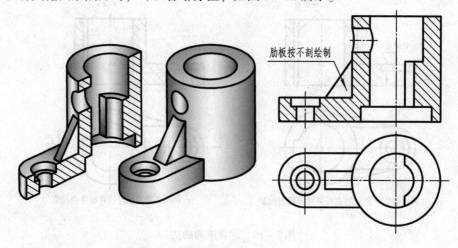

图 7－12　全剖视图

三、剖视图的种类

剖视图按剖切机件范围的大小分为三种：全剖视图、半剖视图和局部剖视图。

1. 全剖视图

（1）概念　用剖切面完全地剖开物体所得的剖视图，称为全剖视图，简称全剖。如图 7-11、图 7-12 所示。

（2）适用条件　全剖视图主要用于内形比较复杂、外形相对简单的机件。

（3）画法　全剖视图的画法与前述的剖视图画法相同。

当剖切平面通过肋板的对称面（即纵向剖切时），按国家标准规定，这些结构都不画剖面符号，而用粗实线将它与其邻接部分分开，如图 7-12 所示。

（4）标注　全剖视图的标注方法与剖视图标注方法相同。

2. 半剖视图

图 7-13（a）为一机件的主、俯视图，所表达的机件结构如图 7-13（b）所示。从图 7-13 中可知该机件左右对称、前后对称。如果主视图采用全剖视图，则顶板下的凸台就不能表达出来。如果俯视图采用全剖视图，则长方形顶板的形状及四个小圆孔的位置也不能表达清楚。为了准确地表达该机件的内外结构，可采用如图 7-14（a）所示的剖切方法，将主视图和俯视图都画成半剖视图，如图 7-14（b）所示。

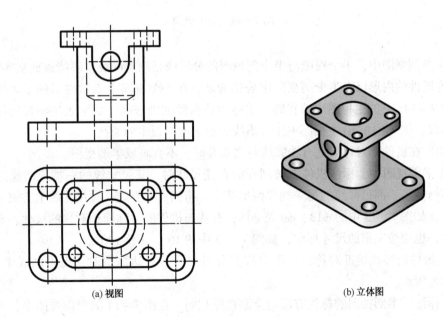

(a) 视图　　　　　　　　　　(b) 立体图

图 7-13　机件及其视图

（1）概念　当物体具有对称平面时，向垂直于对称平面的投影面上投射所得的图形，可以对称中心线（细点画线）为界，一半画成剖视图（表达内形），另一半画成视图（表达外形），这种组合的图形称为半剖视图，简称半剖，如图 7-14 所示。

（2）适用条件　半剖视图主要用于内、外形都比较复杂的对称机件。

（3）画法及注意点

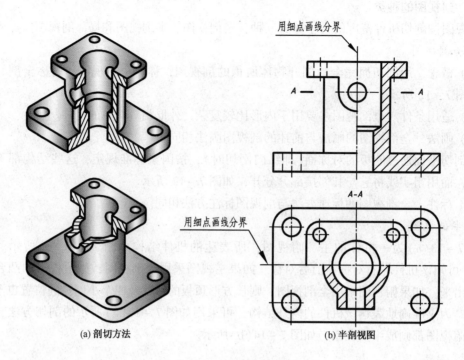

图 7 – 14　半剖视图

① 在半剖视图中，半个视图与半个剖视图的分界线是细点画线，不能画成粗实线。

② 若机件的内形已在半个剖视图中表达清楚，在半个视图中表示内形的细虚线应省略不画，图 7 – 14(b) 的主视图中就省略了主体圆柱内腔的细虚线；而未表达清楚的结构仍需画出细虚线，图 7 – 14(b) 主视图中用细虚线表示了上下板中的通孔。

③ 如果在机件的对称面上有轮廓线与之重叠时，不宜画成半剖视图。

④ 在半剖视图中，标注机件中被剖开的直径尺寸时，其尺寸线的一端应略超过对称中心线，不画箭头，而尺寸线的另一端要画出箭头，指到尺寸界线，在尺寸线上方书写直径符号及数值，如图 7 – 15 中的 $\phi 13$、$\phi 9$ 及 $\phi 18$；有些与机件的对称面相对称的尺寸，有一端没有画全时，也应按完整的尺寸标注，如图 7 – 15 中的 16、23 及 120°。

⑤ 当机件的形状接近对称，且不对称部分另有图形表达清楚时，也可画成半剖视图，如图 7 – 16 所示。

（4）标注　半剖视图的标注方法与全剖视图相同。在图 7 – 14 的半剖视图中，由于主视图是通过机件的前后对称面进行剖切的，视图按投影对应关系配置，中间又没有其他图形隔开，可完全省略标注。而俯视图所采用的剖切面，并非机件的对称面，故应标注剖切符号和字母 A，并在俯视图上方注写相应名称 A – A，由于俯视图是按投影关系配置的，所以主视图剖切符号的两端省略了箭头。

3. 局部剖视图

（1）概念　用剖切面局部地剖开物体所得的剖视图称为局部剖视图，简称局部剖，如图 7 – 17 所示。局部剖视图不受图形是否对称的限制，剖切位置及剖切范围可根据实际需要选取，是一种比较灵活的表达方法。若运用得当，可使图形简明、清晰，但在一个视图中，局部剖切的数量不宜过多，否则会使图形过于破碎，不利于读图。

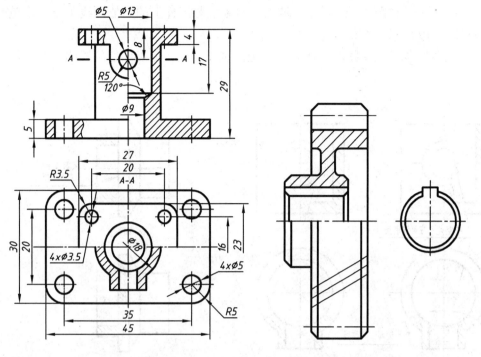

图 7 – 15　半剖视图尺寸标注示例　　　图 7 – 16　形状接近对称的半剖视图

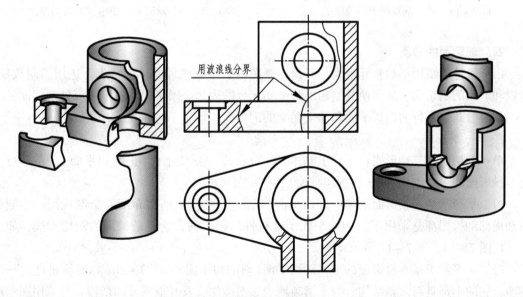

用波浪线分界

图 7 – 17　局部剖视图

（2）适用条件　局部剖视图主要用于内外结构均需表达的不对称机件，或不宜采用全剖或半剖进行表达的机件。

（3）画法　在局部剖视图中，视图与剖视图的分界线是波浪线。画图时可把波浪线看作是机件断裂边界的投影，因此波浪线不能超出视图的轮廓线或穿过中空处，当波浪线遇孔、槽时，必须断开，如图 7 – 18 所示。波浪线也不能与图样上的其他图线重合，以免引起误解，如图 7 – 19 所示。

（4）标注　局部剖视图的标注方法与全剖视图相同，但当剖切位置明显时，可以省略标注。

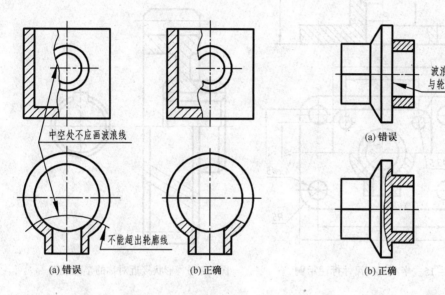

图 7 – 18　局部剖视图中波浪线的画法　　　　图 7 – 19　局部剖视图中波浪线的画法

四、剖切面的种类

由于机件的结构形状差异很大，所以在画图时要根据机件的结构特点，选用不同数量、位置和形状的剖切面，从而使其结构形状得到充分的表达。国家标准规定了三种剖切面：单一剖切面、几个平行的剖切平面和几个相交的剖切面。

1. 单一剖切面

单一剖切面有三种形式：平行于基本投影面的单一剖切平面（正剖切平面）、不平行于基本投影面的单一剖切平面（斜剖切平面）和单一剖切柱面。

（1）平行于基本投影面的单一剖切平面（正剖切平面）　前面介绍的全剖视图、半剖视图和局部剖视图都是采用了正剖切平面剖开机件后得出的，这是最常用的剖切方法，如图 7 –11、图 7 –14、图 7 –17 所示。

（2）不平行于基本投影面的单一剖切平面（斜剖切平面）　图 7 – 20（a）所示机件是一个管座，它的上部具有倾斜结构，为了清晰地表达上面螺孔及开槽部分的结构，可采用图示的斜剖切平面（正垂面）进行剖切，得到图 7 – 20（b）所示的"B – B"全剖视图，这种剖切方法称为斜剖，得到的剖视图习惯上称为斜剖视图。

斜剖视图简称斜剖，可按投影关系配置，也可将它平移至图纸内的适当位置。在不致引起误解时，还可将图形旋转配置，但旋转后必须标注旋转符号，如图 7 – 20 所示。

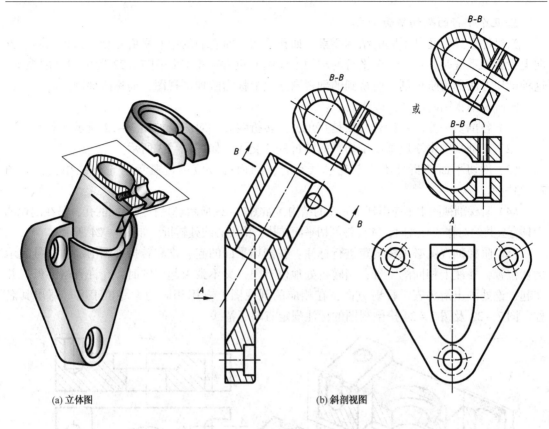

(a) 立体图　　　　　　　　　　　　　(b) 斜剖视图

图 7 - 20　斜剖视图

（3）单一剖切柱面　必要时可采用单一剖切柱面剖切机件。此时剖视图一般应按展开绘制，如图 7-21 所示，在图名后加注"展开"二字(此处展开是将柱面剖得的结构展成平行于投影面的平面后再投射)。

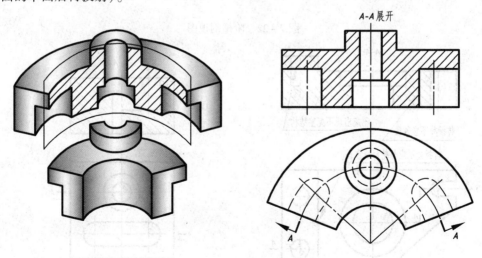

图 7 - 21　柱面剖切及展开画法

2. 几个平行的剖切平面

当机件上具有几种不同的结构要素，如孔、槽，而它们的中心平面互相平行且在同一方向上投影无重叠时，可用几个平行的剖切平面剖开机件，得到如图 7 – 22 所示的全剖视图，这种剖切方法称为阶梯剖，所得到的剖视图习惯上称为阶梯剖视图，简称阶梯剖。

画阶梯剖视图时应注意以下几点：

（1）各剖切平面的转折处必须是直角，且转折线要相对应，如图 7 – 22 所示。

（2）在剖视图中不应画出剖切平面转折处的交线，如图 7 – 23 所示。

（3）剖切平面转折处不应与轮廓线重合，剖切符号应尽量避免与轮廓线相交，如图 7 – 23 所示。

（4）阶梯剖视图中不应出现不完整的结构，如图 7 – 23 所示。只有当不同的孔、槽在剖视图中具有公共的对称中心线时，才允许剖切平面在孔、槽中心线处转折，如图 7 – 24 所示。

（5）阶梯剖视图必须按规定进行标注：在剖切平面的起、讫和转折处画出剖切符号表示剖切位置，并注上相同的字母，当转折处地位有限，又不致引起误解时，允许省略字母，并在起、讫处画出箭头表示投射方向，在相应的剖视图上方用相同的大写拉丁字母写出其名称。图 7 – 22 及图 7 – 24 按剖视图的标注规定省略了箭头。

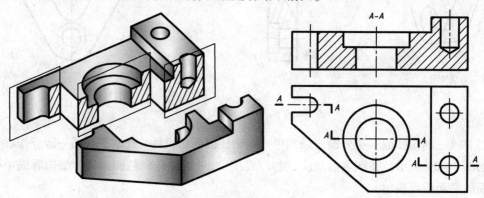

图 7 – 22　阶梯剖视图

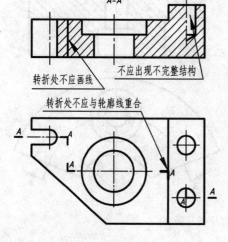

图 7 – 23　阶梯剖视图中的错误画法

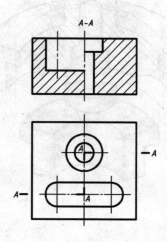

图 7 – 24　具有公共对称中心线的阶梯剖视图

3. 几个相交的剖切面(交线垂直于某一投影面)

1) 两个相交的剖切平面

当用一个剖切平面不能通过机件的各内部结构，而机件在整体上又具有回转轴时，可用两个相交的剖切平面剖开机件，然后将倾斜剖切面剖到的结构绕剖切面间的交线旋转到与选定的基本投影面平行后再进行投射，使剖视图既反映实形又便于画图，如图 7 - 25 所示。这种剖切方法称为旋转剖，得到的剖视图习惯上称为旋转剖视图，简称旋转剖。

旋转剖视图必须按规定进行标注：在剖切平面的起、讫和转折处画出剖切符号表示剖切位置，并注上相同的字母(水平书写)，当转折处地位有限，又不致引起误解时，允许省略字母，并在起、讫处画出箭头(垂直于剖切符号)表示投射方向，在相应的剖视图上方用相同的大写拉丁字母写出其名称，如图 7 - 25 所示。

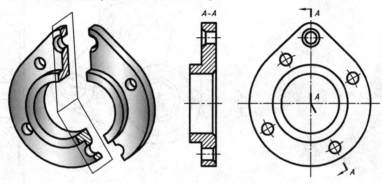

图 7 - 25　旋转剖视图

画旋转剖视图时应注意以下几点：

(1) 应按照先剖切、后旋转、再投射的过程画剖视图。

(2) 旋转剖适用于表达具有回转轴的机件，因此，画图时两剖切平面的交线应与机件上的回转轴线重合。

(3) 位于剖切平面后的其他结构，一般仍按原位置投射；但与被剖切结构有直接联系且密切相关的结构，或不一起旋转难以表达的结构，应旋转后再投射，如图 7 - 26 所示。

(4) 当剖切后产生不完整要素时，应将该部分按不剖绘制，如图 7 - 27 所示。

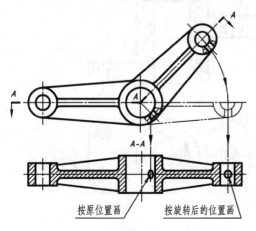

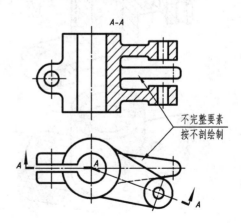

图 7 - 26　剖切平面后的其他结构画法　　　图 7 - 27　剖切后产生不完整要素按不剖绘制

2）两个以上相交的剖切面

当机件的形状比较复杂，用上述各种方法均不能集中而简要地表达清楚时，可以使用两个以上的剖切平面和柱面剖切机件，如图 7 – 28、图 7 – 29 所示。这种剖切方法称为复合剖，所获得的剖视图习惯上称为复合剖视图，简称复合剖。

采用几个相交的剖切平面剖开机件时，剖视图应按展开方法绘制，如图 7 – 28 所示。

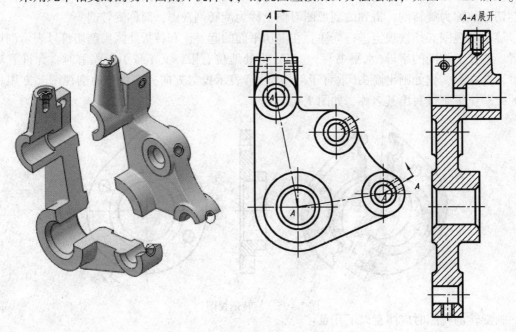

图 7 – 28　复合剖的展开画法

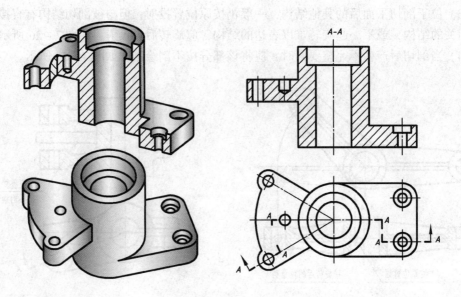

图 7 – 29　复合剖视图

第三节　断面图

一、断面图的概念

图 7 - 30 所示的轴，左端有一键槽，右端还有一个孔，在主视图上能表示出它们的形状和位置，但其深度未表达清楚，此时可根据 GB/T 17452—1998 的规定，假想用两个垂直于轴线的剖切平面分别在键槽和孔处将轴剖开，然后只画出剖切处断面的图形，从这两个断面上，可清楚地表达出键槽的深度及轴右端的通孔。

假想用剖切面将物体的某处切断，仅画出该剖切面与物体接触部分的图形，称为断面图，简称断面，如图 7 - 30 所示。

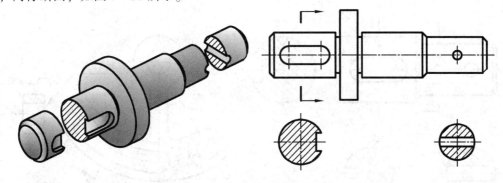

图 7 - 30　断面图的概念

断面图与剖视图的区别是：断面图是机件上剖切处断面的投影，而剖视图则是剖切后机件的投影，显然断面图比剖视图简明。断面图常用来表达机件上某一局部的断面形状，如机件的肋板、轮辐及轴上的键槽和孔等。

二、断面图的分类

断面图分为移出断面图和重合断面图两种。

1. 移出断面图

移出断面图的图形应画在视图之外，轮廓线用粗实线绘制，如图 7 - 30 所示。

1）移出断面图的画法

（1）移出断面图应尽量配置在剖切线的延长线上，如图 7 - 30 所示，必要时，也可将其配置在其他适当位置，如图 7 - 31(a) 中的 $A - A$ 断面图和 $B - B$ 断面图。

（2）当剖切平面通过回转面形成的孔或凹坑的轴线时，这些结构应按剖视绘制，如图 7 - 31(a) 所示。当剖切平面通过非圆孔会导致出现完全分离的断面时，则这些结构也按剖视画出，如图 7 - 31(b) 所示。

（3）当断面图形对称时，也可将断面图画在视图的中断处，如图 7 - 31(c) 所示。

（4）由两个或多个相交剖切平面剖切得出的移出断面图，中间应断开，如图 7 - 31(d) 所示。

（5）移出断面图中的剖面线方向和间隔应与原视图保持一致，如图 7 - 31(e) 所示。

2）移出断面图的标注

（1）完整标注　断面图的标注方法与剖视图相同，一般应用大写的拉丁字母标注移出断面图的名称"×－×"，在相应的视图上用剖切符号和箭头表示剖切位置和投射方向，并标注相同的字母。当断面图形不对称，且没配置在剖切线的延长线上时，应采用完整标注，如图 7－31(a)中的"A－A"断面图及图 7－31(b)。

(2) 部分省略标注　当断面图形不对称，但配置在剖切线的延长线上时，可以省略字母，如图 7－30 中表示键槽的断面图。当断面图形不对称，但移出断面图与视图间保持了投影对应关系时，可以省略箭头，如图 7－31(a)中的"B－B"断面图；当断面图形对称，但没配置在剖切线的延长线上时，也可省略箭头。

(3) 全部省略标注　配置在剖切线延长线上对称的移出断面图，以及配置在视图中断处的移出断面图，可全部省略标注，如图 7－31(a)中表示通孔的断面图及图 7－31(c)、(d)、(e)。

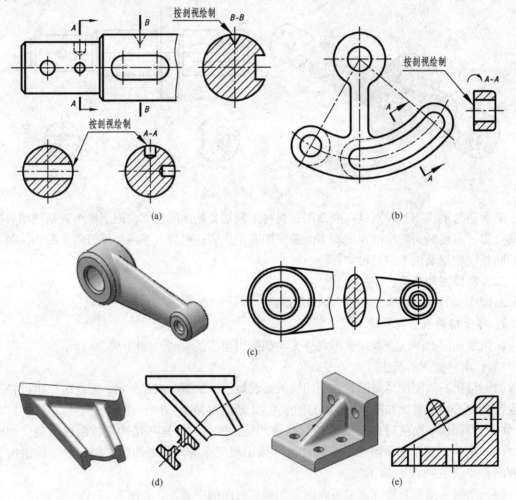

图 7－31　移出断面图的画法及标注

2. 重合断面图

重合断面图的图形应画在视图之内，断面轮廓线用细实线绘制，如图 7－32、图 7－33 所示。

1) 重合断面图的画法

只有当断面形状简单，且不影响图形清晰的情况下，才采用重合断面图。重合断面图的轮廓线用细实线绘制。当视图中的轮廓线与重合断面图的图形轮廓线重叠时，视图中的轮廓线仍应连续画出，不可间断，如图 7-33 所示。

2) 重合断面图的标注

对称的重合断面图不必标注，如图 7-32 所示。不对称的重合断面图在不致引起误解时可以省略标注，如图 7-33 所示。

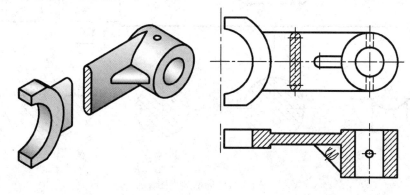

图 7-32　重合断面图(一)

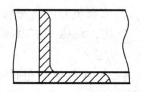 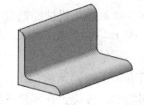

图 7-33　重合断面图(二)

第四节　局部放大图及简化画法

局部放大图主要是用来表达机件某部分细小结构形状的一种表达方法。而简化画法则是简化制图、减少绘图工作量、提高设计效率的一种表达方法。

一、局部放大图

对机件上的细小结构，用大于原图形所采用的比例画出的图形，称为局部放大图。局部放大图可以画成视图、剖视图和断面图，它与被放大部分的表达方法无关。局部放大图应尽量配置在被放大部位的附近，如图 7-34 所示。

画局部放大图时，应用细实线圈出需要被放大的部位，当同一机件上有几个需要放大的部位时，必须用罗马数字顺序地标明，并在局部放大图上方标出相应的罗马数字和采用的比例，罗马数字与比例之间的横线用细实线画出，如图 7-34 所示。当机件上仅有一个需要放大的部位时，则在该局部放大图的上方只需注明采用的比例。局部放大图的投射方向应和被放大部分的投射方向一致，与整体联系的部分用波浪线画出。若放大部分为剖视和断面时，其剖面符号的方向和间距应与被放大部分相同，如图 7-34 所示。

注意：局部放大图上注明的比例为该图形与实物相应要素的线性尺寸之比，而与原视图所采用的比例无关。

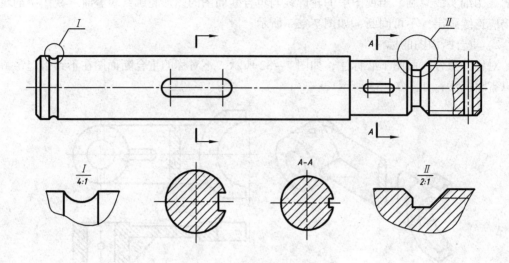

图 7 – 34　局部放大图

二、简化画法

在不影响完整清晰地表达机件的前提下，为了看图方便及画图简便起见，国家标准《技术制图》GB/T 16675.1—1996 统一规定了一些简化画法，现将一些常用的简化画法介绍如下：

(1) 当机件具有若干相同结构(如齿、槽等)，并按一定规律分布时，只需画出几个完整的结构，其余用细实线连接，在零件图中必须注明该结构的总数，如图 7 – 35 所示。

(2) 当机件上具有若干直径相同且成规律分布的孔(圆孔、螺孔、沉孔等)时，可以仅画出一个或几个，其余用细点画线表明其中心位置，并在图中注明孔的总数，如图 7 – 36 所示。

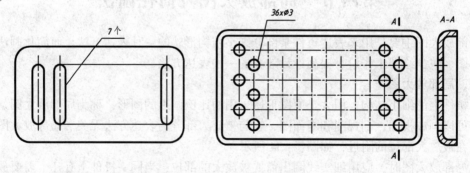

图 7 – 35　重复要素的简化画法　　　　图 7 – 36　按规律分布的孔的简化画法

(3) 滚花、沟槽等网状结构应用粗实线完全或部分地表示出来，如图 7 – 37 所示。

(4) 当机件回转体上均匀分布的肋、轮辐和孔等结构不处于剖切平面上时，可将其旋转到剖切平面上画出，如图 7 – 38 所示。

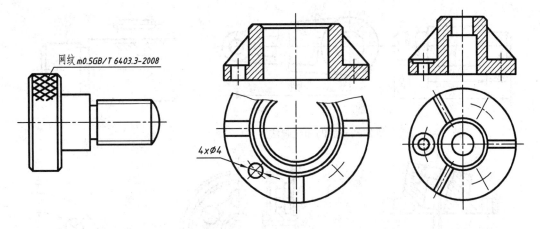

图7-37 滚花的简化画法   图7-38 均匀分布的肋板和孔的简化画法

（5）当平面在图形中不能充分表达时，可用平面符号（相交的两条细实线）表示，如图7-39所示。

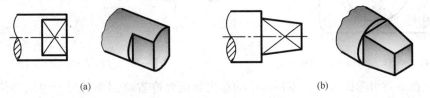

图7-39 回转体上平面的表示方法

（6）机件上较小的结构，如在一个图形中已表示清楚，则在其他图形中可以简化或省略，如图7-40所示。

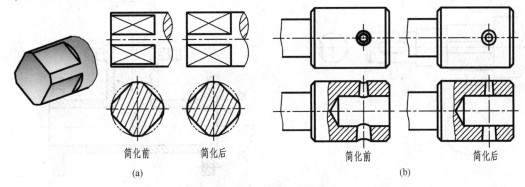

图7-40 小结构交线的简化画法

（7）较长的机件且沿长度方向的形状一致或按一定规律变化时，例如轴、杆、型材、连杆等，可以断开绘制，但要标注实际尺寸，如图7-41所示。

（8）机件上对称结构的局部视图，如键槽、方孔等可按图7-42所示方法表示。

（9）与投影面的倾斜角度小于或等于30°的圆或圆弧，其投影可以用圆或圆弧来代替，如图7-43所示。

（10）在不致引起误解时，对于对称机件的视图可只画一半或四分之一，并在对称中心线的两端画出与其垂直的平行细实线，如图7-44所示。

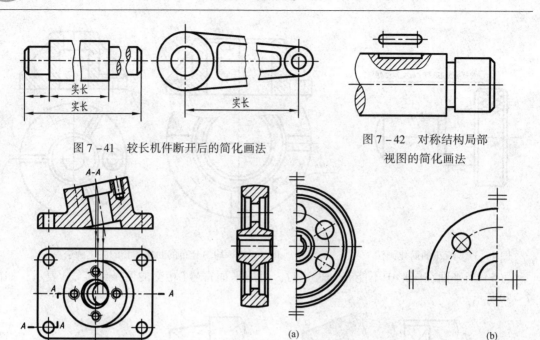

图 7 - 41　较长机件断开后的简化画法

图 7 - 42　对称结构局部
视图的简化画法

图 7 - 43　≤30°倾斜圆的简化画法

图 7 - 44　对称结构的简化画法

(a)　　　　　　　　　　(b)

（11）在不致引起误解时，零件图中的移出断面允许省略剖面符号，但剖切位置和断面图的标注必须遵守移出断面标注的有关规定，如图 7 - 45 所示。

（12）机件上圆柱形法兰，其上有均匀分布的孔时，可按图 7 - 46 的形式表示。

（13）图形中的过渡线应用细实线绘制，且不宜与轮廓线相交，如图 7 - 46 所示。

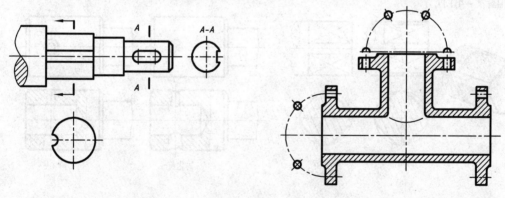

图 7 - 45　断面图中省略剖面符号

图 7 - 46　法兰盘上均布孔及过渡线的简化画法

（14）对机件上的小圆角、锐边的小倒圆或45°小倒角，在不致引起误解时允许省略不

锐边倒圆 R0.5

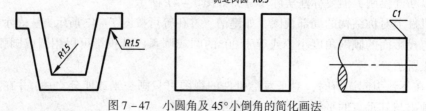

图 7 - 47　小圆角及45°小倒角的简化画法

画，但必须注明尺寸或在技术要求中加以说明，如图 7 – 47 所示。

第五节　机件表达方法的综合举例

前面介绍了机件的常用表达方法，在绘制机械图样时，常根据机件的具体结构综合运用视图、剖视图、断面图等表达方法来确定一种最优的表达方案，现以图 7 – 48(a)所示机件为例分析它的表达方案。

图 7 – 48(a)所示机件由圆柱筒、十字肋板和安装底板组成。主视图的方向选择如图 7 – 48(b)所示，该方向可以反映出底板的倾斜角度以及三部分的连接情况。具体的表达方案是采用了两个局部剖的主视图、一个移出断面图、一个局部视图和一个斜视图。

为了表达机件的外部结构、上部圆柱的通孔以及下部安装斜板的四个小圆柱通孔，主视图采用了两处局部剖视；为了表达顶部圆柱筒的形状以及与十字肋的连接关系，采用一个局部视图；为了表达十字肋的形状，采用一个移出断面图；为了表达斜板的实际形状、四个小圆柱通孔的分布状况以及底板与十字肋的相对位置，采用了一个局部斜视图。

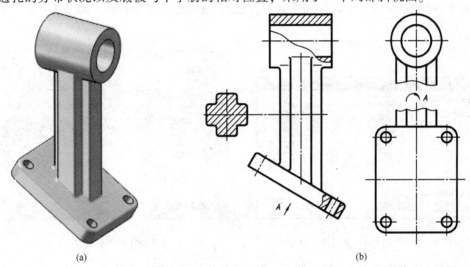

　　　(a)　　　　　　　　　　　　　　　　　(b)

图 7 – 48　支架的表达方法

第六节　SolidWorks 在机件表达方法中的应用

三维几何模型创建之后，利用 SolidWorks 软件提供的工程图功能可以很方便地生成所需的二维表达图形。在 SolidWorks 工程图环境下能够创建视图、剖视图、断面图及局部放大图等多种二维工程图。二维工程图与三维模型是互相链接的文件，对三维模型所作的任何更改都会在工程图文件中作相应的改变。本节主要介绍工程图模板的创建及各种表达视图生成的操作方法及技巧。

一、工程图模板的创建

由于工程图模板关系到最终设计图样的出图，因此工程图模板的创建尤为重要。工程图文件的模板，包含了工程图的绘图标准、尺寸单位、投影类型和尺寸标注的箭头类型以及文字标注的字体等多方面的设置选项。因此，根据国家标准建立符合要求的工程图文件模板，不仅可以使建立的工程图符合国家标准，而且在操作过程中能够大大提高工作效率。

图 7 - 49　【新建 SolidWorks 文件】对话框

下面以定制"A4 纵向"工程图模板为例，介绍其操作步骤。

1. 自定义图纸格式

SolidWorks 提供的图纸格式不符合中国的国标，需要重建或修改。

1）定义图纸幅面

单击【标准】工具栏中的【新建】□按钮，出现【新建 SolidWorks 文件】对话框，如图 7 - 49 所示，在对话框中选择【工程图】图标，单击【确定】按钮，弹出【图纸格式/大小】对话框，在对话框中选择【自定义图纸大小】选项，在【宽度】及【高度】文本框中设置图纸幅面大小，如图 7 - 50 所示，单击【确定】按钮，进入到工程图界面，如图 7 - 51 所示。

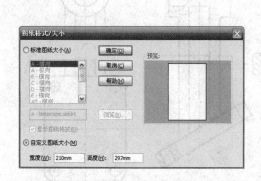

图 7 - 50【图纸格式/大小】对话框

图 7 - 51　工程图界面

在出现的【模型视图】属性管理器中，单击【取消】✖按钮，右键单击【特征设计树】中的【图纸 1】图标，或右键单击图纸上的空白区域，在快捷菜单中选择【编辑图纸格式】，图纸 1 就处于被编辑状态。

2）绘制边框线、图框线及标题栏

在"编辑图纸格式"状态下，单击【草图】工具栏中的【矩形】□命令和【直线】╲命令，画出所需线段，使用【剪裁】⚒命令和【智能尺寸】◇等相应工具，完成图形，如图 7 - 52 所示。注：此标题栏为制图作业推荐的标题栏，需要时可按国家标准标题栏绘制。

工程图中的草图线段，其线宽默认为细线，选择需要设置为粗实线的线段，从【线型】工具栏中选择线宽，如图 7 - 53 所示。

3）隐藏尺寸标注

单击【视图】→【隐藏/显示注解】命令，依次选择需要隐藏的尺寸，单击【重建模型】⑧按钮，重新建模。

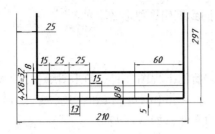

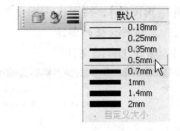

图 7 - 52　绘制边框线、图框线及标题栏　　　　　　图 7 - 53　设置线宽

4）填写标题栏中的文字

单击【注解】工具栏中【注释】🅐命令，在标题栏内添加文字，如图 7 - 54 所示。

设 计		(材 料)	
校 核			
审 核		比 例	
班 级	学 号	共　张　　第　张	东 北 石 油 大 学

图 7 - 54　填写标题栏

5）建立链接属性注释

为了使标题栏能自动地显示插入到工程图中的模型名称、日期和图纸比例等内容，需要建立链接到属性的注释。下面以建立"零件名称"的链接为例介绍其操作方法：

单击【注解】工具栏中【注释】🅐按钮，在弹出的【注释】属性管理器中，单击【属性链接】按钮，弹出【链接到属性】对话框，在下拉列表框中选择【SW - 文件名称（FileName）】选项，如图 7 - 55 所示，然后单击【确定】按钮。

图 7 - 55　建立零件名称的链接

用同样的方法可建立比例、日期等链接到属性的注释。

6）保存图纸格式

单击【文件】→【保存图纸格式】命令，弹出【保存图纸格式】对话框，输入文件名，如 A4 纵向，单击【保存】按钮，生成新的工程图图纸格式，图纸格式文件的扩展名为 . slddrt，图纸格式保存的默认位置是安装目录 \ data。

右键单击【特征设计树】中的【图纸 1】，或右键单击图纸上的空白区域，在快捷菜单中选择【编辑图纸】，将退出编辑图纸格式状态，回到编辑图纸状态。

2. 工程图模板的创建

1）新建工程图文件

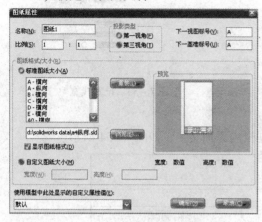

图 7-56　【图纸属性】对话框

新建工程图文件，在【图纸格式/大小】对话框中，单击【浏览】按钮，选择已设置好图纸格式的文件，如 A4 纵向。

2）设置图纸属性

在【特征设计树】中右键单击工程图文件的名称，或在图纸空白区域单击鼠标右键，选择快捷菜单中的【属性】命令，弹出【图纸属性】对话框，如图 7-56 所示，在对话框中选择投影类型为【第一视角】，单击【确定】。

3）设置【系统选项】

在【系统选项】中设置的内容将保存在注册表中，它不是文件的一部分。因此，这些更改会影响当前和将来的所有文件。

单击【工具】→【选项】命令或单击【选项】按钮，弹出【系统选项】对话框，选择【工程图】选项下的【显示类型】选项，在【在新视图中显示切边】选项中设置为【移除】，如图 7-57 所示。选择【颜色】选项，将工程图背景和图纸颜色设置为白色，如图 7-58 所示。

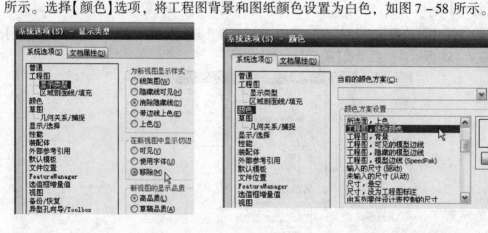

图 7-57　设置【显示类型】选项　　　图 7-58　设置【颜色】选项

4）设置【文档属性】

单击【系统选项】对话框中的【文档属性】选项卡。设置以下选项，默认其他选项。

（1）设置【绘图标准】选项　选择【绘图标准】选项，设置为 GB。

（2）设置【注解】选项　选择【注解】选项，在文本区域内，单击【字体】按钮，设置字体为"仿宋 GB-2312"，字体样式选择"常规"。

（3）设置【尺寸】选项　选择【尺寸】选项，各项设置如图 7-59 所示。注：尺寸文本字体选择【SWIsop1】。

①【角度】选项中的设置如图 7-60 所示。

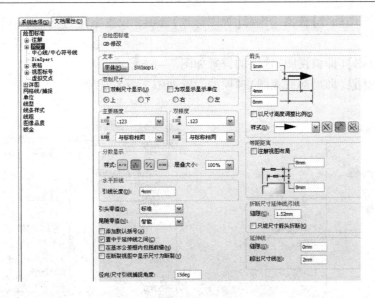

图 7 - 59　设置【尺寸】选项

②【直径】选项中的设置如图 7 - 61 所示，【半径】选项的设置与【直径】相同。

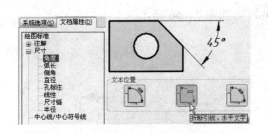

图 7 - 60　设置【角度】选项

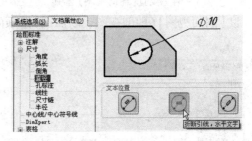

图 7 - 61　设置【直径】选项

③【孔标注】选项中的设置如图 7 - 62 所示。

④【线性】选项中的设置如图 7 - 63 所示。

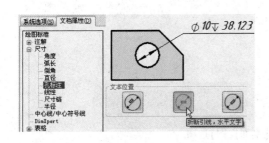

图 7 - 62　设置【孔标注】选项

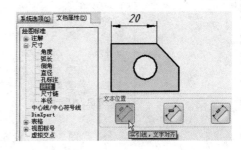

图 7 - 63　设置【线性】选项

（4）设置【表格】选项　选择【表格】选项，设置字体为【仿宋 GB - 2312】。

（5）设置【视图标号】选项　选择【视图标号】选项，设置字体为【SWIsop1】，字体样式选择粗斜体。

①【辅助视图】（即斜视图）选项的设置如图7-64所示。

②【局部视图】（即局部放大图）选项的设置如图7-65所示。

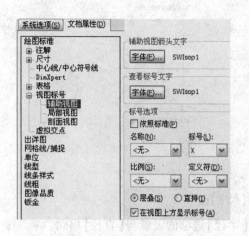
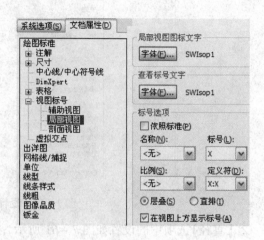

图7-64　设置【辅助视图】选项　　　　　　图7-65　设置【局部视图】选项

③【剖面视图】（即剖视图、断面图）选项的设置如图7-66所示。

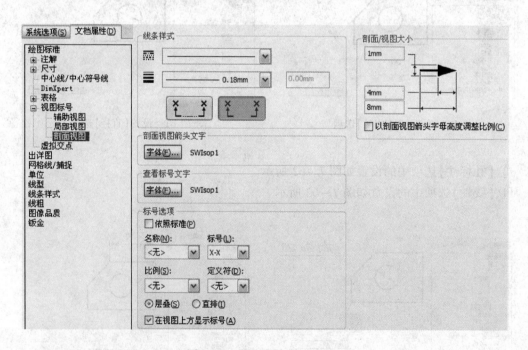

图7-66　设置【剖面视图】选项

（6）设置【出详图】选项　【出详图】选项中各项设置如图7-67所示。

（7）设置【线型】选项　【可见边线】选项的设置如图7-68所示，【工程图，模型边线】选项设置与可见边线设置相同。

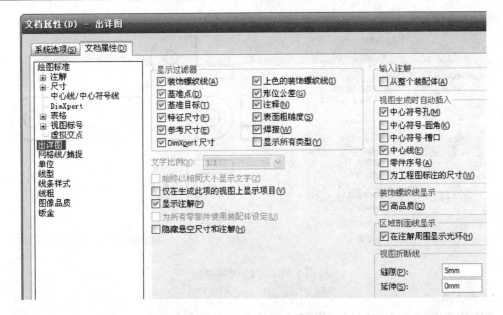

图 7 - 67 设置【出详图】选项

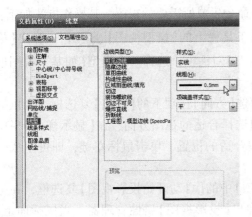

图 7 - 68 设置【可见边线】选项

图 7 - 69 保存为工程图模板文件

5）保存工程图模板

单击【文件】→【另存为】，在【保存类型】栏中选择【工程图模板】，如图 7 - 69 所示，在【文件名】栏中输入要保存的文件名（如 A4 纵向），单击【保存】即可。工程图模板的扩展名为 . drwdot。

模板的制定是一个不断修改并完善的过程。

二、生成基本视图的操作方法

1. 方法一

打开工程图模板文件，单击【视图布局】工具栏上的【模型视图】按钮，选择欲生成基本视图的模型。在【模型视图】属性管理器中，设置【视图数】为多个视图，【方向】选项下选择六个基本视图，设置好【显示样式】及视图【比例】，单击【确定】按钮，即可生成如图 7 - 70所示的六个基本视图。

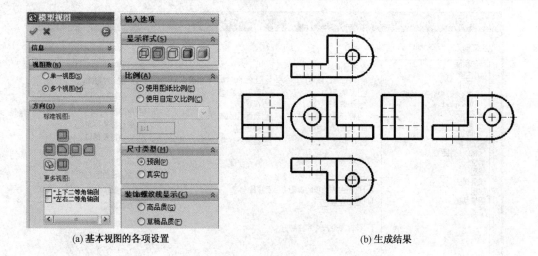

(a) 基本视图的各项设置　　　　　　　　　　　　(b) 生成结果

图 7 - 70　六个基本视图

2. 方法二

在零件建模时, 如果选择的草图平面不恰当, 则生成三视图或六个基本视图的图形方向就不能满足表达要求, 为此, 可使用【投影视图】命令生成所需要的视图, 其操作方法如下:

(1) 打开工程图模板文件, 单击【视图布局】工具栏上的【模型视图】按钮, 弹出【模型视图】属性管理器, 单击【浏览】按钮, 弹出【打开】对话框, 选择一个模型(如基本视图模型), 单击【打开】。

(2) 在弹出的【模型视图】属性管理器中, 勾选【方向】选项下的【预览】复选框, 当鼠标出现在绘图区时, 可以观察视图, 在【方向】栏内选择合适的视图方向, 在【显示样式】栏内设置显示模式, 在【比例】栏内设置视图比例, 在合适的位置, 单击鼠标左键, 即可生成一个模型视图。

(3) 如果勾选了【模型视图】属性管理器【选项】中的【自动开始投影视图】复选框, 在生成模型视图后, 【模型视图】属性管理器关闭, 弹出【投影视图】属性管理器, 当鼠标向上、下、左、右和斜向移动时, 可以生成相应方向的投影视图, 如图 7 - 71 所示。如果不想生成投影视图, 单击【Esc】键或确认按钮即可退出。

(4) 若要生成后视图, 可单击【投影视图】按钮, 选择左视图为父视图, 向右移动鼠标即可。

三、生成向视图的操作方法

投影视图不按默认的对齐位置放置, 即可生成向视图, 向视图应按国家标准进行标注。生成向视图的方法如下:

(1) 用鼠标右键单击要改变位置的视图, 从弹出的快捷菜单中选择【视图对齐】→【解除对齐关系】命令, 如图 7 - 72(a) 所示, 把解除了对齐关系的视图移动到所需位置。

(2) 选择该视图, 在弹出的【工程视图】属性管理器中, 勾选【箭头】复选框, 在图标栏中输入要随投影视图和其箭头显示的文字(如 A), 如图 7 - 72(b) 所示, 单击【确定】按钮, 在视图中出现投影箭头及视图名称标号。

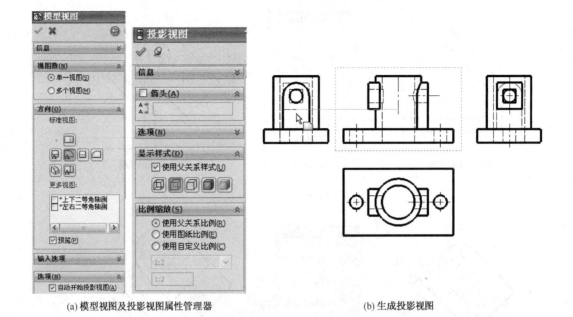

(a) 模型视图及投影视图属性管理器　　　　　　　(b) 生成投影视图

图 7-71　用投影视图命令生成基本视图

（3）单击视图标号或箭头，可移动其位置，调整结果如图 7-72(c) 所示。

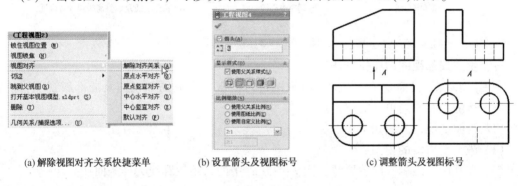

(a) 解除视图对齐关系快捷菜单　　(b) 设置箭头及视图标号　　(c) 调整箭头及视图标号

图 7-72　向视图

四、生成斜视图的操作方法

单击【视图布局】工具栏的【辅助视图】按钮，或单击【插入】→【工程视图】→【辅助视图】命令，选择视图中的参考边线，如图 7-73(a) 所示，参考边线可以是零件的边线、转向轮廓线或轴线等，弹出【辅助视图】属性管理器，如图 7-73(b) 所示，在【箭头】选项中可以编辑视图标号及更改视图的投影方向，移动鼠标到所需位置，单击左键即可生成斜视图，如图 7-73(c) 所示。

选择斜视图中圆的中心线，如图 7-74(a) 所示，弹出【中心符号线】属性管理器，如图 7-74(b) 所示，在【角度】栏中输入中心线的角度（相对于斜视图），可以调整中心线的方向；选择中心线的端点，可以调整其长度，单击【确定】按钮，关闭属性管理器。隐藏斜视图中的一些边线及调整箭头位置后的斜视图如图 7-74(c) 所示。

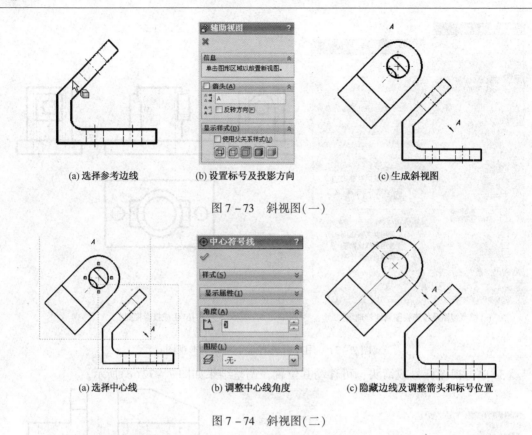

(a) 选择参考边线　　　(b) 设置标号及投影方向　　　(c) 生成斜视图

图 7 - 73　斜视图(一)

(a) 选择中心线　　　(b) 调整中心线角度　　　(c) 隐藏边线及调整箭头和标号位置

图 7 - 74　斜视图(二)

五、生成局部视图的操作方法

利用【剪裁视图】命令,可以对现有视图进行剪裁,生成局部视图及局部斜视图,使得视图所表达的内容既简单又突出重点。

剪裁视图的操作方法如下:

(1) 激活要剪裁的视图。

(2) 在视图中绘制封闭轮廓线,图 7 - 75(a)中的封闭轮廓线为样条曲线。

(3) 选择封闭轮廓,单击【视图布局】工具栏的【剪裁视图】按钮,则封闭轮廓线之外的多余部分被剪掉,结果如图 7 - 75(b)所示。

(a) 绘制封闭轮廓线　　　(b) 剪裁结果

图 7 - 75　局部斜视图

斜视图若要进行旋转配置时,其操作方法如下:

单击【前导视图】工具栏上的【旋转视图】按钮,如图 7 - 76(a)所示,选择要旋转的工程视图,或右键单击视图,然后在快捷菜单中选择【缩放/平移/旋转】→【旋转视图】命令,出现【旋转工程视图】对话框，单击并拖动视图，视图转动的角度在对话框中出现，转动视图以45°的增量捕捉。也可在工程视图角度框中键入角度(角度为正数时，视图逆时针旋转，角度为负数时，视图顺时针旋转)，然后单击【应用】按钮，关闭对话框，旋转结果如图7-76(b)所示。

(a) 旋转视图命令及旋转工程视图对话框

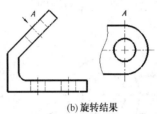
(b) 旋转结果

图7-76　旋转视图

图7-77为局部视图的剪裁方法，被剪裁的两个视图是用【辅助视图】命令生成的，主要是为了方便投影箭头的移动，封闭轮廓线的形状是根据国家标准对局部视图的规定而确定的。

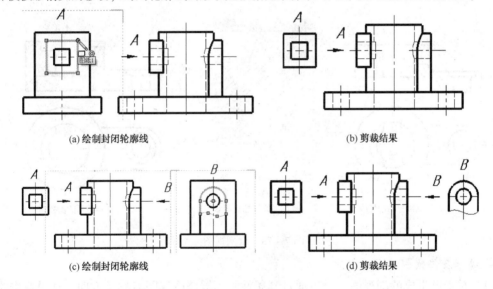

(a) 绘制封闭轮廓线

(b) 剪裁结果

(c) 绘制封闭轮廓线

(d) 剪裁结果

图7-77　局部视图

六、生成全剖视图的操作方法

1. 方法一

单击【视图布局】工具栏中的【剖面视图】 按钮，若没有预先绘制剖切线，系统会自动激活【直线】 工具，可沿模型视图的中心线绘制直线作为剖切线(剖切线应超出视图的几何边线)，如图7-78(a)所示。当绘制完直线后，直线被隐藏，并显示剖切方向箭头、视图标号及一个随鼠标移动的剖面视图结果，同时弹出【剖面视图】属性管理器，如图7-78(b)所示，在【剖切线】选项中，可调整剖切投影方向及编辑视图标号，移动鼠标至合适位置，单击左键即可生成全剖视图，如图7-78(c)所示。

2. 方法二

由于在方法一中绘制的剖切线有时很难捕捉到必要的草图几何关系，因此一般都是先绘制剖切线，再应用命令，其操作方法如下：

激活视图，单击【草图】工具栏的【中心线】[!]按钮或【直线】[\]按钮，绘制剖切线，若绘制剖切线时，不能捕捉到草图几何关系，可通过【智能尺寸】命令定位剖切线位置，然后再删除尺寸。选择剖切线，单击【视图布局】工具栏上【剖面视图】[↗]按钮，移动鼠标至合适位置，单击左键，生成全剖视图。

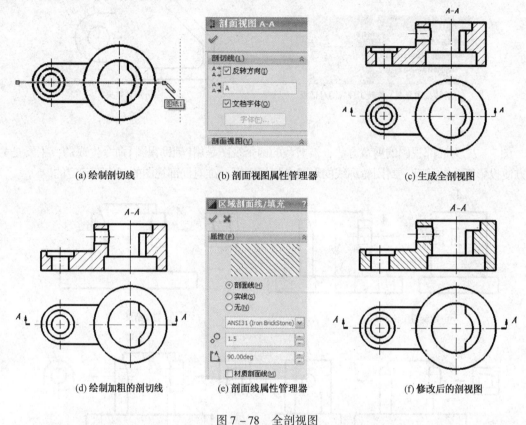

(a) 绘制剖切线　　(b) 剖面视图属性管理器　　(c) 生成全剖视图

(d) 绘制加粗的剖切线　　(e) 剖面线属性管理器　　(f) 修改后的剖视图

图 7–78　全剖视图

3. 编辑及修改剖视图的方法

（1）对于已生成的剖视图，可以通过其属性管理器修改视图名称及方向。如果双击绘图区域的剖切线，也可以改变剖切投影方向。

（2）当鼠标在箭头附近移动时，若图标[↗]的左下角出现小绿方块，单击鼠标左键，即可选择剖切线。此时，用鼠标拖动剖切线的端点，可修改剖切线的长度，若剖切线的长度被修改，生成的整个剖视图会显示阴影线，可单击【重生成】[⊗]按钮进行更新；用鼠标拖动其标号，可移动标号的位置；用鼠标拖动其箭头端点，可修改箭头的长度。

（3）在【线型】工具栏的【线粗】列表下设置线宽，激活俯视图，单击【草图】工具栏的【直线】[\]按钮，绘制加粗的两段剖切线，结果如图 7–78(d) 所示。

（4）选择剖面线，弹出【剖面线】属性管理器，如图 7–78(e) 所示。取消对于【材质剖面线】复选框的勾选，剖面线设置参数被激活，在【比例】[◯]文本框中可修改剖面线的间距，在【角度】[△]文本框中可修改剖面线的方向，修改后的结果如图 7–78(f) 所示。

当剖切线通过模型中的筋板时，如图 7–79 所示，会弹出【剖面视图】对话框，可在【特征设计树】中选择筋板，筋板处的剖面线就会被移除。

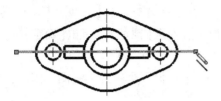

(a) 通过筋板的剖切线

(b)【剖面视图】对话框

(c) 在【特征设计树】中选择筋板

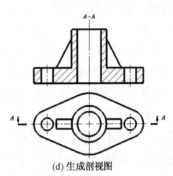

(d) 生成剖视图

图 7-79　有筋板的剖视图

七、生成半剖视图的操作方法

（1）绘制剖切范围线。如图 7-80(a) 所示，在主视图上绘制一个矩形作为剖切范围线，要求矩形的一条边线与图形的对称线重合，矩形应超过剖视图边线。

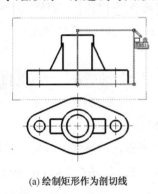

(a) 绘制矩形作为剖切线

(b)【断开的剖视图】属性管理器

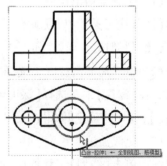

(c) 选择圆指定剖切深度

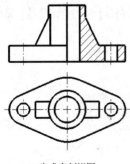

(d) 生成半剖视图

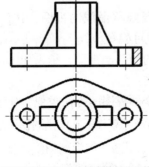

(e) 取消填充的剖面线及绘制筋板分界线

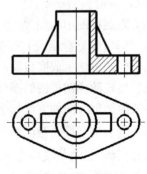

(f) 填充剖面线及隐藏边线

图 7-80　半剖视图

（2）生成半剖视图。选择剖切范围线，单击【视图布局】工具栏上【断开的剖视图】⬚按钮，弹出【断开的剖视图】属性管理器，如图 7 – 80(b) 所示，在【深度】中，选择【深度参考】，单击俯视图中圆的边线，如图 7 – 80(c) 所示，勾选【预览】，单击【确定】✅按钮，即可生成半剖视图，如图 7 – 80(d) 所示。

注意：①断开的剖视图为现有工程视图的一部分，而不是单独的视图。因此，应先生成视图，然后再在该视图上绘制剖切范围线。

② 剖切【深度】的计算是从模型上距离图纸最远的点开始的，因此只有准确地计算好剖切深度，才能得到所需的剖视图。在实际应用过程中，使用圆形边线的情况比较多，使用圆形边线指定深度的结果为：剖切深度通过圆形边线的圆心。

③ 不能在局部视图、剖面视图或交替位置视图上生成断开的剖视图。

（3）在生成的剖视图中，如果筋板处有剖面线，可用鼠标左键单击剖面线区域，在弹出的【剖面线】属性管理器中，取消对于【材质剖面线】复选框的勾选，剖面线设置参数被激活，选择【无】可取消剖面线的填充。再用画线命令绘制筋板与临界部分的分界线，如图 7 – 80(e) 所示。单击【注解】工具栏中的【区域剖面线/填充】◨命令，重新填充剖面线，完成剖面线的修改，如图 7 – 80(f) 所示。

（4）选择与图形对称线重合的边线，单击鼠标右键，在弹出的快捷菜单中单击【隐藏边线】命令即可隐藏所选的边线，如图 7 – 80(f) 所示。

八、生成局部剖视图的操作方法

生成局部剖视图的方法与生成半剖视图的方法类似，只不过要用曲线作为剖切范围线。

（1）绘制剖切范围线。选择视图，在弹出的【工程视图 1】属性管理器【显示样式】中，选择【隐藏线可见】，以便确定局部剖视图的剖切范围。单击【草图】工具栏的【样条曲线】◠按钮，绘制剖切范围线，如图 7 – 81(a) 所示。

（2）生成局部剖视图。选择剖切范围线，单击【视图布局】工具栏上【断开的剖视图】⬚按钮，在【深度】中，选择【深度参考】，单击俯视图中圆的边线，如图 7 – 81(b) 所示，勾选【预览】，单击【确定】✅按钮，即可生成局部剖视图，如图 7 – 81(c) 所示。

（3）更改波浪线线宽。由于国标规定波浪线应为细线，所以要修改波浪线的线宽。选择波浪线，单击【线型】工具栏中的【线粗】▤按钮，设置线宽为 0.25，如图 7 – 81(d) 所示，结果如图 7 – 81(e) 所示。

（4）隐藏视图中的虚线。选择要隐藏虚线的视图，在【工程视图】属性管理器【显示样式】中，选择【消除隐藏线】选项，便可隐藏虚线。

用同样的方法生成底板及凸台的局部剖视图，结果如图 7 – 81(f) 所示。

九、生成阶梯剖视图的操作方法

生成阶梯剖视图的方法与生成全剖视图的方法类似，如图 7 – 82 所示。

（1）绘制剖切线。激活视图，单击【草图】工具栏的【中心线】▯按钮或【直线】◣按钮，绘制几段折线（这些折线应首尾相连、正交）作为剖切线，如图 7 – 82(a) 所示。

（2）选择剖切线。按住 Ctrl 键，复选绘制的剖切线。

（3）生成阶梯剖视图。单击【视图布局】工具栏上【剖面视图】◱按钮，移动鼠标至合适

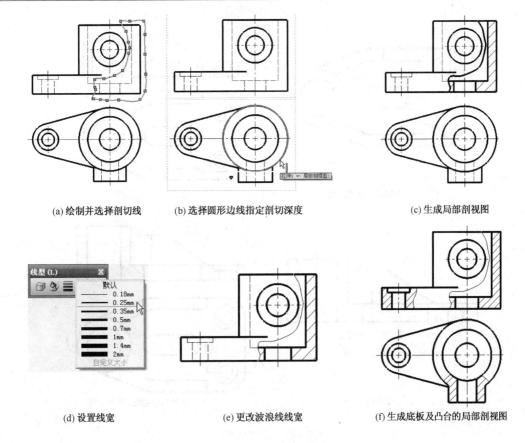

(a) 绘制并选择剖切线　　　(b) 选择圆形边线指定剖切深度　　　(c) 生成局部剖视图

(d) 设置线宽　　　　(e) 更改波浪线线宽　　　(f) 生成底板及凸台的局部剖视图

图 7 - 81　局部剖视图

位置，单击左键，生成阶梯剖视图，如图 7 - 82(b)所示。

（4）隐藏转折处的边线。选择需要隐藏的边线，单击鼠标右键，在弹出的快捷菜单中选择【隐藏边线】命令，如图 7 - 82(c)所示。

（5）在剖切路径的起点—转折点—终点绘制加粗的剖切线，在转折点添加字母，如图 7 - 82(d)所示。

十、生成旋转剖视图的操作方法

利用【旋转剖视图】命令可生成由两个相交剖切面剖切(旋转剖)获得的全剖视图。其使用方法和【剖面视图】命令相似，所不同的是，该命令需要绘制两条成一定角度且连续的直线段生成旋转剖视图。

（1）绘制剖切线。激活视图，单击【草图】工具栏的【中心线】按钮或【直线】按钮，绘制两条相交的直线作为剖切线，交点应与回转轴重合，如图 7 - 83(a)所示。

（2）选择剖切线。按住 Ctrl 键，要先选斜线，再选平行于投影面的直线，因为系统默认生成的旋转剖视图投射方向与最后所选择的剖切线箭头方向一致，如图 7 - 83(b)所示。

（3）单击【视图布局】工具栏上【剖面视图】命令下的【旋转剖视图】按钮，移动鼠标至合适位置，单击左键，生成旋转剖视图，如图 7 - 83(c)所示。

（4）在剖切路径的起点—转折点—终点绘制加粗的剖切线，在转折点添加字母，如图 7 - 83(d)所示。

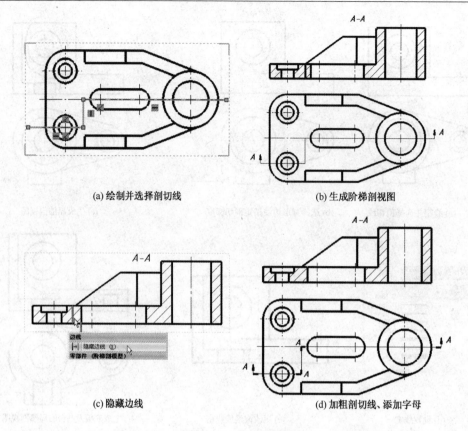

(a) 绘制并选择剖切线

(b) 生成阶梯剖视图

(c) 隐藏边线

(d) 加粗剖切线、添加字母

图 7 – 82　阶梯剖视图

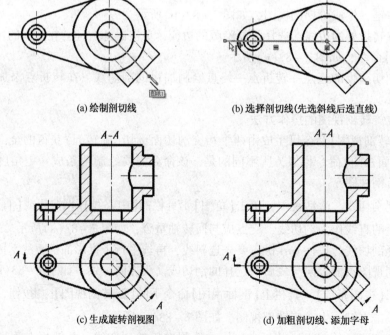

(a) 绘制剖切线

(b) 选择剖切线(先选斜线后选直线)

(c) 生成旋转剖视图

(d) 加粗剖切线、添加字母

图 7 – 83　旋转剖视图

十一、生成断面图的操作方法

生成断面图的方法与生成全剖视图的方法类似，只不过要在【剖面视图】属性管理器的【剖面视图】选项中，勾选【只显示切面】复选框。图7–84为生成移出断面图的方法。图7–85为生成重合断面图的方法，由于重合断面图的轮廓线应为细实线，因此要选择断面图的边线，单击鼠标右键，在弹出的快捷菜单中选择【零部件线型】，在【零部件线型】对话框中，将【使用文档默认值】取消，在【线粗】栏内设置可见边线为细线宽。

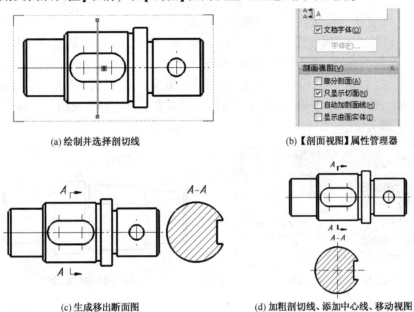

(a) 绘制并选择剖切线　　　　　　　　　(b)【剖面视图】属性管理器

(c) 生成移出断面图　　　　　　　　　(d) 加粗剖切线、添加中心线、移动视图

图7–84　移出断面图

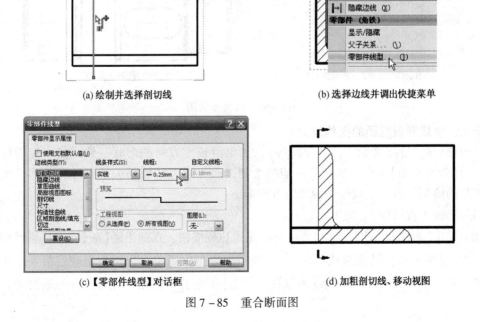

(a) 绘制并选择剖切线　　　　　　　　　(b) 选择边线并调出快捷菜单

(c)【零部件线型】对话框　　　　　　　　　(d) 加粗剖切线、移动视图

图7–85　重合断面图

十二、生成局部放大图的操作方法

利用【局部视图】命令，可以生成局部放大图。

局部视图可以是正交视图、空间等轴测视图、剖面视图、裁剪视图、爆炸装配体视图或另一局部视图。

生成局部放大图的操作方法如下：

(1) 单击【视图布局】工具栏上【局部视图】按钮，或单击【插入】→【工程视图】→【局部视图】命令，在要建立局部放大图的部位绘制圆。

(2) 弹出【局部视图】属性管理器，如图 7 - 86(a)所示，在【样式】选项中设置局部放大图是否带引线及视图标号，在【比例缩放】选项中设置放大比例，在绘图区移动鼠标，显示视图的预览框，选择合适的位置，单击左键即可生成局部视图(即局部放大图)，如图 7 - 86(b)所示。图 7 - 86(c)和(d)为有引线的局部放大图样式设置及图形。

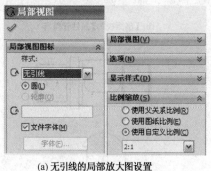
(a) 无引线的局部放大图设置

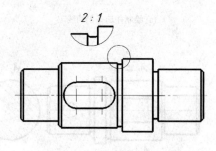
(b) 无引线的局部放大图

(c) 有引线的局部放大图设置

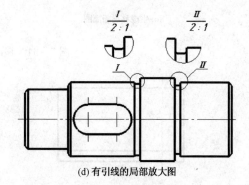
(d) 有引线的局部放大图

图 7 - 86　局部放大图

十三、生成断裂视图的操作方法

对于较长的机件(如轴、杆、型材等)，如果沿长度方向的形状一致或按一定规律变化时，可用【断裂视图】命令将其断开后缩短绘制，而与断裂区域相关的参考尺寸和模型尺寸反映实际的模型数值。生成断裂视图的方法如下：

(1) 选择工程视图。

(2) 单击【视图布局】工具栏上的【断裂视图】按钮，在弹出的【断裂视图】属性管理器中，设置【缝隙大小】及【折断线样式】。在视图中适当位置单击鼠标左键确定第一条折断线的位置，移动鼠标到第二条折断线的位置，单击【确定】按钮，即可生成断裂视图，如图 7 - 87所示。

修改断裂视图的方法如下：

（1）要改变折断线的形状，用鼠标右键单击折断线，从快捷键菜单中选择一种样式即可。

（2）要改变折断线的位置，用鼠标左键拖动折断线即可。

（3）要改变折断线间距的宽度，用鼠标左键单击折断线，弹出【断裂视图】属性管理器，在【缝隙大小】下的文本框中输入新的数值即可。

（4）用鼠标右键单击断裂视图，从快捷菜单中选择【撤销断裂视图】可将断裂视图恢复为未断裂时的状态。

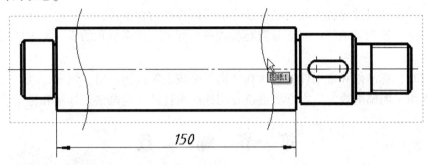

(a) 放置折断线的位置

(b)【断裂视图】属性管理器

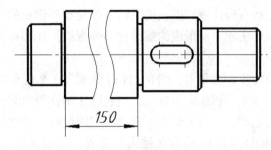

(c) 生成断裂视图

图 7 - 87　断裂视图

第八章 标准件和常用件

在各种机器或设备中，螺栓、螺柱、螺钉、螺母、垫圈、键、销、齿轮、轴承和弹簧等机件被广泛使用。为便于批量生产，提高劳动生产率，降低生产成本，确保优良的产品质量，其结构和尺寸应进行全部或部分标准化，由专业生产厂家生产加工，使用时可直接选购。其中，结构和尺寸等各方面均已标准化的零部件称为标准件，如螺栓、螺柱、螺钉、螺母、垫圈、键、销和轴承等；而部分重要参数进行标准化或系列化的零件称为常用件，如齿轮和弹簧等。

在绘图时，标准件和常用件的形状和结构不必按真实投影画出，国家标准对其画法、代号和标记都作了明确的规定。本章将重点介绍这些机件的规定画法、标注和标记。

第一节 螺 纹

一、螺纹的形成

螺纹是指在圆柱或圆锥表面上沿着螺旋线所形成的具有规定牙型的连续凸起和沟槽。在圆柱或圆锥外表面上所形成的螺纹称为外螺纹；在圆柱或圆锥内表面上所形成的螺纹称为内螺纹。

螺纹的加工方法很多，图8-1(a)所示为在车床车削外螺纹的情况，首先将圆柱形工件装卡在与车床主轴相连的卡盘上，使它随主轴作等速圆周转动，同时使车刀沿工件轴线方向作等速直线运动，当刀尖切入工件达一定深度时，就在工件的表面上车削出外螺纹。内螺纹的加工可如图8-1(b)所示在钻床上完成，先用钻头钻出光孔，再用丝锥攻丝，加工出内螺纹。

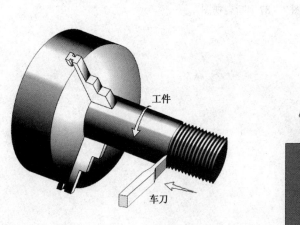

(a)车床加工外螺纹   (b)丝锥加工内螺纹

图8-1 螺纹加工方法

二、螺纹的要素

内、外螺纹连接时，下列要素必须一致。

1. 牙型

在通过螺纹轴线的断面上，螺纹的轮廓形状称为螺纹的牙型。常用的螺纹牙型有三角形、梯形、锯齿形和矩形等。螺纹的牙型不同，其作用也不相同。表 8 - 1 为常用标准螺纹牙型和用途说明。

表 8 - 1 常用标准螺纹牙型和用途

螺纹种类			螺纹特征代号	牙型放大图	说　明
连接螺纹	普通螺纹	粗牙	M	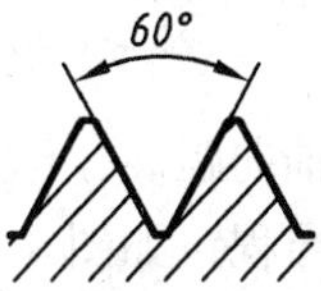	主要起到连接作用。粗牙螺纹常用于一般连接，细牙螺纹多用于薄壁或精密零件的连接
		细牙			
	管螺纹	55°非密封管螺纹	G	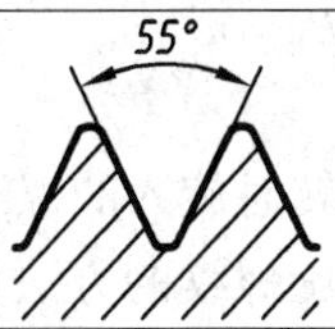	内外螺纹均为圆柱螺纹。螺纹副本身不具有绝对密封性。适用于管子、阀门、管接头、旋塞和其他管路附件的螺纹连接
		55°密封管螺纹	R_p R_1 R_c R_2	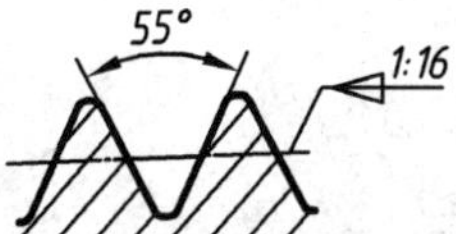	有两种连接形式：圆柱内螺纹 R_p 与圆锥外螺纹 R_1 和圆锥内螺纹 R_c 与圆锥外螺纹 R_2。圆柱内螺纹牙型与55°非螺纹密封管螺纹相同。螺纹副本身具有密封性。适用于管子、阀门、管接头、旋塞和其他管路附件的螺纹连接
传动螺纹		梯形螺纹	Tr	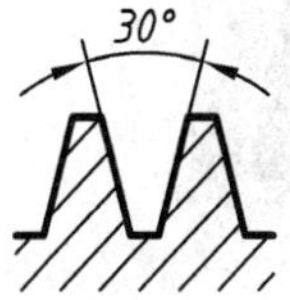	用于传递运动和动力，如机床丝杠等
		锯齿形螺纹	B	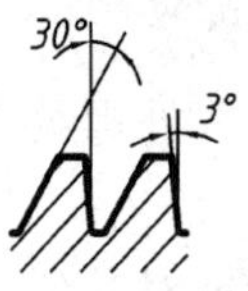	用于传递单向动力，如千斤顶螺杆等

2. 公称直径

公称直径是代表螺纹尺寸的直径，一般指螺纹的大径(管螺纹用尺寸代号来表示)。
螺纹直径如图 8 - 2 所示：

(1) 大径(d、D)　与外螺纹的牙顶或内螺纹的牙底相重合的假想圆柱的直径。

(2) 小径(d_1、D_1)　与外螺纹的牙底或内螺纹的牙顶相重合的假想圆柱的直径。

(3) 中径(d_2、D_2)　在大径和小径之间一假想圆柱的直径，其母线通过牙型上沟槽宽度和凸起宽度相等处。

3. 线数(n)

螺纹有单线和多线之分。如图 8 - 3(a)所示，沿一条螺旋线所形成的螺纹称为单线螺

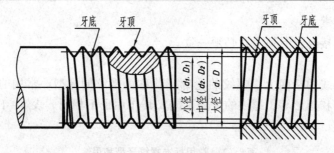

图 8-2　螺纹的直径

纹；如图 8-3(b)所示，沿轴向等距离分布的两条或两条以上螺旋线所形成的螺纹称为多线螺纹。

4. 螺距(P)和导程(P_h)

相邻两牙在中径线上对应两点间的轴向距离，称为螺距；沿着同一条螺旋线，相邻两牙在中径线上对应两点间的轴向距离称为导程，如图 8-3 所示。单线螺纹的导程与螺距相等，多线螺纹导程、线数和螺距的关系为：$P_h = nP$。

5. 旋向

螺纹有右旋和左旋之分。顺时针旋转时旋入的螺纹称为右旋螺纹；逆时针旋转时旋入的螺纹称为左旋螺纹。判断左旋螺纹和右旋螺纹的方法如图 8-4 所示，左高为左旋螺纹，右高为右旋螺纹。工程上常用右旋螺纹。

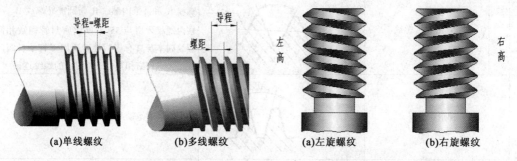

(a)单线螺纹　　(b)多线螺纹　　(a)左旋螺纹　　(b)右旋螺纹

图 8-3　螺纹的线数　　　　图 8-4　螺纹的旋向

只有当上述五个要素完全相同时，内、外螺纹才能正确旋合使用。

三、螺纹的种类

为了便于螺纹的设计和制造，国家标准对其牙型、大径和螺距作了统一的规定。当这三个要素都符合标准时，称为标准螺纹，包括普通螺纹、管螺纹、梯形螺纹和锯齿形螺纹等。凡牙型不符合标准的螺纹，称为非标准螺纹，如矩形螺纹。若牙型符合标准，而大径或螺距不符合标准，称为特殊螺纹。

螺纹按用途可分为：连接螺纹和传动螺纹。具体的分类情况见表 8-1。注意表中粗牙普通螺纹和细牙普通螺纹的区别在于：螺纹的大径相同而螺距不同，粗牙普通螺纹的螺距只有一种(在使用时，一般不需要注明螺距)，而细牙普通螺纹的螺距有多种(在使用时，必须注明螺距)。

四、螺纹的规定画法

为便于制图，国家标准(GB/T 4459.1—1995)规定了螺纹的画法。

1. 外螺纹的规定画法

国标规定,外螺纹的大径(牙顶圆)及螺纹终止线用粗实线表示,小径(牙底圆)用细实线表示,小径一般画成大径的0.85倍,如图8-5(a)所示。在平行螺杆轴线投影面的视图中,螺杆的倒角或倒圆部分也应画出;在垂直螺纹轴线投影面的视图中,表示小径(牙底圆)的细实线圆只画约3/4圈,此时螺纹的倒角圆省略不画。外螺纹终止线被剖开时,螺纹终止线只画出表示牙型高度的部分;剖面线画到代表大径的粗实线为止,如图8-5(b)所示。

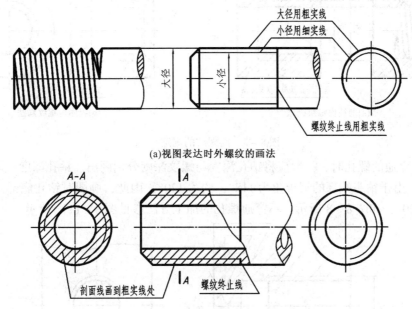

(a)视图表达时外螺纹的画法

(b)剖视图表达时外螺纹的画法

图8-5 外螺纹的规定画法

车削螺纹的刀具接近螺纹末尾时,要逐渐离开工件,因而产生不完整螺纹牙型,如图8-6(a)所示。螺尾一般不画出,如需要表示时,螺尾部分的牙底用与轴线成30°的细实线绘制,如图8-6(b)所示。为避免螺尾的产生,也可以预先在螺纹末尾处加工出退刀槽,然后再车削螺纹,如图8-6(c)所示。

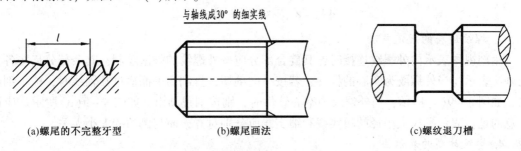

(a)螺尾的不完整牙型　　　　(b)螺尾画法　　　　(c)螺纹退刀槽

图8-6 外螺纹的螺尾

2. 内螺纹的规定画法

在剖视图中大径(牙底圆)为细实线,小径(牙顶圆)和螺纹终止线为粗实线,如图8-7(a)所示。在视图中大径、小径和螺纹终止线皆为虚线,如图8-7(b)所示。在垂直于螺纹轴线投影面的视图中，大径(牙底圆)仍画成 3/4 圈的细实线圆，并规定螺纹孔的倒角圆也省略不画。

无论是外螺纹还是内螺纹，在剖视图或断面图中的剖面线均应画到粗实线，如图 8-5(b)和图 8-7(a)所示。

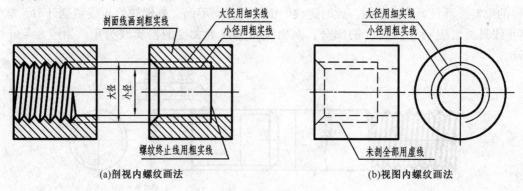

(a)剖视内螺纹画法   (b)视图内螺纹画法

图 8-7　内螺纹的规定画法

绘制不穿通的螺孔时，一般应将钻孔深度与螺纹深度分别画出。钻孔深度一般比螺孔深度深 0.5D。由于钻头端部的刃锥角为 118°，约为 120°，因此，画图时钻孔底部圆锥坑的锥角简化成 120°，如图 8-8 所示。不穿通螺孔的加工方法参见图 8-1(b)所示。

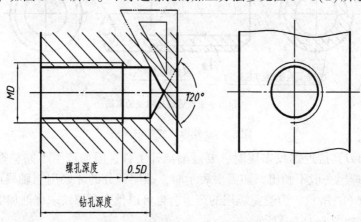

图 8-8　不穿通螺孔的画法

3. 螺纹连接的规定画法

用剖视图表示内外螺纹连接时，其旋合部分应按外螺纹的画法绘制，其余部分仍按各自的画法表示。当外螺纹为实心的杆件，若按纵向剖切，且剖切平面通过其轴线时，按不剖画出，如图 8-9(a)所示；当外螺纹为空心管件时，则按剖视画出，如图 8-9(b)所示。应该注意的是：表示螺纹大小径的粗实线和细实线应分别对齐，而与倒角的大小无关。

4. 螺纹牙型的表示法

当需要表示螺纹牙型时，应用如图 8-10 所示的局部剖视图或局部放大图的形式画出。

5. 螺纹孔相交的画法

螺纹孔相交时，需画出钻孔的相贯线，其余仍按螺纹画法画出，如图 8-11 所示。

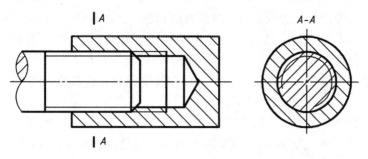

(a)外螺纹为实心杆件时内外螺纹连接画法

(b)外螺纹为空心管件时内外螺纹连接画法

图 8 - 9 螺纹连接的画法

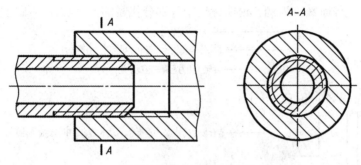

(a)剖视内螺纹画法   (b)视图内螺纹画法

图 8 - 10 螺纹牙型表示法

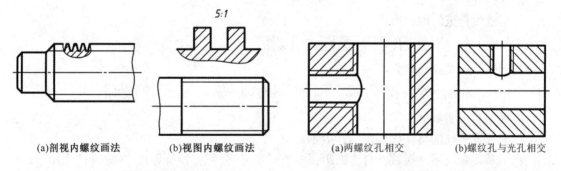

(a)两螺纹孔相交   (b)螺纹孔与光孔相交

图 8 - 11 螺纹孔相交的画法

五、螺纹的标注方法

不同类型和规格的螺纹其规定画法相同,为了区分,还必须在图上进行相应的标注,国家标准规定了标准螺纹标记的内容和标注方法。

1. 标准螺纹的标记

1)普通螺纹的标记

普通螺纹标记的内容为:

$\boxed{\text{螺纹特征代号}}$ $\boxed{\text{尺寸代号}}$ $-\boxed{\text{螺纹中、顶径公差带代号}}$ $-\boxed{\text{旋合长度代号}}$ $-\boxed{\text{旋向}}$

各项内容说明如下:

(1)普通螺纹的特征代号用"M"表示。

(2)单线普通螺纹的尺寸代号为"公称直径×螺距",对粗牙螺纹,可以省略其螺距项;多线普通螺纹的尺寸代号为"公称直径×P_h导程P螺距"。

(3)公差带代号表示尺寸的允许变动范围,中径公差带代号在前,顶径公差带代号在后。各直径的公差带代号由表示公差等级的数值和表示公差带位置的字母(内螺纹用大写字母；外螺纹用小写字母)组成。如果中径公差带代号与顶径公差带代号相同，则只标注一个公差带代号，当公称直径大于或等于 1.6mm 时，内螺纹的 6H 和外螺纹的 6g 省略不标。

(4) 螺纹旋合长度分短旋合长度、中等旋合长度和长旋合长度三组，分别用符号"S"、"N"、"L"表示。中等旋合长度"N"不标注。

(5) 对左旋螺纹，应在旋合长度代号之后标注"LH"代号。右旋螺纹不标注旋向代号。

【示例 1】　公称直径为 16mm，螺距为 1.5mm，导程为 3mm 的双线普通螺纹的标记为：$M16 \times P_h 3P1.5$。

下面以一细牙普通螺纹为例，说明标记中各部分代号的含义和注写规定。

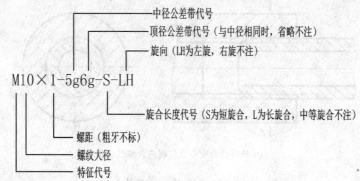

2) 梯形螺纹的标记

梯形螺纹标记的内容为：

$$\boxed{螺纹代号} - \boxed{螺纹中径公差带代号} - \boxed{旋合长度代号}$$

梯形螺纹的螺纹代号为：

$$\boxed{螺纹特征代号}\ \boxed{公称直径} \times \boxed{螺距或导程(P 螺距)}\ \boxed{旋向}$$

各项内容说明如下：

(1) 梯形螺纹的特征代号用"Tr"表示。

(2) 单线螺纹不注线数，只注螺距；多线螺纹用"公称直径×导程(P 螺距)"表示。

(3) 右旋螺纹不注旋向；左旋螺纹需在螺纹代号中尺寸规格之后加注"LH"，如"$Tr40 \times 14(P7)LH - 8e - L$"。

(4) 梯形螺纹的公差带代号只标注中径公差带代号。当旋合长度为中等旋合长度时，不标注旋合长度代号；而旋合长度为长旋合时，需注出旋合长度代号"L"；特殊需要时，可注明旋合长度数值，如"$Tr40 \times 7 - 7e - 140$"。

【示例 2】　公称直径为 36mm，导程为 12mm，螺距为 6mm，螺纹中径公差带为 7e，中等旋合长度，左旋双线梯形螺纹的标记为：$Tr36 \times 12(P6)LH - 7e$。

3) 锯齿形螺纹的标记

锯齿形螺纹标记与梯形螺纹标记相似。其特征代号为 B。

4) 管螺纹的标记

管螺纹分 55°非螺纹密封管螺纹和 55°用螺纹密封管螺纹，它们的规定标记如下：

(1) 55°非螺纹密封管螺纹

55°非密封管螺纹标记的内容为：

外螺纹：| 螺纹特征代号 | 尺寸代号 | 公差等级（A 级或 B 级） | － 旋向 |

内螺纹：| 螺纹特征代号 | 尺寸代号 | 旋向 |

各项内容说明如下：

55°非螺纹密封管螺纹特征代号用"G"表示，尺寸代号用英制的数值英寸表示。外螺纹的公差等级分 A 级和 B 级两种，A 级为精密级，B 级为粗糙级。内螺纹只有一种公差，所以在内螺纹的标记中不注公差等级。左旋螺纹在公差等级代号或尺寸代号后加注"LH"，右旋不注。

【示例 3】　尺寸代号为 1/2，公差等级为 A 级的 55°非密封右旋外管螺纹的标记为：G1/2A。

（2）55°螺纹密封管螺纹

55°螺纹密封管螺纹标记的内容为：| 螺纹特征代号 | 尺寸代号 | 旋向 |

各项内容说明如下：

55°螺纹密封管螺纹特征代号有 R_p（圆柱内螺纹）、R_1（与圆柱内螺纹相配合的圆锥外螺纹）、R_c（圆锥内螺纹）和 R_2（与圆锥内螺纹相配合的圆锥外螺纹）四种。尺寸代号用英制的数值英寸表示。当螺纹为左旋时，在尺寸代号之后加注"LH"，右旋不注。

【示例 4】　尺寸代号为 3/4 的右旋圆柱内螺纹的标记为：R_p3/4。

2. 标准螺纹的标注方法

表 8-2 为标准螺纹的标注示例。需要注意：普通螺纹、梯形螺纹和锯齿形螺纹的标记应直接注写在大径的尺寸线上；管螺纹标记注写在大径处的引出线上。

3. 特殊螺纹的标注

特殊螺纹标注时应在牙型符号前加注"特"字，并标注大径和螺距，如图 8-12 所示。

4. 非标准螺纹的标注

非标准螺纹标注时应标出螺纹的大径、小径、螺距和牙型的全部尺寸，如图 8-13 所示。

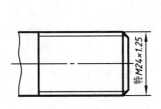

图 8-12　特殊螺纹的标注

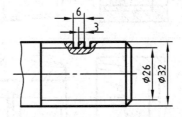

图 8-13　非标准螺纹的标注

表 8-2　标准螺纹的标注方法

螺纹种类		标　注　示　例	标　记　说　明
普通螺纹	粗牙	M16-5g6g-S　　M16-S	粗牙普通螺纹，大径 16mm，单线，右旋；外螺纹的中径和顶径公差带代号分别为 5g、6g，内螺纹中径和顶径的公差带代号均为 6H；短旋合长度

续表

螺纹种类		标 注 示 例	标 记 说 明
普通螺纹	细牙	 M16×1.5-5g6g	细牙普通外螺纹，大径 16mm，螺距 1.5mm，单线，右旋；中径和顶径公差带代号分别为 5g、6g；中等旋合长度
梯形螺纹		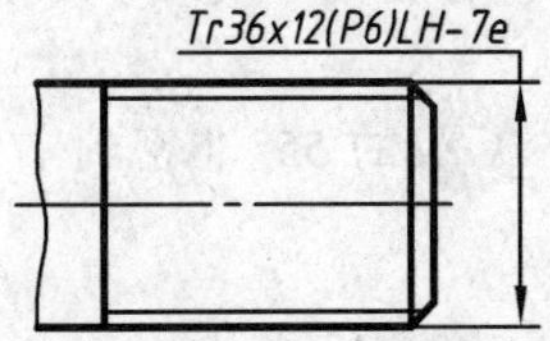 Tr36×12(P6)LH-7e	左旋梯形外螺纹，大径 36mm，螺距 6mm，双线，导程 12mm；中径公差带代号为 7e；中等旋合长度
锯齿形螺纹		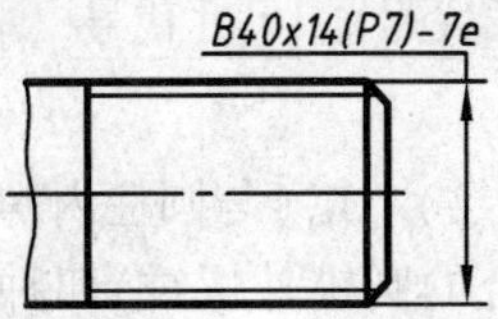 B40×14(P7)-7e	右旋锯齿形外螺纹，大径 40mm，双线，螺距 7mm，导程 14mm；中径公差带代号为 7e；中等旋合长度
管螺纹	55°非密封管螺纹	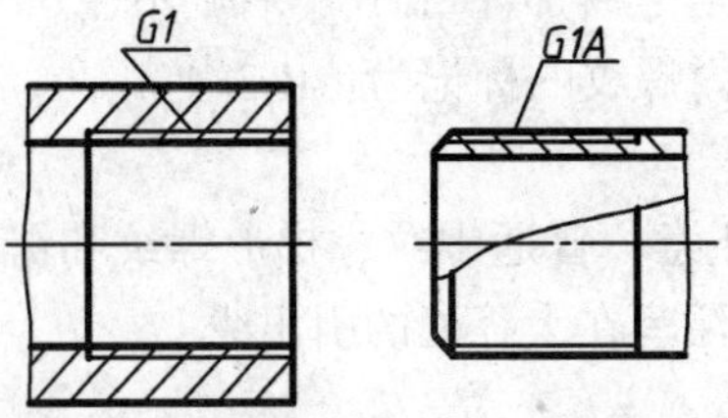 G1　　G1A	55°非密封管螺纹，外螺纹公差等级为 A 级，尺寸代号为 1；内螺纹尺寸代号为 1；内外螺纹均是右旋螺纹
	55°密封管螺纹	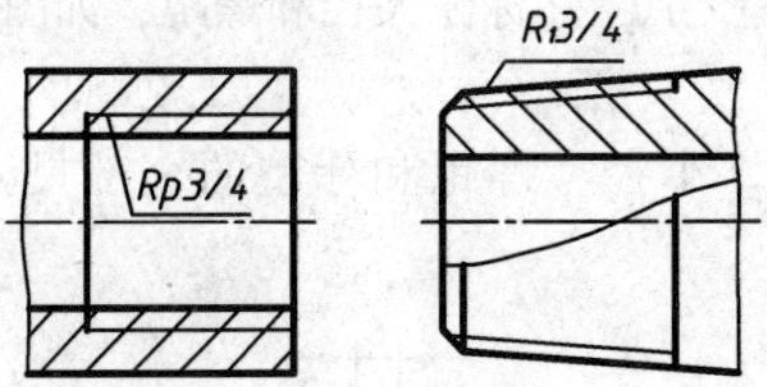 Rp3/4　　R₁3/4	55°密封圆柱内管螺纹与 55°密封圆锥外管螺纹，尺寸代号均为 3/4；内外螺纹都是右旋
		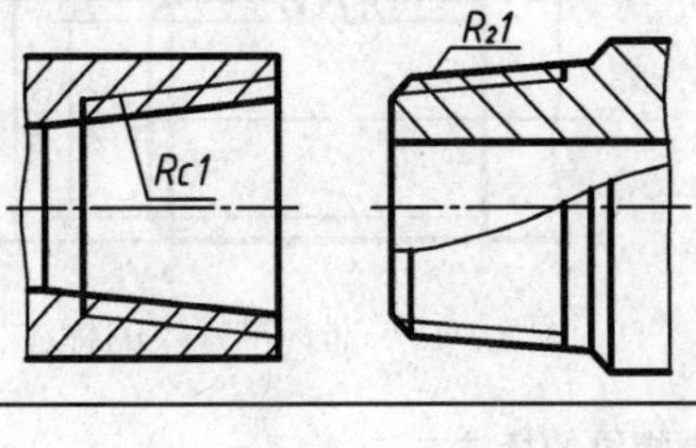 Rc1　　R₂1	55°密封圆锥内管螺纹与 55°密封圆锥外管螺纹，尺寸代号均为 1；内外螺纹都是右旋

第二节　螺纹紧固件

一、螺纹紧固件的种类与标记

螺纹紧固件的种类很多，常用的有螺栓、双头螺柱、螺母、螺钉和垫圈等，如图 8－14 所示。

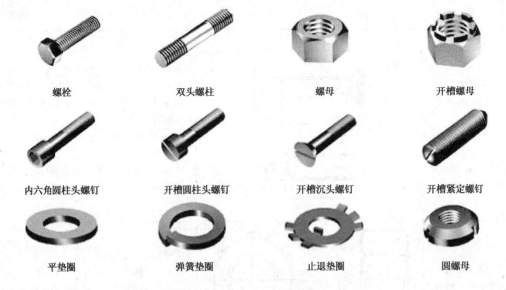

螺栓　　　　双头螺柱　　　　螺母　　　　开槽螺母

内六角圆柱头螺钉　　开槽圆柱头螺钉　　开槽沉头螺钉　　开槽紧定螺钉

平垫圈　　　弹簧垫圈　　　止退垫圈　　　圆螺母

图 8 – 14　常用的螺纹紧固件

常用的螺纹紧固件都是标准件，其结构、型式、尺寸和技术要求等都可以根据标记从标准中查得，不需要画出零件图。在设计时，只需注明其规定标记，选购即可。螺纹紧固件标记的一般格式如下：

　　紧固件名称　　国标编号　　规格　　性能等级

表 8 – 3 列举了常用的螺纹紧固件的标记及其说明。

表 8 – 3　常用螺纹紧固件标记

名称及标准编号	简　图	简化标记及说明
六角头螺栓 GB/T 5782—2000	M12　50	螺栓 GB/T 5782 M12×50 表示螺纹规格 d = M12、公称长度 l = 50mm、性能等级为 8.8 级、表面氧化、产品等级为 A 的六角头螺栓
双头螺柱 $b_m = 1.5d$ GB/T 899—1988	B型 b_m　50　M10	螺柱 GB/T 899 M10×50 表示两端均为粗牙普通螺纹、d = M10、l = 50mm、性能等级为 4.8 级、不经表面处理、B 型、$b_m = 1.5d$ 的双头螺柱
开槽圆柱头螺钉 GB/T 65—2000	50　M10	螺钉 GB/T 65 M10×50 表示螺纹规格 d = M10、公称长度 l = 50mm、性能等级为 4.8 级、不经表面处理的 A 级开槽圆柱头螺钉

名称及标准编号	简　图	简化标记及说明
开槽沉头螺钉 GB/T 68—2000	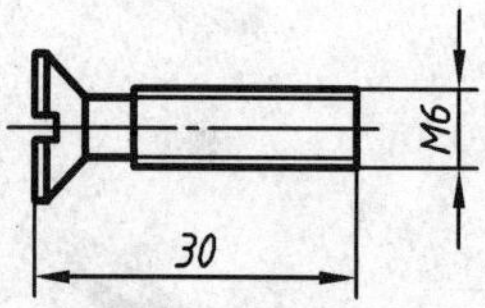 M6 30	螺钉 GB/T 68 M6×50 表示螺纹规格 d = M6、公称长度 l = 30mm、性能等级为 4.8 级、不经表面处理的 A 级开槽沉头螺钉
开槽锥端紧定螺钉 GB/T 71—2000	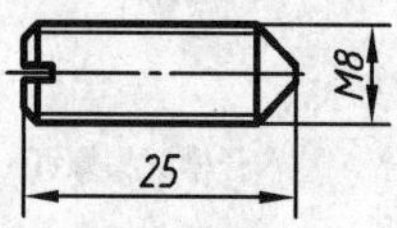 M8 25	螺钉 GB/T 71 M8×25 表示螺纹规格 d = M8、公称长度 l = 25 mm、性能等级为 14H 级、表面氧化的开槽锥端紧定螺钉
Ⅰ型六角螺母 GB/T 6170—2000	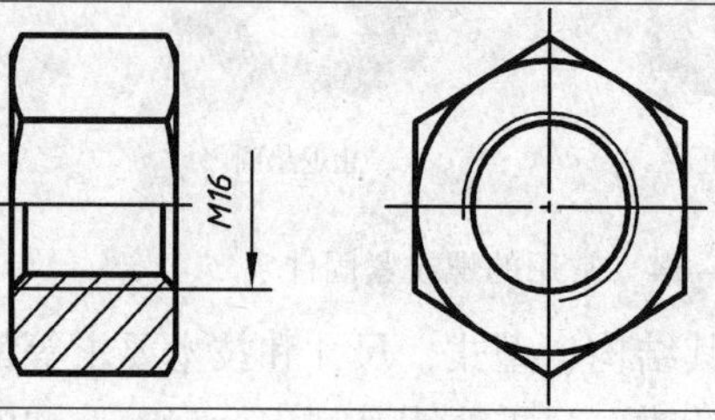 M16	螺母 GB/T 6170 M16 表示普通螺纹,大径 d = M16、性能等级为 8 级、不经表面处理、产品等级为 A 级的 Ⅰ 型六角螺母
平垫圈 A 级 GB/T 97.1—2002	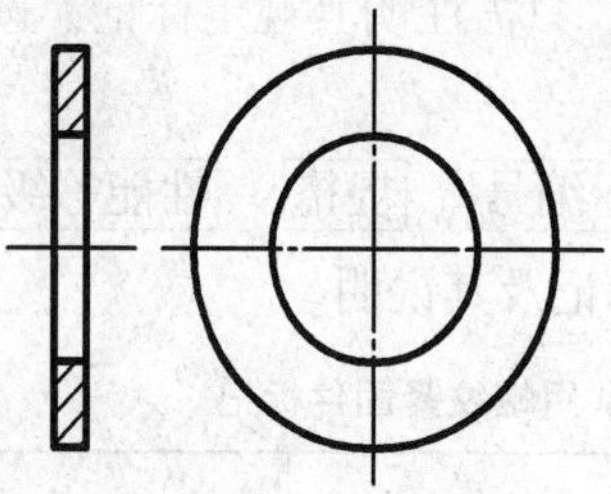	垫圈 GB/T 97.1 8 表示标准系列、公称规格为 8mm、由钢制造的硬度等级为 200HV 级、不经表面处理、产品等级为 A 级的平垫圈

二、螺纹紧固件的比例画法

在画螺纹紧固件装配图时,为了作图方便,提高画图速度,螺纹紧固件各部分尺寸(除公称长度外)都可按照公称直径 d(或 D)的一定比例画出,称为比例画法。需要注意的是:比例画法作出的图形尺寸与紧固件的实际尺寸是有出入的,如需获取紧固件的实际尺寸,必须从相关标准中查得。

下面分别介绍六角螺母、六角螺栓、双头螺柱和垫圈的比例画法。

1. 螺母

螺母绘制方法如图 8 - 15 所示。

2. 螺栓

螺栓由头部和螺杆两部分组成,端部有倒角。六角头螺栓的头部厚度在比例画法中取 $0.7d$,其余尺寸关系和画法与螺母相同,如图 8 - 16 所示。

3. 双头螺柱

双头螺柱的画法如图 8 - 17 所示,b_m 表示双头螺柱旋入端的长度,该长度根据国标规定绘制。

4. 垫圈

垫圈各部分的尺寸按相配合的螺纹紧固件的大径的一定比例画出,为了便于安装,垫圈中间的通孔直径应比螺纹的大径大些，垫圈的画法如图 8 – 18 所示。

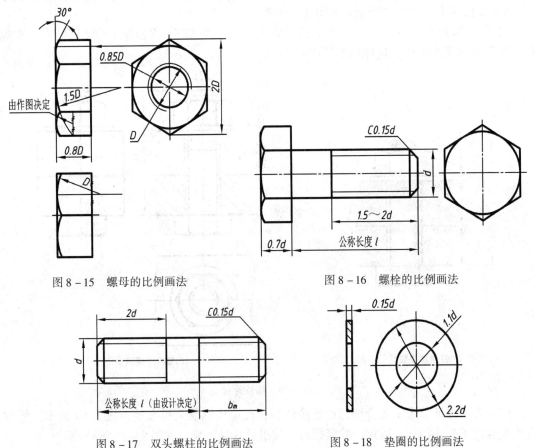

图 8 – 15　螺母的比例画法　　　　　　图 8 – 16　螺栓的比例画法

图 8 – 17　双头螺柱的比例画法　　　图 8 – 18　垫圈的比例画法

三、螺纹紧固件连接(装配图)的规定画法

在画螺纹紧固件连接装配图时，应遵守下列规定：

(1) 两零件的接触表面只画一条粗实线，不接触表面应画两条线，如间隙太小，可采用夸大的画法画出。

(2) 在剖视图中，相邻的两金属零件，其剖面线方向应相反或间隔不等。需要注意：同一零件的所有剖面线的方向和间隔都应一致。

(3) 在剖视图中，若剖切平面通过螺纹紧固件的轴线时，标准件均按不剖处理，只画外形。

1. 螺栓连接画法

螺栓连接是通过螺栓、螺母和垫圈紧固被连接零件，如图 8 – 19(a)所示。

螺栓连接通常用于被连接零件厚度不大，可钻成通孔的情况。通孔的直径应稍大于螺纹大径，具体尺寸可查相应标准。垫圈的作用是防止拧紧螺母时损伤被连接零件的表面，同时使螺母的压力均匀分布到零件表面上。

画螺栓连接装配图时应注意以下几个问题：

(1) 螺栓的公称长度 l 按下式确定(见图 8 – 19)：

$$l \geqslant \delta_1 + \delta_2 + h + m + (0.2 \sim 0.3)d$$

式中，δ_1 和 δ_2 分别为被连接零件的厚度；h 为垫圈厚度；m 为螺母高度。

画图时：h 按 $0.15d$ 绘制，m 按 $0.8d$ 绘制。

计算螺栓的公称长度 l 时：h 和 m 的值应按标准查表选取，再根据 l 的计算结果，在螺栓标准的公称系列值中，选择标准长度 l。

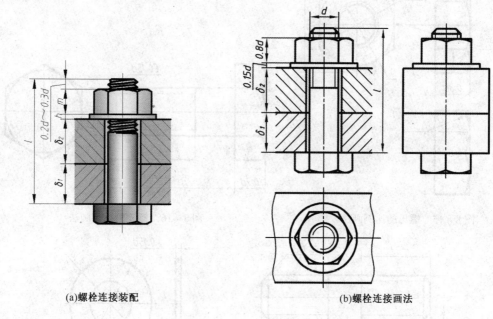

(a)螺栓连接装配　　　　　　　　　(b)螺栓连接画法

图 8 – 19　螺栓连接

（2）为了保证装配工艺合理，被连接件的孔径应比螺纹大径大些，按 $1.1d$ 画出。螺纹终止线应低于光孔顶面，以保证拧紧螺母，使螺栓连接可靠，如图 8 – 20(b)所示。

（3）国家标准中规定，在画螺纹紧固件连接装配图时，可将零件上的倒角和因倒角而产生的截交线省略不画，如图 8 – 20(d)所示。螺栓连接装配图简化画法和作图步骤如图8 – 20所示。

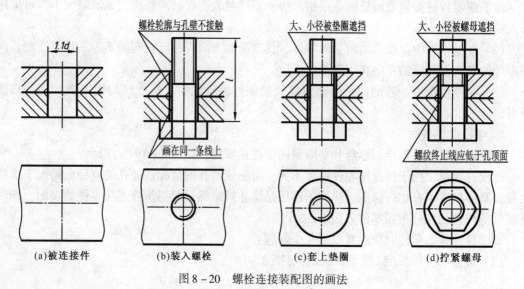

(a)被连接件　　　　(b)装入螺栓　　　　(c)套上垫圈　　　　(d)拧紧螺母

图 8 – 20　螺栓连接装配图的画法

2. 螺柱连接画法

螺柱连接是通过双头螺柱、垫圈和螺母紧固被连接零件，如图8-21所示。双头螺柱连接主要应用于被连接零件较厚不易钻通孔，或结构限制不允许钻通孔的场合。被连接零件中，较厚的零件要加工螺孔，较薄的零件加工通孔(孔径≈1.1d)。

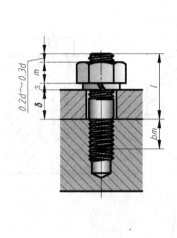

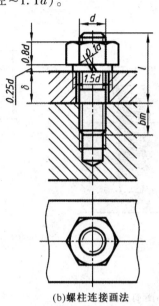

(a)螺柱连接装配 (b)螺柱连接画法

图8-21 螺柱连接

双头螺柱两端都有螺纹，一端完全旋入到被连接零件的螺孔内，称为旋入端；另一端用以拧紧螺母，称为紧固端。旋入端螺纹长度 b_m 是由被连接零件的材料决定的：

被连接零件材料为钢或青铜时，$b_m = 1d$ （GB/T 897—1988）；

被连接零件材料为铸铁时，$b_m = 1.25d$ （GB/T 898—1988）或 $b_m = 1.5d$ （GB/T 899—1988）；

被连接零件材料为铝时，$b_m = 2d$ （GB/T 900—1988）。

画图时，双头螺柱旋入端 b_m 应全部旋入螺孔内，即双头螺柱旋入端的螺纹终止线应与两个被连接件的结合表面重合，画成一条线。故螺孔的深度应大于旋入端的长度，一般取 $b_m + 0.5d$。

双头螺柱的公称长度 l，如图8-21(a)所示。计算公式如下：

$$l \geq \delta + s + m + (0.2 \sim 0.3)d$$

式中，δ 为加工通孔的零件厚度；s 为垫圈厚度；m 为螺母高度。

根据计算结果，在双头螺柱标准系列公称长度值中，选取标准长度 l。双头螺柱连接的画法如图8-21(b)所示，下部按内、外螺纹旋合的画法绘制，上部类似于螺栓连接的画法。由于双头螺柱连接常用于受力较大的场合，因此常采用弹簧垫圈，以求得到较好的防松效果。

3. 螺钉连接画法

螺钉连接用于受力不大而又不需经常拆装的场合。被连接零件中较厚的零件加工成螺孔，较薄的零件加工成通孔，如图8-22(a)所示。

画图时，螺钉的螺纹长度 $b \geqslant 2d$，并且要保证螺钉的螺纹终止线应在被连接零件的螺纹孔顶面以上，以表示螺钉尚有拧紧的余地，如图 8 – 22(b)所示；对于不穿通的螺孔，可以不画出钻孔深度，仅按螺纹深度画出，如图 8 – 22(c)所示。

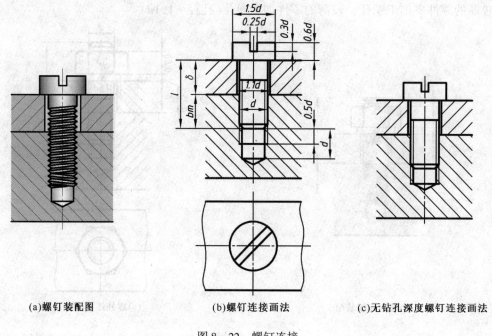

(a)螺钉装配图　　　　　(b)螺钉连接画法　　　　　(c)无钻孔深度螺钉连接画法

图 8 – 22　螺钉连接

紧定螺钉用于固定两零件相对位置，使它们不产生相对运动。紧定螺钉的连接画法如图 8 – 23 所示。

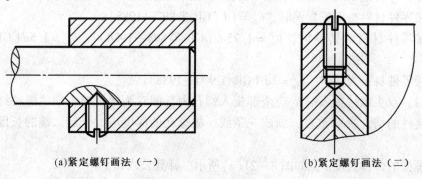

(a)紧定螺钉画法（一）　　　　　　　　(b)紧定螺钉画法（二）

图 8 – 23　紧定螺钉连接

第三节　键和销

一、键

1. 键的种类和标记

键通常用来联结轴与轴上的齿轮或皮带轮等传动零件，使它们和轴一起旋转，起传递扭矩的作用。常用的键有普通平键、半圆键和钩头楔键等，如图 8 – 24 所示。

在机械设计中，键根据工作条件按标准选取，一般不需要画出其零件图。常用键的简图及标记如表8-4所示。

(a) 平键　　　　　　　(b) 半圆键　　　　　　　(c) 钩头楔键

图8-24　常用的键

表8-4　常用键的简图和标记举例

名　称	简　图	标记示例
普通型 平键 GB/T 1096—2003	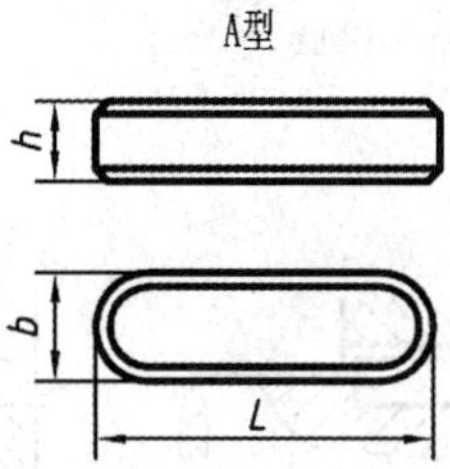 A型 h　b　L	GB/T 1096 键 $16 \times 10 \times 100$ 表示宽度 $b = 16$ mm，高度 $h = 10$ mm，长度 $L = 100$ mm 的普通 A 型平键。 GB/T 1096 键 B $16 \times 10 \times 100$ 表示宽度 $b = 16$ mm，高度 $h = 10$ mm，长度 $L = 100$ mm 的普通 B 型平键。 GB/T 1096 键 C $16 \times 10 \times 100$ 表示宽度 $b = 16$ mm，高度 $h = 10$ mm，长度 $L = 100$ mm 的普通 C 型平键
普通型 半圆键 GB/T 1099.1—2003	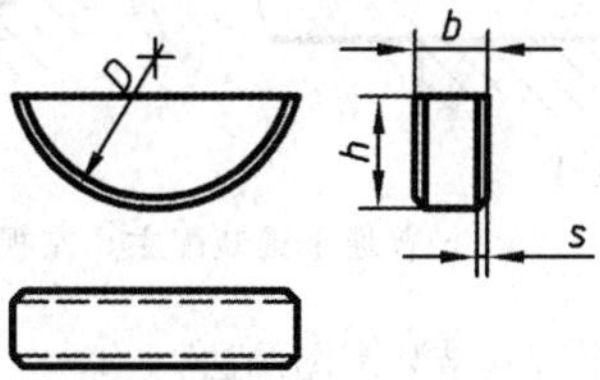 D　b　h　s	GB/T 1099.1 键 $6 \times 10 \times 25$ 表示宽度 $b = 6$ mm，高度 $h = 10$ mm，直径 $D = 25$ mm 的普通型半圆键
钩头型 楔键 GB/T 1565—2003	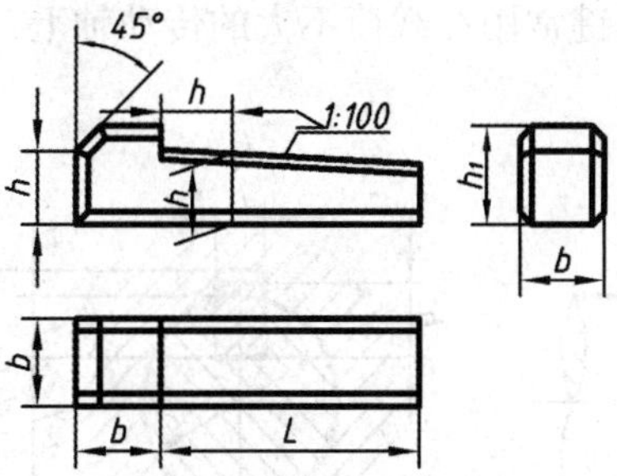 $45°$　h　$1:100$　h　h_1　b　b　L	GB/T 1565 键 16×100 表示宽度 $b = 16$mm，高度 $h = 10$mm，长度 $L = 100$mm 的钩头型楔键

2. 键联结装配图画法

用键联结轴与轮，必须在轴和轮毂上分别加工出键槽(分别称为轴槽和轮毂槽)，将键嵌入，如图8-25所示。装配后，键有一部分嵌在轴槽内，另一部嵌在轮毂槽内，这样就可以保证轴与轮一起转动。

画键联结的装配图时，首先要知道轴的直径和键的类型，根据轴的尺寸查出有关标准值，确定键的公称尺寸 b 和 h、轴和轮上的键槽尺寸以及选定键的标准长度。

(1) 普通平键联结装配图的画法　普通平键有 A 型(圆头)、B 型(方头)和 C 型(单圆头)三种，联结时键的顶面与轮毂间应有间隙，要画两条线；侧面与轮毂槽和轴槽的侧面接触，只画一条线，如图 8 – 26 所示。

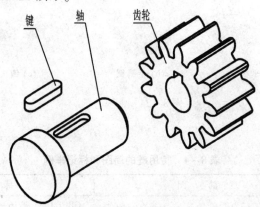

图 8 – 25　普通平键联结

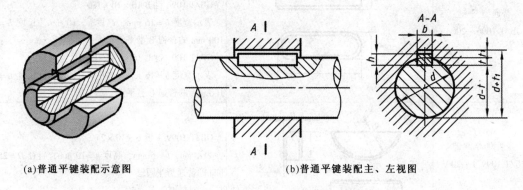

(a)普通平键装配示意图　　　　　　　(b)普通平键装配主、左视图

图 8 – 26　普通平键联结装配图画法

（2）半圆键联结装配图的画法　半圆键常用在载荷不大的传动轴上，联结情况和画图要求与普通平键类似，如图 8 – 27 所示。

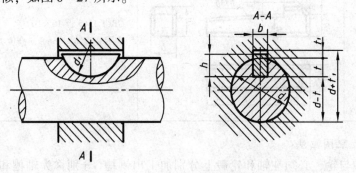

图 8 – 27　半圆键联结装配图画法

（3）钩头楔键联结装配图的画法　楔键有普通楔键和钩头楔键两种。普通楔键又有 A 型（圆头）、B 型（方头）和 C 型（单圆头）三种；钩头楔键只有一种。楔键顶面是 1∶100 的斜度，装配时打入键槽，依靠键的顶面和底面与轮毂槽和轴槽之间挤压的摩擦力而联结，故画图时上下两接触面应各画一条线，如图 8 – 28 所示。

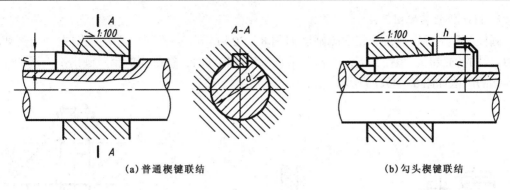

(a)普通楔键联结   (b)勾头楔键联结

图 8 - 28 楔键联结装配图画法

二、销

1. 销的种类和标记

销是标准件，通常用于零件之间的连接和定位。常用的销有圆柱销、圆锥销和开口销，如图 8 - 29 所示。

(a)圆柱销   (b)圆锥销   (c)开口销

图 8 - 29 常用的销

圆柱销和圆锥销通常用于零件间的连接和定位，而开口销则用来防止螺母松动或固定其他零件。表 8 - 5 给出了三种销的简图和标记。

表 8 - 5 常用销的简图和标记

名 称	简 图	标记示例
圆柱销 GB/T 119.1 - 2000		销 GB/T 119.1 6m6×30 表示公称直径 $d = 6$ mm，公差 m6，公称长度 $l = 30$ mm，材料为钢，不淬火，不经表面处理的圆柱销
圆锥销 GB/T 117 - 2000		销 GB/T 117 6×30 表示公称直径 $d = 6$mm，公称长度 $l = 30$mm，材料为 35 钢，热处理 28～38HRC，表面氧化处理的 A 型圆锥销
开口销 GB/T 91 - 2000		销 GB/T 91 5×50 表示公称直径 $d = 5$ mm，长度 $l = 50$ mm，材料为 Q215 或 Q235，不经表面处理的开口销

2. 销连接的装配图画法

圆柱销和圆锥销连接的装配图画法如图 8 – 30（a）和（b）所示。在剖视图中，当剖切平面通过销的轴线时，销按不剖绘制；若垂直于销的轴线时，被剖切的销应画出剖面线。开口销连接的画法如图 8 – 30（c）所示。

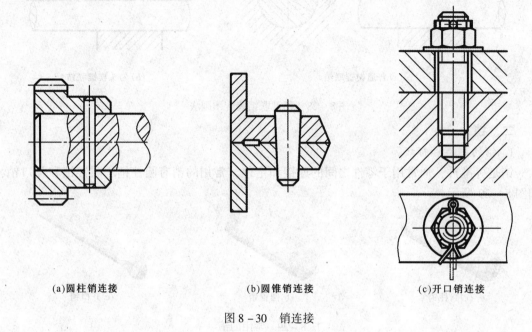

(a)圆柱销连接　　　　　　(b)圆锥销连接　　　　　　(c)开口销连接

图 8 – 30　销连接

第四节　齿　　轮

机械传动中广泛应用齿轮传递动力，并可以改变运动方向、转动速度和运动方式。齿轮的参数中只有模数和压力角标准化，因此，齿轮属于常用件。

按传动轴相对位置的不同，齿轮有三种常见的传动方式，如图 8 – 31 所示。圆柱齿轮通常用于两平行轴间的传动；圆锥齿轮通常用于两相交轴间的传动；蜗轮与蜗杆通常用于两垂直交叉轴间的传动。其中圆柱齿轮应用最广，按齿形分为直齿、斜齿和人字齿。下面以直齿圆柱齿轮为例介绍齿轮各部分的名称、尺寸计算和国标规定画法。

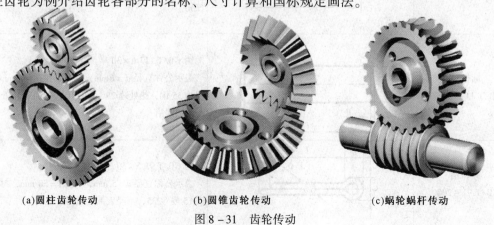

(a)圆柱齿轮传动　　　　(b)圆锥齿轮传动　　　　(c)蜗轮蜗杆传动

图 8 – 31　齿轮传动

一、直齿圆柱齿轮各部分名称和尺寸计算

图 8－32 为两个直齿圆柱齿轮相啮合的示意图。

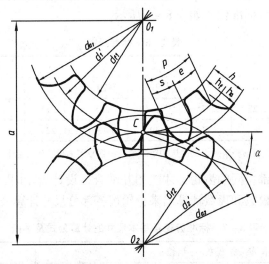

图 8－32　啮合的圆柱齿轮示意图

各部分名称和尺寸代号如下：

（1）齿数（z）　齿轮的齿数。

（2）齿顶圆（直径 d_a）　通过轮齿顶部的圆。

（3）齿根圆（直径 d_f）　通过轮齿根部的圆。

（4）分度圆（直径 d）　分度圆是设计、制造齿轮时计算各部分尺寸所依据的圆，也是加工时用来分齿的圆。

（5）节圆（直径 d'）　两齿轮啮合时，连心线 O_1O_2 上两相切的圆称为节圆，其直径用 d' 表示。当齿轮传动时，可以设想这两个圆是在作无滑动的滚动。对于标准齿轮来说，节圆和分度圆是一致的，即 $d' = d$。在一对相啮合的齿轮上，其两节圆的切点称为节点。

（6）齿距（p）　分度圆上相邻两齿廓对应点之间的弧长，称为齿距。两啮合齿轮的齿距应相等。

（7）齿厚（s）、槽宽（e）　每个齿廓在分度圆上的弧长，称为齿厚。在分度圆上两个相邻齿间的弧长称为齿槽宽。对于标准齿轮，齿厚和槽宽相等，均为齿距的一半，即：$s = e$，$p = s + e$。

（8）齿顶高（h_a）　分度圆到齿顶圆的径向距离。

（9）齿根高（h_f）　分度圆到齿根圆的径向距离。

（10）齿高（h）　齿根圆到齿顶圆的径向距离。

（11）压力角（α）　在啮合接触点 C 处，两齿廓曲线的公法线与两节圆的公切线所夹的锐角。我国标准规定压力角为 20°。

（12）模数（m）　由 $\pi d = pz$，得 $d = \dfrac{p}{\pi}z$，比值 p/π 称为齿轮的模数。

模数用 m 表示，即 $m = p/\pi$，则 $d = mz$。因此模数 m 越大，其齿距就越大，齿厚也就越大。若齿数一定，模数大的齿轮，其分度圆直径就越大，轮齿也越大，齿轮能承受的载荷也就越大。

模数是设计和制造齿轮的基本参数，不同模数的齿轮要用不同模数的刀具加工，为了便于设计和制造，已将模数标准化。如表 8 – 6 所示。

表 8 – 6　标准模数　　　　　　　　　　　　　　　　　mm

第一系列	1	1.25	1.5	2	2.5	3	4	5	6
	8	10	12	16	20	25	32	40	50
第二系列	1.75	2.25	2.75	(3.25)	3.5	(3.75)	4.5	5.5	(6.5)
	7	9	(11)	14	18	22	28	36	45

注：选用模数时，应优先选用第一系列；其次选用第二系列；括号内的模数尽可能不用。本表未摘录小于 1 的模数。

只有模数和压力角都相同的齿轮，才能相互啮合。设计齿轮时，先要确定模数和齿数，其他部分的尺寸都可由模数和齿数计算出来，轮齿各部分尺寸计算公式如表 8 – 7 所示。

表 8 – 7　标准齿轮各基本尺寸的计算公式及举例

基本参数：模数 m，齿数 z				已知：$m = 2$，$z = 30$
名　称	符　号	计　算　公　式		计　算　举　例
齿距	P	$P = \pi m$		$p = 6.28$
齿顶高	h_a	$h_a = m$		$h_a = 2$
齿根高	h_f	$h_f = 1.25m$		$h_f = 2.5$
齿高	h	$h = h_a + h_f = 2.25m$		$h = 4.5$
分度圆直径	d	$d = mz$		$d = 60$
齿顶圆直径	d_a	$d_a = d + 2h_a = m(z + 2)$		$d_a = 64$
齿根圆直径	d_f	$d_f = d - 2h_f = m(z - 2.5)$		$d_f = 55$
中心距	a	$a = (d_1 + d_2)/2 = m(z_1 + z_2)/2$		

二、直齿圆柱齿轮的规定画法

根据 GB/T 4459.2—2003 中的规定，绘制直齿圆柱齿轮时，一般选用两个视图，或一个视图和一个局部视图(只表示轴孔和键槽)表示。

1. 单个直齿圆柱齿轮的画法(见图 8 – 33)

(1) 齿顶圆和齿顶线用粗实线绘制；

(2) 分度圆和分度线用细点画线绘制；

(3) 齿根圆和齿根线在视图表达时用细实线绘制，也可省略不画；在剖视图表达时，齿根线用粗实线绘制。

(4) 在剖视图中，当剖切平面通过齿轮的轴线时，轮齿一律按不剖绘制，如图 8 – 33(b)所示。

(5) 对于斜齿齿轮和人字齿齿轮，平行于轴线的视图可画成半剖视图或局部剖视图，并用三条与齿线方向一致的细实线表示轮齿方向，如图 8 – 33(c)和(d)所示。

在齿轮的零件图中，除具有一般零件图的内容外，齿顶圆直径、分度圆直径和有关齿轮的基本尺寸必须直接注出，齿根圆直径不标注。齿轮的模数、齿数和压力角等参数在图样右上角的参数列表中给出，齿面的表面粗糙度代号注写在分度圆上，如图 8 – 34 所示。

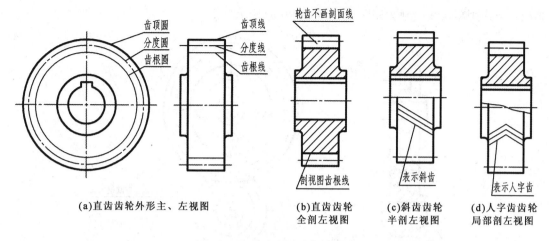

图 8 - 33　单个圆柱齿轮的画法

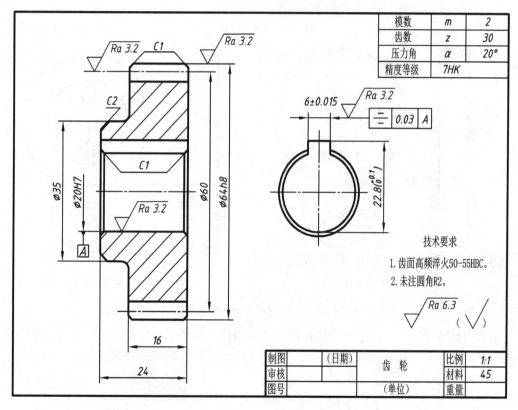

模数	m	2
齿数	z	30
压力角	α	20°
精度等级	7HK	

技术要求

1. 齿面高频淬火50-55HBC。
2. 未注圆角R2。

制图	（日期）	齿　轮	比例	1:1
审核			材料	45
图号		（单位）	重量	

图 8 - 34　直齿圆柱齿轮零件图

2. 直齿圆柱齿轮的啮合画法（见图 8 - 35）

两标准齿轮相互啮合时，分度圆处于相切的位置，此时分度圆又称为节圆。啮合部分的画法规定如下：

（1）在投影为圆的视图中，两节圆相切。啮合区内的齿顶圆均用粗实线绘制，如图8 - 35（a）所示；也可省略不画，如图 8 - 35（b）所示。

（2）在平行于圆柱齿轮轴线的投影面的视图中，采用视图表达时，啮合区内齿顶线不需画出，节线用粗实线绘制，如图 8 - 35(b)和(c)所示。

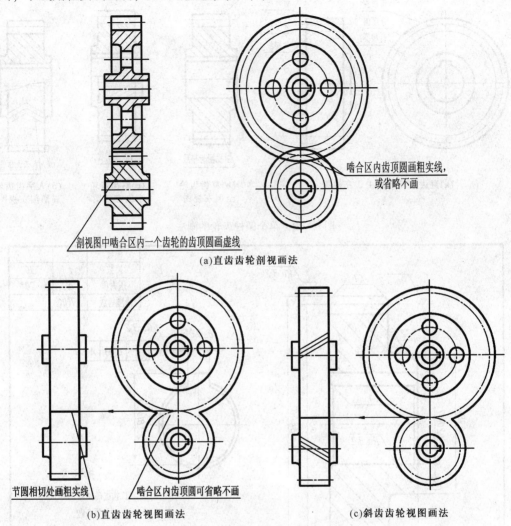

剖视图中啮合区内一个齿轮的齿顶圆画虚线

啮合区内齿顶圆画粗实线，
或省略不画

(a)直齿齿轮剖视画法

节圆相切处画粗实线　　啮合区内齿顶圆可省略不画

(b)直齿齿轮视图画法

(c)斜齿齿轮视图画法

图 8 - 35　两圆柱齿轮啮合的画法

当采用剖视图表达，且剖切平面通过两啮合齿轮的轴线时，如图 8 - 36 所示，在啮合区内将一个齿轮的轮齿用粗实线绘制，另一齿轮的轮齿被遮挡的部分用虚线绘制。

可像 0.25m

图 8 - 36　圆柱齿轮啮合区画法

第五节　弹　簧

弹簧是机械产品中一种常用零件，属于常用件。它主要用于减震、夹紧、储存能量，以及控制和测量力的大小等。弹簧的特点是：受力后能产生较大的弹性变形，去除外力后能立即恢复原状。

弹簧种类很多，最为常用的是圆柱螺旋弹簧，根据受力情况可分为压缩弹簧、拉伸弹簧和扭转弹簧三种，如图8-37所示。本节主要介绍圆柱螺旋压缩弹簧的画法。

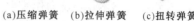

(a)压缩弹簧　(b)拉伸弹簧　(c)扭转弹簧

图8-37　圆柱螺旋弹簧的种类

一、圆柱螺旋压缩弹簧各部分名称及尺寸计算

各部分名称及尺寸关系如图8-38所示：

(1) 簧丝直径 d　制造弹簧的钢丝直径。

(2) 弹簧外径 D　弹簧的最大直径。

(3) 弹簧内径 D_1　弹簧的最小直径，$D_1 = D - 2d$。

(4) 弹簧中径 D_2　弹簧的平均直径，$D_2 = \dfrac{D + D_1}{2}$。

(5) 节距 t　除两端支承圈外，相邻两圈的距离。

(6) 有效圈数 n、支承圈数 n_2 和总圈数 n_1　弹簧工作时，要求受力均匀、支承稳定。在制造时，往往把弹簧两端的若干圈并紧磨平，使弹簧端面与轴线垂直。在使用时，弹簧两端并紧并磨平的若干圈不产生弹性变形，称为支承圈（或称死圈）。常见的弹簧支承圈数 n_2 为 1.5、2、2.5，大多数支承圈为 2.5 圈。其余各圈都参加工作，并保持相等的节距。参加工作的圈数为有效圈数，它是计算弹簧受力的主要依据。不参加工作的圈数加上参加工作的圈数称为总圈数。总圈数 $n_1 =$ 有效圈数 $n +$ 支承圈数 n_2。

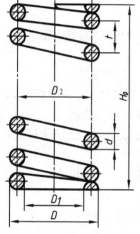

图8-38　圆柱螺旋压缩弹簧

(7) 自由高度 H_0　自由高度即没有外力作用下的弹簧高度。弹簧的支承圈数不同，其自由高度也不同。当支承圈数 $n_2 = 1.5$、2、2.5 时，它们的有效圈数 n 和自由高度 H_0 可按表8-8所示方法进行计算。

表8-8　弹簧圈数和自由高度的计算方法

项　目	支　承　圈　数 n_2		
	1.5	2	2.5
图形	$\frac{1}{2}d$　$\frac{1}{2}(d+t)$　H_0	$\frac{3}{4}d$　$\frac{t}{2}+\frac{3}{4}d$　$\frac{1}{4}d$　H_0	$\frac{1}{2}d$　t　$\frac{1}{2}d$　H_0
n	$n_1 - 1.5$	$n_1 - 2$	$n_1 - 2.5$
H_0	$nt + d$	$nt + 1.5d$	$nt + 2d$

（8）弹簧展开长度 L　每个弹簧都是由整根钢丝缠绕而成的，在下料时需要知道缠绕单个弹簧所需的钢丝长度，也就是弹簧的展开长度 L。由螺旋线展开可以知道：

$$L \approx n_1 \sqrt{(\pi D_2)^2 + t^2}。$$

二、圆柱螺旋压缩弹簧的标记（GB/T 2089—2009）

圆柱螺旋压缩弹簧的标记组成规定如下：

$$\boxed{弹簧类型代号}\ d \times D \times H_0 - \boxed{精度代号}\ \boxed{旋向代号}\ \boxed{标准号}$$

其中，弹簧类型代号"YA"为两端圈并紧磨平的冷卷压缩弹簧，"YB"为两端圈并紧制扁的热卷压缩弹簧；$d \times D \times H_0$ 代表规格（材料直径×弹簧中径×自由高度）；精度代号分 2 级和 3 级，2 级可省略不注；旋向代号中，左旋注明"左"，右旋省略不注；GB/T 2089 为标准号。

【示例1】　YA 型弹簧，材料直径为 1.2mm，弹簧中径为 8mm，自由高度为 40mm，精度等级为 2 级，左旋的冷卷压缩弹簧。标记为：YA 1.2×8×40 左 GB/T 2089。

【示例2】　YB 型弹簧，材料直径为 30mm，弹簧中径为 160mm，自由高度为 200mm，精度等级为 3 级，右旋的并紧制扁的热卷压缩弹簧。标记为：YB 30×160×200－3 GB/T 2089。

三、圆柱螺旋压缩弹簧的规定画法（GB/T 4459.4—2003）

（1）在平行于螺旋弹簧轴线的投影面的视图中，其各圈的轮廓应画成直线，如图 8－39 所示。

（2）螺旋弹簧均可画成右旋，对必须保证的旋向要求应在"技术要求"中注明。

（3）螺旋压缩弹簧如要求两端并紧磨平时，不论支承圈的圈数多少，以及和末端贴紧情况如何，均按图 8－39 所示绘制，即支承圈数为 2.5，必要时也可按支承圈的实际结构绘制。

（4）有效圈数在四圈以上的螺旋弹簧，中间部分可以省略，省略后允许适当缩短图形的高度。但表示弹簧轴线和钢丝剖面中心线的三条细点画线必须画出。

（5）在装配图中，弹簧被看作是个实心的物体。因此，被弹簧挡住的结构一般不画出，结构上可见部分应从弹簧的外轮廓线或者从弹簧钢丝剖面的中心线画起，如图 8－40(a) 所示。当簧丝直径在图形上等于或小于 2mm 时，簧丝剖面全部涂黑或采用示意画法，如图 8－40(b) 所示。

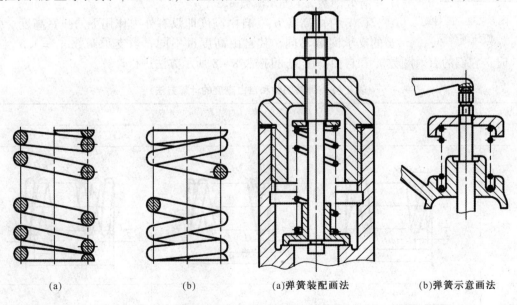

(a)	(b)	(a)弹簧装配画法	(b)弹簧示意画法

图 8－39　圆柱压缩螺旋弹簧画法　　　　图 8－40　装配图中的弹簧的规定画法

根据以上规定, 圆柱压缩弹簧的具体画图步骤如图 8 – 41 所示:

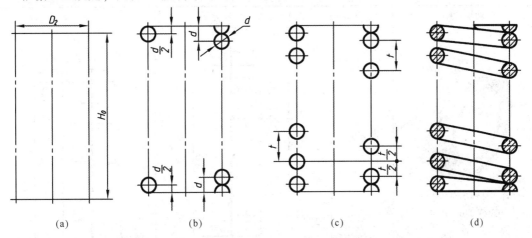

图 8 – 41　圆柱压缩弹簧的画图步骤

(1) 根据 D_2, 作出中径(两平行中心线), 定出自由高度 H_0, 如图 8 – 41(a)所示。

(2) 画出支承圈部分, d 为簧丝直径, 如图 8 – 41(b)所示。

(3) 画出有效圈部分, t 为节距, 如图 8 – 41(c)所示。

(4) 按右旋方向作相应圆的公切线, 再画上剖面线, 即完成作图, 如图 8 – 41(d)所示。

第六节　滚动轴承

滚动轴承是支承轴的组件, 属于标准件, 可按设计要求选购, 不必画它的零件图, 只要在装配图中按规定画法, 或按特征画法画出即可。

一、滚动轴承的代号和标记(GB/T 272—1993、GB/T 271—2008)

滚动轴承的规定标记为:

滚动轴承　| 代号 |　| 标准号 |

其中代号: 各种不同的滚动轴承用代号表示, 它由前置代号、基本代号、后置代号三部分组成, 通常用其中的基本代号表示。

基本代号包括轴承的类型代号、尺寸系列代号和内径代号三部分从左向右顺序排列组成。"类型代号"表示轴承的基本类型, 用数字或字母表示, 如"1"代表调心球轴承, "8"代表推力圆柱滚子轴承等;"尺寸系列代号"是由轴承的宽(高)度系列代号和直径系列代号排列组成;"内径代号"表示轴承内圈孔径, 由右后两位数字表示。

【示例1】　深沟球轴承, (0)2 尺寸系列代号, 内径 $d = 15\text{mm}$。其标记为: 滚动轴承 6202 GB/T 276—1994。

【示例2】　圆锥滚子轴承, (0)3 尺寸系列代号, 内径 $d = 6 \times 5 = 30\text{mm}$。其标记为: 滚动轴承 30306 GB/T 297—1994。

二、滚动轴承的结构及画法

滚动轴承的种类很多, 但它们的结构大致相同。一般由安装在机座上的外圈、安装在轴上的内圈、安装在内、外圈间滚道中的滚动体和保持架等零件组成。表 8 – 9 列举了三种类型的滚动轴承的结构及规定画法和特征画法。

表 8-9　常用滚动轴承画法

轴承名称	类型代号	规定画法	特征画法
深沟球轴承 60000 型 GB/T 276—1994	6		
圆锥滚子轴承 30000 型 GB/T 297—1994	3		
推力球轴承 50000 型 GB/T 301—1995	5		

第七节　SolidWorks 中标准件和常用件的建模方法

本节主要介绍几种常见标准件和常用件的建模方法，模型的各部分尺寸是根据该件的基本参数按照国标规定的比例系数确定的。

一、六角螺母

六角螺母的建模过程如图8－42所示：

（1）按第二章【例2－1】及【例2－2】生成螺母主体，其中孔径按内螺纹的小径（0.85D）设置，如图8－42（b）所示。

（2）单击【插入】→【注解】→【装饰螺纹线】 命令，选择孔端部的圆，设置次要直径 的值为内螺纹的大径D，螺纹终止条件为通孔方式，如图8－42（c）所示，单击【确定】 按钮，生成螺纹，如图8－42（d）所示。

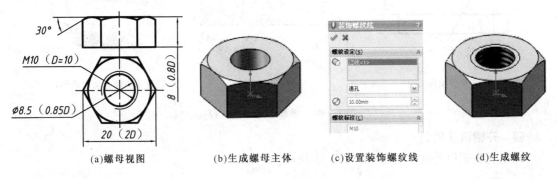

(a)螺母视图　　(b)生成螺母主体　　(c)设置装饰螺纹线　　(d)生成螺纹

图8－42　六角螺母建模过程

二、六角螺栓

六角螺栓的建模过程如图8－43所示：

在设置"装饰螺纹线"时，次要直径 的值应为外螺纹的小径0.85d，螺纹深度 为2d。

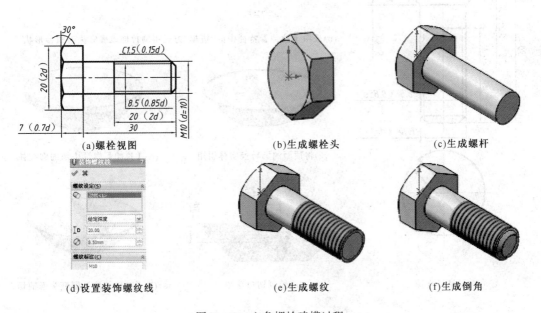

(a)螺栓视图　　(b)生成螺栓头　　(c)生成螺杆

(d)设置装饰螺纹线　　(e)生成螺纹　　(f)生成倒角

图8－43　六角螺栓建模过程

三、弹簧垫圈

弹簧垫圈的建模过程如图 8 – 44 所示：

（1）用【拉伸】方法生成弹簧垫圈的主体（空心圆柱），为方便切口草图的定位，拉伸特征中的"拉伸类型"设置为"两侧对称"。

（2）选择前视基准面，用三点中心矩形命令 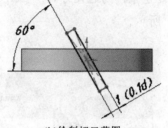 绘制图 8 – 44(b) 所示的切口草图。

（3）用【拉伸切除】方法生成弹簧垫圈的切口，如图 8 – 44(c) 所示。

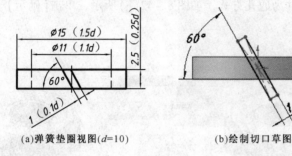

(a)弹簧垫圈视图(d=10)　　　(b)绘制切口草图　　　(c)拉伸切除方法生成切口

图 8 – 44　弹簧垫圈建模过程

四、开槽沉头螺钉

开槽沉头螺钉的建模过程如图 8 – 45 所示。

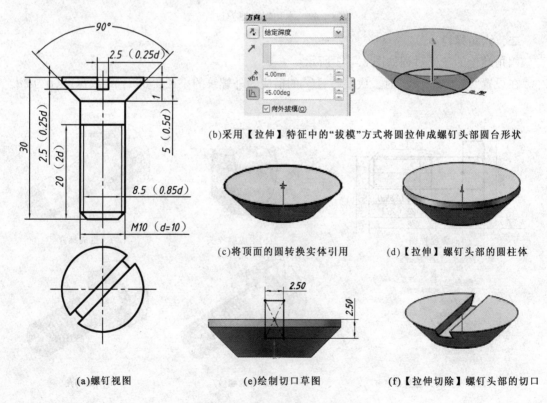

(a)螺钉视图

(b)采用【拉伸】特征中的"拔模"方式将圆拉伸成螺钉头部圆台形状

(c)将顶面的圆转换实体引用　　　(d)【拉伸】螺钉头部的圆柱体

(e)绘制切口草图　　　(f)【拉伸切除】螺钉头部的切口

图 8 – 45　开槽沉头螺钉建模过程

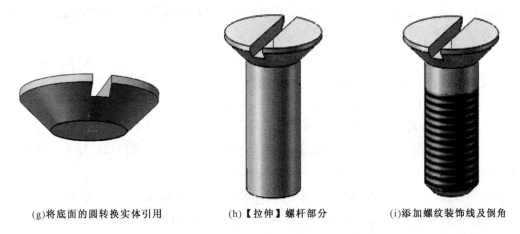

(g)将底面的圆转换实体引用　　　(h)【拉伸】螺杆部分　　　(i)添加螺纹装饰线及倒角

图 8－45　开槽沉头螺钉建模过程(续)

五、圆锥销

圆锥销的建模过程如图 8－46 所示：

图 8－46(b)销的旋转草图右端的尺寸 3.5 并不是按 1∶50 的锥度计算的，而是按照制图的有关规定，采用适当的夸大画法表示的。

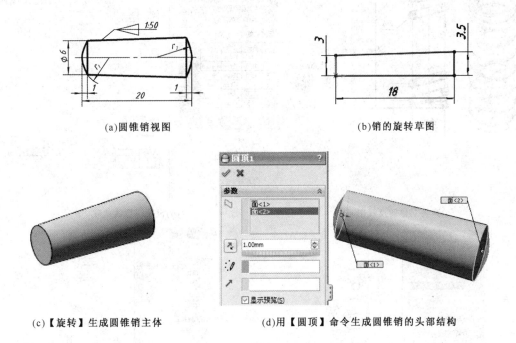

(a)圆锥销视图　　　　　　　　　　(b)销的旋转草图

(c)【旋转】生成圆锥销主体　　　(d)用【圆顶】命令生成圆锥销的头部结构

图 8－46　圆锥销的建模过程

六、圆柱螺旋压缩弹簧

创建图 8－47(a)所示圆柱螺旋压缩弹簧的步骤为：

(1) 选择上视基准面，按弹簧中径 $\phi18$ 绘制一圆。

(2) 单击【曲线】工具栏上的【螺旋线/涡状线】按钮，或选择【插入】→【曲线】→【螺旋线/涡状线】命令，在属性管理器中选择定义方式为"螺距和圈数"，并设置"可变螺距"下的各段圈数、中径及螺距，如图 8-47(b)所示，单击【确定】✓按钮，生成螺旋线，作为扫描的路径。

（3）单击【参考几何体】工具栏中的【基准面】◇按钮，采用"垂直于曲线"的方式，选择螺旋线及螺旋线的下端点，生成基准面 1，如图 8-47(c)所示。

（4）在基准面 1 上绘制 $\phi4$ 的圆作为扫描的轮廓，按住 Ctrl 键，选择圆心点与螺旋线，添加几何关系为"穿透"，使圆心点与螺旋线的端点重合，如图 8-47(d)所示。

（5）单击【特征】工具栏中的【扫描】🔄按钮，选择 $\phi4$ 的圆作为扫描的轮廓，选择螺旋线作为扫描的路径，如图 8-47(e)所示，生成弹簧。

（6）单击【插入】→【切除】→【使用曲面】🗾命令，选择上视基准面，将弹簧的下面切除；再根据弹簧高度 62 创建一个与上视基准面平行的基准面 2，使用该基准面将弹簧的上面切除，如图 8-47(f)所示。

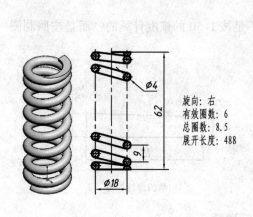

旋向：右
有效圈数：6
总圈数：8.5
展开长度：488

(a)弹簧立体图及视图

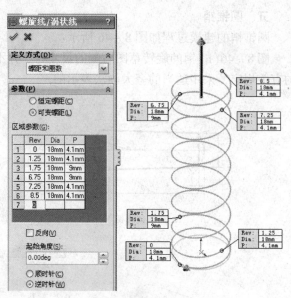

(b)设置螺旋线选项

(c)创建基准面1

(d)画圆并添加圆心点与螺旋线的"穿透"几何关系

图 8-47 圆柱螺旋压缩弹簧的建模过程

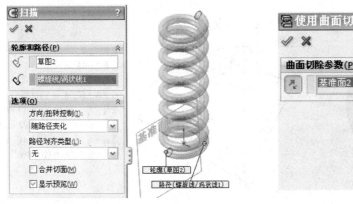

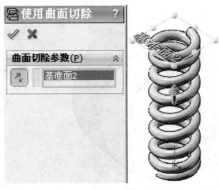

(e)扫描生成弹簧　　　　　　　　　　　　(f)切除两端

图 8 - 47　圆柱螺旋压缩弹簧的建模过程(续)

七、齿轮

创建图 8 - 48(a)所示平板直齿圆柱齿轮的步骤为:

(1) 生成外径等于齿根圆直径的齿轮主体, 如图 8 - 48(b)所示。

(2) 按照图 8 - 48(c)所示的渐开线齿廓近似画法绘制齿廓草图, 并拉伸成轮齿, 如图 8 - 48(d)所示。

(3) 生成圆角及倒角, 如图 8 - 48(e)所示。

(4) 用【圆周阵列】的方法生成其余的轮齿, 如图 8 - 48(f)所示。

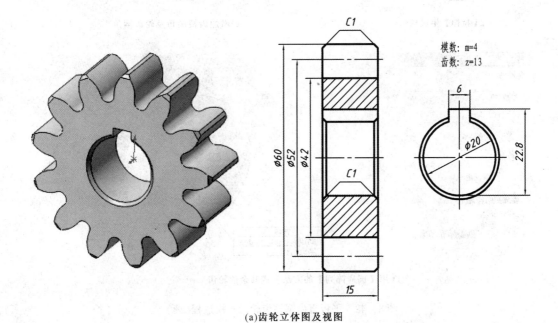

(a)齿轮立体图及视图

图 8 - 48　平板直齿圆柱齿轮的建模过程

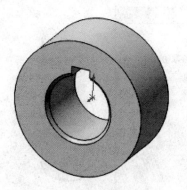

$$R1 \approx 1/6d$$

模数: m=4
齿数: z=13
分度圆直径: d=mz=52
齿顶圆直径: d_a=m(z+2)=60
齿根圆直径: d_f=m(z-2.5)=42
齿厚: S=πd/(2z)=πm/2=6.28
基圆半径: R≈0.47d=24.44
齿廓圆弧半径R1≈(1/6)d=8.7

(b) 生成齿轮主体　　　　　　　　　(c)渐开线齿廓近似画法

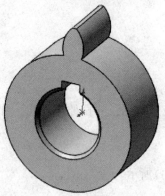
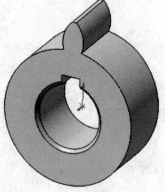

(d)【拉伸】生成轮齿

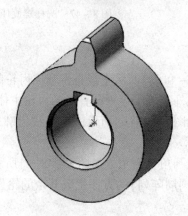

(e)添加齿根圆角及轮齿倒角

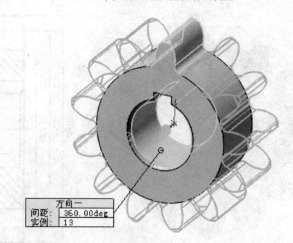

(f) 用【圆周阵列】的方法生成其余的轮齿

图 8-48　平板直齿圆柱齿轮的建模过程(续)

斜齿轮的建模方法如图 8-49 所示。

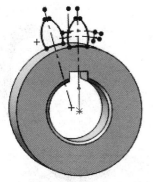
(a)绘制前后端面的轮齿放样草图

(b)放样生成轮齿

(c)阵列生成其余的轮齿

图 8 - 49　斜齿轮的建模方法

八、深沟球轴承

深沟球轴承的建模过程如图 8 - 50 所示。

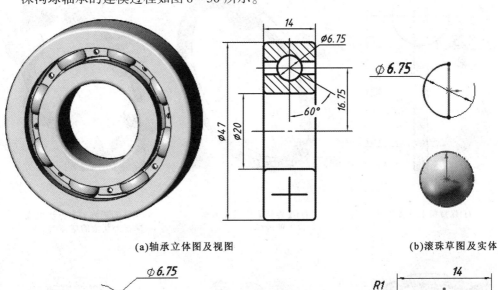
(a)轴承立体图及视图　　　　　　　　(b)滚珠草图及实体

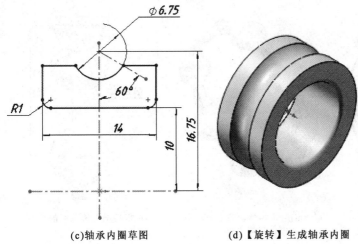
(c)轴承内圈草图　　　(d)【旋转】生成轴承内圈

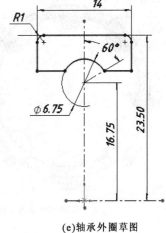
(e)轴承外圈草图

图 8 - 50　深沟球轴承的建模方法

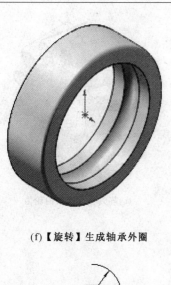

(f)【旋转】生成轴承外圈

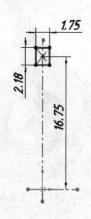

(g)保持架基体草图

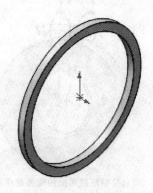

(h)【旋转】生成保持架基体

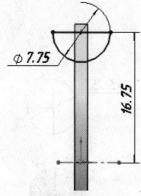

(i)保持架上球体草图

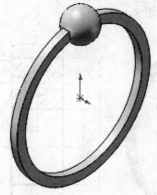

(j)【旋转】生成保持架
上的球体

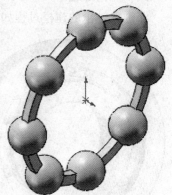

(k)用【圆周阵列】方法生成保
持架上其余的球体

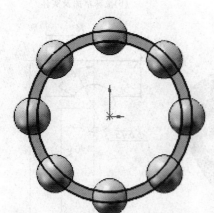

(l)保持架主体的拉伸切除草图

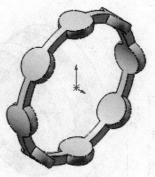

(m)用【拉伸切除】方法生
成保持架主体

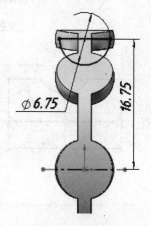

(n)保持架上滚珠壳的草图

图 8-50　深沟球轴承的建模方法(续)

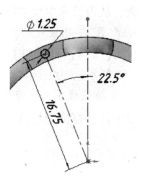

(o)用【旋转切除】方法生成滚珠壳

(p)用【圆周阵列】方法生成
保持架上其余的滚珠壳

(q)保持架上钉孔草图

(r)用【拉伸切除】方法生成钉孔

(s)用【圆周阵列】方法生成
保持架上其余的钉孔

(t)使用【曲面切除】方
法生成保持架

图 8-50　深沟球轴承的建模方法(续)

深沟球轴承的装配关系如图 8-51 所示。

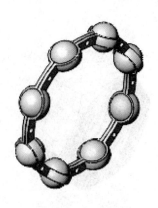

(a)保持架与滚珠的装配关系

(b)保持架与内圈的装配关系

(c)外圈与内圈的装配关系

图 8-51　深沟球轴承的装配关系

九、从设计库中生成标准件及常用件的方法

1. 配置 Toolbox

单击【工具】→【插件】，勾选 SolidWorks Toolbox 和 SolidWorks Toolbox Browser 选项，如图 8 - 52 所示。

2. 启动设计库，选择标准

单击任务窗格中的设计库 按钮，展开 Toolbox，选择"GB"，如图 8 - 53 所示。

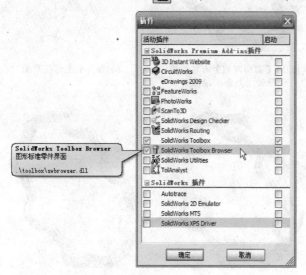

图 8 - 52　配置 Toolbox　　　　　　　　　图 8 - 53　选择标准

3. 选择标准件或常用件的种类及形式

例如，要生成一 GB/T 6170 M10 的螺母，可展开"螺母"文件夹，选择"六角螺母"，在设计库的下部窗格中选择"Ⅰ型六角螺母 GB/T 6170—2000"，单击鼠标右键，在快捷菜单中选择"生成零件"，在图形区会显示该零件的图形，如图 8 - 54 所示。

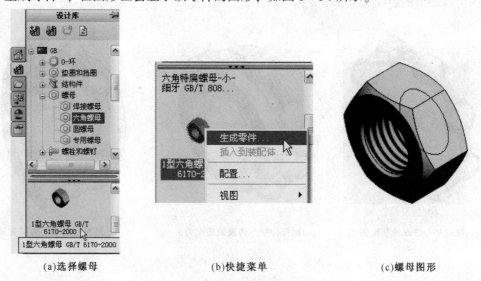

(a)选择螺母　　　　　　　(b)快捷菜单　　　　　　　(c)螺母图形

图 8 - 54　选择标准件或常用件的种类及形式

4. 设置零件的各项属性

在螺母的属性管理器中，设置螺母的大小为 M10，螺纹线显示方式为装饰等内容，如图 8-55 所示，单击【确定】按钮，生成所需螺母。

图 8-55　设置零件属性

第九章 零件图

第一节 零件图的作用和内容

机器或部件都是由若干个零件组装而成。表达单个零件的结构形状、尺寸大小及技术要求的图样称为零件图，它是生产中的重要技术文件，是制造和检验零件的依据。因此，一张完整的零件图应包括以下四方面内容(见图9-1)。

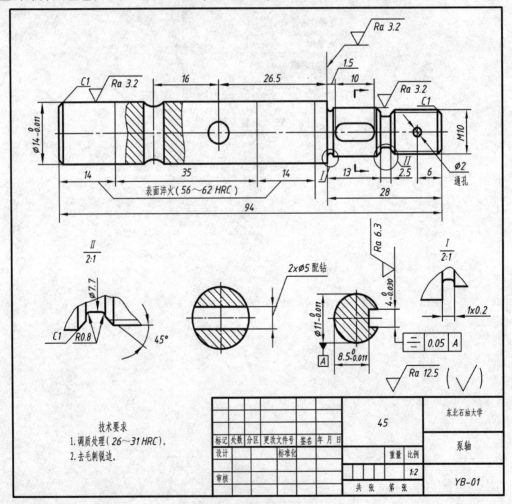

图9-1 泵轴零件图

1. 一组视图

用一组视图(包括视图、剖视图、断面图、局部放大图和简化画法等)正确、完整、清晰及简便地表达出零件的内外结构形状。

2. 完整尺寸

零件图中应正确、完整、清晰、合理地注出制造零件所需的全部尺寸。

3. 技术要求

用一些规定的代号、数字、字母和文字简明、准确地表示零件在制造和检验时应达到的要求(包括表面粗糙度、尺寸公差、几何公差和热处理等)。

4. 标题栏

在零件图右下角,用标题栏写出该零件的名称、数量、材料、比例、图号以及设计、校核人员签名等内容。

第二节　零件图的视图表达

不同零件有不同的结构形状,表达零件首先考虑的是便于看图;其次是要根据它的结构特点,选用适当的表达方法。

一、零件图的视图选择

零件图的视图选择,就是选择适当的表达方法,将零件的结构形状正确、完整、清晰地表达出来。在便于看图的前提下,力求尽量提高各视图的表达功能,减少视图数量,简化制图。要达到这个要求,首先必须选择好主视图,然后选配其他视图。

1. 主视图的选择

主视图是零件图的核心部分,其选择的合理与否,会直接影响零件的表达效果。因此,主视图的选择应满足以下原则:

(1) 形状特征原则　主视图应较好地反映零件的结构形状特征,该原则称为形状特征原则,它是确定主视图投射方向的依据。从形体分析的角度考虑,一定要选择能将零件各组成部分的形状及其相对位置反映得最好的方向作为主视图的投射方向,使人看了主视图就能了解零件的大致形状。例如图9 – 2所示的轴,箭头 A 所指的投射方向,能够较多地反映出零件的结构形状,而箭头 B 所指的投射方向,反映出的零件结构形状较少,因此,应选择 A 向作为主视图的投射方向。

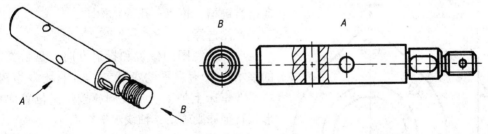

图9 – 2　主视图的选择

(2) 加工位置原则或工作位置原则　主视图应尽可能反映零件的加工位置或工作位置,该原则称为加工位置原则或工作位置原则,它是确定零件摆放位置的依据。加工位置是指零件在机床上加工时的装夹位置。主视图与加工位置一致,便于工人看图加工。工作位置是指零件在机器中工作时的位置。主视图与工作位置一致,便于研究图纸及对照装配图来看图和画图。

2. 其他视图的选择

当主视图确定后，还要考虑零件上有哪些结构还未表达清楚，选择哪些视图来表达。其他视图的选择原则是：在完整、清晰、准确地表达出零件的结构形状的前提下，尽量采用简单的表达方法，减少视图数量，以便于看图和画图。

在选择其他视图时应注意以下几个方面的问题：

（1）对于主要结构形状，应选用基本视图表达，并恰当地运用全剖、半剖、局部剖表达零件的内外结构形状。

（2）对于外部局部的或倾斜的结构形状，可以选用局部视图或斜视图表达。

（3）对于内部结构形状，应选用剖视图或断面图表达。

（4）对于尺寸较小的结构要素，可以选用局部放大图表达。

（5）合理运用标准中规定的简化画法，既简化绘图，又便于看图。

二、典型零件的视图表达

根据结构形状和加工方法，常用零件大致可分成四类：轴套类零件(轴、衬套等零件)、盘类零件(端盖、阀盖、齿轮等零件)、叉架类零件(拨叉、连杆、支座等零件)、箱体类零件(阀杆、泵体、减速器箱体等零件)。

1. 轴套类零件

轴套类零件的结构特点：一般由若干段同轴回转体构成，其上常有键槽、越程槽、退刀槽以及轴肩、螺纹、中心孔等结构。

视图选择：

（1）主视图的位置和投射方向　轴套类零件主要在车床上加工，主视图应按加工位置原则和形状特征原则确定。主视图轴线水平放置，便于工人加工零件时看图。绘图时直径小的一端在右侧，键槽等结构朝前对着观察者。

（2）其他视图　轴套类零件的键槽、退刀槽、越程槽等结构可以用断面图、局部视图、局部剖视图和局部放大图等加以表达，如图9-1所示。

2. 盘盖类零件

盘盖类零件的结构特点：主体部分一般由回转体组成，轴向尺寸较小，径向尺寸较大，通常有键槽、轮辐、孔等结构。

视图选择：

（1）主视图的位置和投射方向　盘盖类零件的基本形状为扁平的盘状结构，毛坯多为铸件，主要在车床上加工。主视图应按加工位置原则和形状特征原则确定，轴线水平放置。

（2）其他视图　通常以左视图表达外形轮廓、孔及轮辐等结构的数量及相对位置。有时，根据需要还可以选择其他表达方法。

图9-3为一端盖的表达方案，以反映端盖轴线的全剖视图作为主视图，表达其内形；以投影为圆的视图为左视图，表达端盖的外形及孔的分

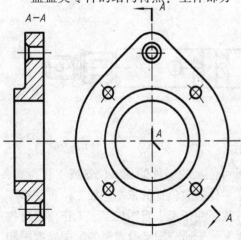

图9-3　端盖的表达方案

布情况。

3. 叉架类零件

叉架类零件的结构特点：主要起支承和连接作用，结构形状较为复杂，按其功能可分为工作部分、安装部分和连接部分。其中，工作部分为叉架的主体，一般为空心圆柱；安装部分常有凸台、沉孔、圆角等结构；连接部分多由薄板和肋板组成。

视图选择：

（1）主视图的位置和投射方向　叉架类零件一般是铸件，毛坯形状复杂，需要经过多种工序加工，且加工位置不易分清主次。因此，主视图应按工作位置原则和形状特征原则确定。

（2）其他视图　除了主视图之外，通常还需要一个或多个基本视图来表达主要结构。其余的次要结构还应采用局部视图、局部剖视图、斜视图、断面图、局部放大图等视图表示。

图 9 - 4 为支架的表达方案，主视图表达了支架的主要结构形状；俯视图取 $C - C$ 剖视，表达了支撑肋板和底板的结构；左视图取 $B - B$ 剖视，表达了支承套筒的内部结构，D 向局部视图表达了顶部凸台的结构。

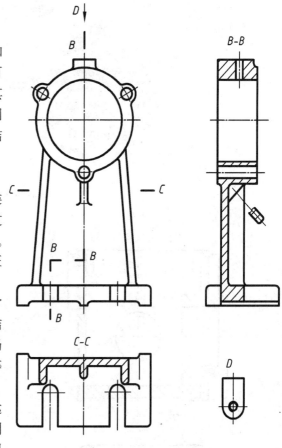

图 9 - 4　支架的表达方案

4. 箱体类零件

箱体类零件的结构特点：主要起支承、容纳、保护其他零件的作用。这类零件的结构形状复杂，通常有较大的内腔、底板、肋、轴承孔、凸台、凹坑、螺孔、销孔和安装孔等结构。

视图选择：

（1）主视图的位置和投射方向　箱体类零件多为铸件，一般都经过多道工序加工制造，且各工序加工位置不尽相同。因此，主视图应按工作位置原则和形状特征原则确定。

（2）其他视图　箱体类零件一般都较复杂，常需要多个基本视图。对箱体的内部结构形状常采用剖视图表示。如果箱体外部结构形状简单，内部结构形状复杂，可采用全剖视图；如果箱体具有对称平面时，可采用半剖视图；如果外部结构形状复杂，内部结构形状简单，可采用局部剖视图或用虚线表示；如果外部、内部结构都较复杂，且投影不重叠时，也可采用局部剖视图；重叠时，内部结构形状和外部结构应分别表达；对局部的外、内部结构形状可采用局部视图、局部剖视图和断面图来表示。

图 9 - 5 为一蜗轮减速器箱体的结构图，箱体的重要部分是传动轴的轴承孔系，用来安放支承蜗杆轴、蜗轮轴及圆锥齿轮轴的滚动轴承。箱体底部有底板，底板上有四个安装孔；

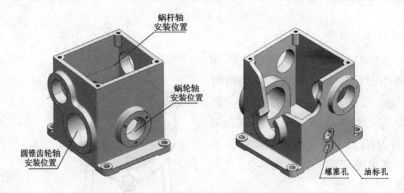

图 9 - 5　蜗轮减速器箱体的结构图

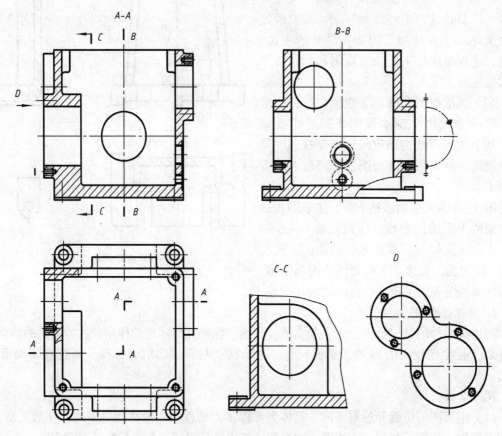

图 9 - 6　箱体的表达方案

箱壁上有两个螺纹孔，上面的螺纹孔用来装油标，下面的螺纹孔用来装螺塞；箱体上部有四个凸台和螺孔用于连接箱盖；该箱体外部结构形状前后相同，尺寸不同，左右各异，上下不完全一样；它的内部结构形状前后基本相同，左右各异，而且都较复杂，其表达方案如图 9 - 6 所示。共用了 6 个图形，具体为：

（1）沿蜗轮轴线方向作为主视图的投射方向。主视图采用 $A - A$ 阶梯剖视图，主要表达蜗轮轴承孔的大小和位置，圆锥齿轮轴承孔和蜗杆右轴承孔的大小、位置及其左侧外部凸台上螺纹孔的结构。

（2）左视图采用 $B - B$ 局部剖视图，主要表达蜗杆轴承孔和蜗轮轴承孔之间的相对位置，蜗轮轴承孔凸台上螺纹孔的结构，安装油标和螺塞孔及凸台的形状。

（3）在左视图的右侧，采用了一个简化画法，以表达蜗轮轴承孔凸台上螺纹的分布情况。

（4）俯视图为过左侧蜗杆轴承孔剖切的局部剖视图，该视图主要表达箱体顶部和底板的结构形状，左侧蜗杆轴承孔的大小及各轴承孔的位置，并用虚线表示箱体底板凸台的形状。

（5） $C - C$ 局部剖视图表达圆锥齿轮轴承孔内部凸台的形状。

（6） D 向局部视图表达箱体左侧外部凸台的形状和螺孔位置。

箱体的表达方案不是惟一的。可以确定多个表达方案，比较其优缺点，选择一个较优的方案，这里不再叙述。

第三节　零件图的尺寸标注

零件图上标注的尺寸应符合正确、完整、清晰、合理的要求。在前面的章节中，已经介绍了如何正确、完整、清晰地标注尺寸，这里主要介绍如何合理地标注尺寸。所谓合理是指图上所注尺寸，既能满足设计要求，又能满足加工工艺要求，也就是既能使零件在部件（或机器）中很好地工作，又便于制造、测量和检验。要做到尺寸标注合理，需要较多的机械设计和加工方面的知识，仅学习本课程的知识是不够的。因此，本节仅介绍一些合理标注尺寸的初步知识。

一、尺寸基准

尺寸基准就是在设计、制造和检验零件时用以确定尺寸标注起点位置的一些点、线、面。尺寸标注得是否合理，关键在于能否正确地选择尺寸基准。由于用途不同，基准可以分为设计基准和工艺基准。设计基准是在机器工作时确定零件位置的一些点、线、面。工艺基准是在加工或测量时确定零件位置的一些点、线、面。

每个零件都有长、宽、高三个方向，因此每个方向至少应该有一个基准，这个基准一般称为主要基准；但有时根据设计、加工及测量上的要求，还要附加一些基准，这些基准称为辅助基准。主要基准和辅助基准之间应有尺寸联系。

选择尺寸基准，就是在标注尺寸时，是从设计基准出发，还是从工艺基准出发。从设计基准出发标注尺寸，其优点是在标注尺寸上反映了设计要求，能保证所设计的零件在机器中的工作性能；从工艺基准出发标注尺寸，其优点是把尺寸的标注与零件的加工制造联系起来，在标注尺寸上反映了工艺要求，使零件便于制造、加工和测量。在标注尺寸时，最好是把设计基准和工艺基准统一起来。这样，即能满足设计要求，又能满足工艺要求。若两者不能统一时，应以保证设计要求为主。

二、标注尺寸的形式

根据尺寸在图上的布置特点，标注尺寸的形式有下列三种：

（1）链状法　同一方向的尺寸依次首尾相接注写成链状，如图 9 - 7(a) 所示。这种标注的优点是可以保证每一环尺寸精确度要求，缺点是每一环的误差积累在总长上。因此，链状法常用于标注中心之间的距离或对总尺寸精度要求不高但对各段尺寸精度要求较高的阶梯状零件等。

（2）坐标法　同一方向的尺寸从同一基准注起，如图 9 - 7（b）所示。这种标注的优点是不会产生累积误差，缺点是很难保证每一环的尺寸精度要求。坐标法常用于标注需要从一个基准定出一组精确尺寸的零件。

（3）综合法　综合法标注尺寸是链状法与坐标法的综合，如图 9 - 7（c）所示。同一方向上，一部分尺寸从同一个基准注起，另一部分尺寸从前一尺寸的终点注起。这种标注兼有上述两种标注的优点，标注零件的尺寸时，多用综合法。

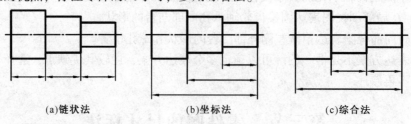

(a)链状法　　　　(b)坐标法　　　　(c)综合法

图 9 - 7　标注尺寸的三种形式

三、标注尺寸应注意的事项

要使图中的尺寸合理，必须在标注尺寸时，既要考虑设计要求，又要考虑工艺要求。

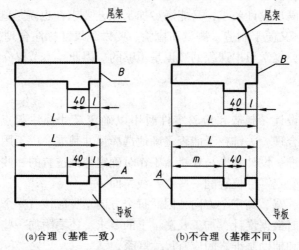

(a)合理（基准一致）　　　(b)不合理（基准不同）

图 9 - 8　相关尺寸的基准和注法应一致

1. 考虑设计要求

（1）主要尺寸应直接标注。主要尺寸是指那些影响产品工作性能、精度及互换性的重要尺寸。直接标注出主要尺寸，能够直接提出尺寸公差、几何公差的要求，以保证设计要求。如图 9 - 1 中的轴径 $\phi14$、$\phi11$，螺纹尺寸 M10，键槽尺寸 8.5、4，轴向尺寸 28、6、26.5、16 等。

（2）相关尺寸的基准和注法应一致。图 9 - 8 所示的尾架和导板，它们的凸台和凹槽(尺寸 40)是相互配合的。装配后要求尾架和导板的右端面对齐，为此，在尾架和导板的零件图上，均应以右端面为基准，尺寸注法应相同，如图 9 - 8（a）所示；若分别以左、右端面为基准，且尺寸注法不一致，如图 9 - 8（b）所示，则装配后两零件右端面可能会出现较大偏移。

（3）避免注成封闭尺寸链。封闭尺寸链是由头尾相接，绕成一整圈的一组尺寸组成。每一个尺寸是尺寸链中的一环，如图 9 - 9（a）所示。

这样标注尺寸在加工时往往难以保证，因此，实际标注尺寸时，要在尺寸链中选择一个不重要的环(称它为开环)，不标尺寸，如图9-9(b)所示。这时开环的尺寸误差是其他各环尺寸误差之和，因为它不重要，所以对设计要求没有影响。

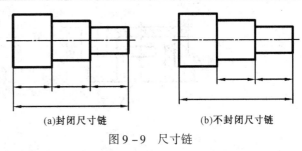

(a)封闭尺寸链　　　　(b)不封闭尺寸链

图9-9　尺寸链

2. 考虑工艺要求

(1) 按加工顺序标注尺寸。按加工顺序标注尺寸，符合加工过程，便于加工和测量。图9-10所示的轴，长度方向仅尺寸51是主要尺寸，要直接注出，其余尺寸都按加工顺序标注。为了便于备料，注出轴的总长128；为了加工φ35的轴颈，直接注出了尺寸23。调头加工φ40的轴颈，注出尺寸74；在加工φ35时，应保证功能尺寸51。这样标注尺寸，既能保证设计要求，又符合加工顺序。

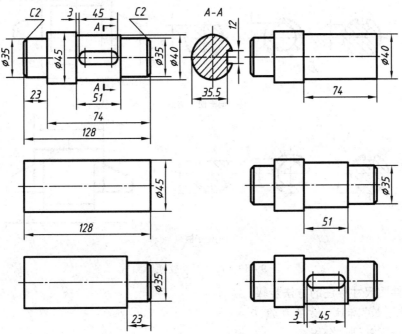

图9-10　按加工顺序标注轴的尺寸

(2) 按不同加工方法尽量集中标注尺寸。一个零件一般需要经过几种加工方法(如车、铣、刨、钻、磨)才能制成。在标注尺寸时，最好将不同加工方法的有关尺寸集中标注。图9-10轴上的键槽是在铣床上加工的，因此，这部分的尺寸(3、45和12、35.5)集中在两处标注，看起来就比较方便。

(3) 同一方向的加工面与非加工面之间，只能有一个联系尺寸，如图9-11所示。该零件是一个有矩形孔的圆柱形罩，只有凸缘底面是加工面。图9-11(a)中用尺寸A将加工面与非加工面联系起来，即加工凸缘底面时，保证尺寸A，其余都是铸造形成的；图9-11(b)中加工面与非加工面之间有A、B、C三个联系尺寸，在加工底面时，要同时保证A、B、C

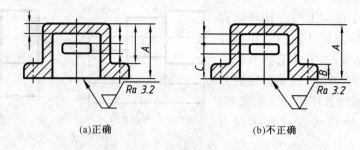

(a)正确　　　　　　　　(b)不正确

图9－11　同一方向的加工面与非加工面之间的尺寸标注

三个尺寸是不可能的。

（4）标注尺寸要考虑测量方便。如图9－12（a）所示的一些图例，是由设计基准注出的中心至某面的尺寸，但不易测量。如果这些尺寸对设计要求影响不大时，应考虑测量方便，按图9－12（b）所示标注。

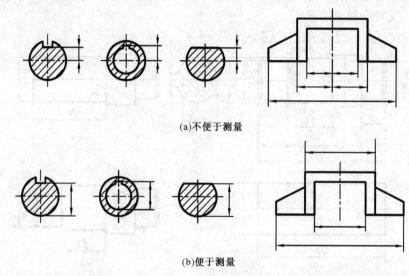

(a)不便于测量

(b)便于测量

图9－12　尺寸标注要便于测量

四、零件图尺寸标注的方法步骤

1. 零件图尺寸标注的方法步骤

（1）进行零件结构分析；

（2）确定主要尺寸及选择尺寸基准；

（3）其他尺寸按工艺要求和形体分析法标注。

2. 零件尺寸标注举例

【例9－1】　试标注减速器箱体的尺寸。

（1）进行零件结构分析。减速器箱体的结构图如图9－5所示，结构分析如前所述。

（2）确定尺寸基准及主要尺寸，如图9－13所示。

高度方向：

减速箱的底面为安装基准面，故以此作为高度方向的设计基准。此外箱体在加工时首先加工底面，然后以底面为基准加工各轴孔和其他平面，因此底面又是工艺基准。该基准为高度方向的主要基准。箱体上轴孔位置的正确与否，将影响传动件的正确啮合，因此轴孔的定位尺寸极为重要。将蜗杆轴孔的轴线高度位置作为高度方向的辅助基准，主要基准与辅助基准之间的联系尺寸为92。

长度方向：

选用蜗轮轴线作为长度方向的主要基准，左端面为长度方向的辅助基准。

宽度方向：

选用前后对称面作为宽度方向的主要基准，蜗杆轴孔的轴线宽度位置作为宽度方向的辅助基准，主要基准与辅助基准的联系尺寸为25。蜗轮轴孔的位置应按蜗轮蜗杆传动设计时计算的中心距$40_0^{+0.06}$（在主视图上）确定。蜗轮轴线和圆锥齿轮轴线垂直相交，因此它们的高度位置相同，俯视图上注有蜗杆轴线和圆锥齿轮轴线的距离42。

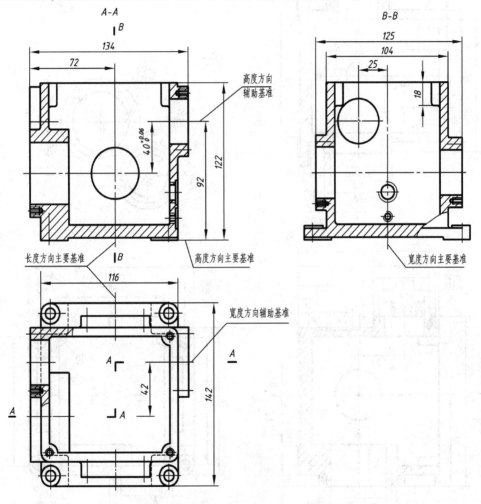

图 9 – 13　箱体的基准及主要尺寸

（3）其他尺寸及尺寸配置。箱体上与其他零件有配合关系或装配关系的尺寸应注意零件间尺寸的协调。如箱体底板上安装孔的中心距100和126，应与安装台面钻孔的中心距一致；各轴承孔的直径尺寸应与相应的滚动轴承外径一致；箱壁上凸台的直径和螺孔的定位尺寸应与轴承盖的相应尺寸一致；箱体顶部螺孔的中心距90和102应与箱盖上沉孔的中心距协调一致。

箱体完整的尺寸标注如图 9 – 14 所示。

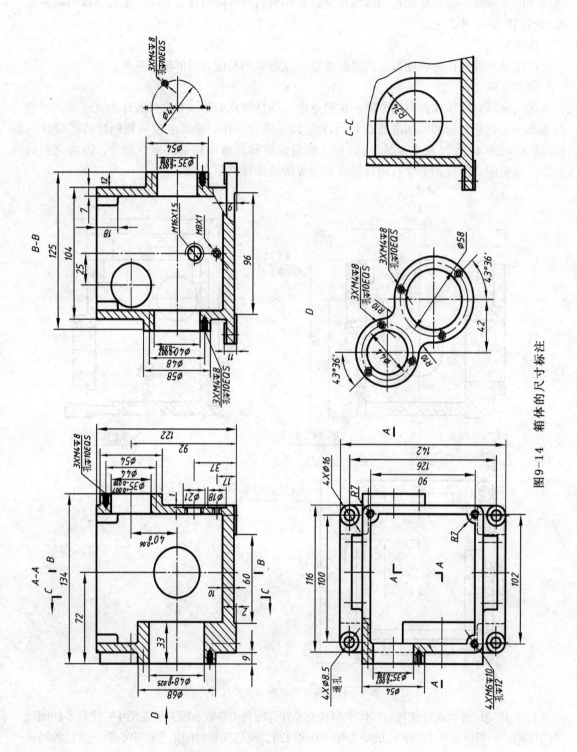

图9-14　箱体的尺寸标注

第四节 零件图的技术要求

由于零件图是指导生产零件的主要技术文件，因此，在零件图中除了有表达零件形状的视图和表达零件大小的尺寸外，还必须有技术要求。技术要求主要包括：表面结构、极限与配合、几何公差、材料热处理和表面处理、零件的特殊加工要求、检验和试验说明等。技术要求在图样中的表示方法有两种，一种是按国家标准规定的各种符号、代号标注在视图中，一种是以"技术要求"为标题，用文字分条注写在标题栏的上方或左边。

一、表面结构的表示法（GB/T 131—2006）

1. 表面结构的概念

加工零件时，由于系统刚度不足而造成的工艺系统的振动以及零件形成新的表面时所产生的塑性变形等原因，使得新加工的表面产生凸凹不平的微观特征，如图 9 – 15 所示。这种特征对零件的使用寿命、零件间的配合及外观质量等均有直接影响，在零件图中必须给出表面结构的要求。

1）表面结构的评定参数

零件表面结构的状况，可以用三类参数进行评定：

（1）轮廓参数（由 GB/T 3505 定义）。相关的参数有 R 轮廓（粗糙度参数）、W 轮廓（波纹度参数）和 P 轮廓（原始轮廓参数）。

（2）图形参数（由 GB/T 18618 定义）。相关的参数有粗糙度图形和波纹度图形。

（3）支承率曲线参数（由 GB/T 18778.2 和 GB/T 18778.3 定义）。

三类表面结构参数已经标准化，可查阅相关标准。轮廓参数是最常用的评定参数，本节仅介绍评定 R 轮廓（粗糙度参数）中的两个高度参数 R_a 和 R_z。

2）轮廓的算术平均偏差 R_a 和轮廓的最大高度 R_z

轮廓的算术平均偏差 R_a 是指在取样长度 l_r 内，轮廓的高度 $z(x)$ 绝对值的算术平均值，如图 9 – 16 所示。R_a 的单位为 μm，数值规定参见表 9 – 1。

图 9 – 15　表面结构特征

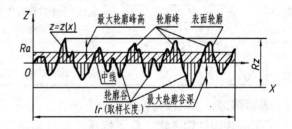

图 9 – 16　轮廓算术平均偏差 R_a 和轮廓最大高度 R_z

$$R_a = \frac{1}{l_r} \int_0^{l_r} |z(x)| \, \mathrm{d}x \approx \frac{1}{n} \sum_{i=1}^{n} |z_i|$$

轮廓的最大高度 R_z 是指在取样长度 l_r 内，最大轮廓峰高与最大轮廓谷深之和，如图 9 – 16 所示。

表 9 – 1　轮廓的算术平均偏差 R_a 的值（GB/T 1031—2009）　　　　μm

R_a	0.012	0.2	3.2	
	0.025	0.4	6.3	50
	0.05	0.8	12.5	100
	0.1	1.6	25	

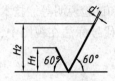

图 9 – 17　基本图形符号的画法

2. 表面结构图形符号和代号

1）表面结构图形符号

表面结构基本图形符号的画法，如图 9 – 17 所示。$d' = 1/10h$，d' 为符号线宽，h 为数字和字母高度，$H_1 = 1.4h$，H_2 取决于标注内容，其最小值为 $3h$，表面结构图形符号的尺寸见表 9 – 2。表面结构图形符号及含义见表 9 – 3。

表 9 – 2　表面结构图形符号的尺寸　　　　mm

数字与字母高度 h（见 GB/T 14690）	2.5	3.5	5	7	10	14	20
符号线宽 d'、数字与字母线宽 d	0.25	0.35	0.5	0.7	1.0	1.4	2
高度 H_1	3.5	5	7	10	14	20	28
高度 H_2	7.5	10.5	15	21	30	42	60

表 9 – 3　表面结构图形符号及含义

名称	符号	意义及说明
基本图形符号		基本图形符号，仅适用于简化代号标注，没有补充说明不能单独使用
扩展图形符号		基本图形符号上加一短横，表示指定表面是用去除材料的方法获得。例如车、铣、钻、磨、剪切、抛光、腐蚀、电火花加工、气割等
		基本图形符号上加一圆圈，表示指定表面是用不去除材料的方法获得。例如铸、锻、冲压变形、热轧、冷轧、粉末冶金等，或者是用于保持原供应状况的表面（包括保持上道工序的状况）
完整图形符号		在上述三个符号的长边上加一横线，用于标注表面结构特征的补充信息。三个符号分别表示允许任何工艺、去除材料及不去除材料
各表面图形符号		在完整图形符号上加一圆圈，表示图样某个视图上构成封闭轮廓的各表面具有相同的表面结构要求

2）表面结构要求的注写位置及内容

为了明确表面结构要求，除了标注表面结构参数和数值外，必要时应标注补充要求，补充要求包括传输带、取样长度、加工工艺、表面纹理及方向、加工余量等。在完整图形符号中，对表面结构的单一要求和补充要求应注写在指定位置，如图 9 – 18 所示。

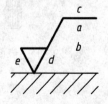

图 9 – 18　表面结构要求的注写位置

完整图形符号中的水平线长度取决于上下所标注内容的长度，在 a、b、d 和 e 区域中的所有字母高度应该等于 h；在区域 c 中的字体可以是大写字母、小写字母或汉字，高度可以大于 h。

图 9 - 18 中位置 $a \sim e$ 分别注写以下内容：

a —— 注写表面结构的单一要求。该位置标注表面结构参数代号、极限值和传输带或取样长度等。

a 和 b —— 注写两个或多个表面结构要求，在 a 位置注写第一个表面结构要求，在 b 位置注写第二个表面结构要求。如果要注写第三个或更多个表面结构要求时，图形符号应在垂直方向扩大，a 和 b 的位置随之上移。

c —— 注写加工方法、表面处理、涂层或其他加工工艺要求等。

d —— 注写表面纹理和方向。

e —— 注写加工余量(mm)。

3）表面结构代号

在完整图形符号中，注写了表面结构要求后，称为表面结构代号。表面结构代号及含义见表 9 - 4。

表 9 - 4　表面结构代号及含义

代号	说　明
√ Ra 0.4	表示不允许去除材料，单向上限值，默认传输带，R 轮廓，算数平均偏差 0.4μm，评定长度为 5 个取样长度(默认)，"16% 规则"
√ Rzmax 0.2	表示去除材料，单向上限值，默认传输带，R 轮廓，最大高度的最大值 0.2μm，评定长度为 5 个取样长度(默认)，"16% 规则"
√ 0.008-0.8/Ra 3.2	表示去除材料，单向上限值，传输带 0.008 - 0.8mm，R 轮廓，算数平均偏差 3.2μm，评定长度为 5 个取样长度(默认)，"16% 规则"(默认)
√ -0.8/Ra3 3.2	表示去除材料，单向上限值，传输带 - 0.8mm，R 轮廓，算数平均偏差 3.2μm，评定长度为 3 个取样长度，"16% 规则"(默认)
√ U Ramanx 3.2 / L Ra 0.8	表示不允许去除材料，双向上限值，两极限值均使用默认传输带，R 轮廓。上限值：算数平均偏差 3.2μm，评定长度为 5 个取样长度(默认)，"最大规则"；下限值：算数平均偏差 0.8μm，评定长度为 5 个取样长度(默认)，"16% 规则"(默认)
磨 √ Ra 1.6 ⊥ -2.5/Rzmax 6.3	表示去除材料，两个单向上限值：①默认传输带，R 轮廓，算数平均偏差 1.6μm，默认评定长度(5 个取样长度)，"16% 规则"(默认)；②传输带 - 2.5mm，R 轮廓，最大高度的最大值 6.3μm，评定长度为 5 个取样长度(默认)，"最大规则"，表面纹理垂直于视图的投影面，加工方法为磨削

说明：

（1）传输带、取样长度　表面结构定义在传输带中，传输带的标注用滤波器截止波长表示，单位为 mm。短波滤波器截止波长在前，长波滤波器截止波长在后，并用连字号 "-" 隔开，如 0.008 - 0.8。如果采用默认的传输带，则不标注传输带。如果两个滤波器中有一个为默认值，则标注另一个滤波器截止波长，并保留连字号，例如：0.008 - 表示长波滤波器截止波长为默认值，- 0.8 表示短波滤波器截止波长为默认值。传输带标注在参数代号前面，并用 "/" 隔开。

长波滤波器截止波长为取样长度(l_r)，当采用默认值时不标注。

（2）评定长度(l_n)　评定长度是指在评定图样上表面结构要求时所必须给定的一段长度，以取样长度的个数表示。对于 R 轮廓默认的评定长度为 5 个取样长度，即

$l_n = 5 \times l_r$。当评定长度为默认的 5 个取样长度时，在参数代号中不标注取样个数，否则要标注取样个数，例如轮廓算术平均偏差 R_a，评定长度为 3 个取样长度，则在 R_a 之后标注"3"，即 R_a3。

（3）极限值判断规则　表面结构要求中，极限值判断规则有两种：16% 规则和最大规则。16% 规则是检验零件表面结构时，实测值超过极限值的个数不超过总个数的 16% 为合格；最大规则是所有实测值都不得超过极限值。16% 规则为所有表面结构要求的默认规则，不标注。当采用最大规则时，在参数代号中加上"max"进行标注。例如：$R_a\max$。

（4）参数代号、极限值　参数代号由字母和数字组成，例如 R_a、R_a3、$R_a\max$、$R_z1\max$。参数代号与极限值之间插入空格，极限值单位为 μm。例如 $R_a 0.8$、$R_z1\max 3.2$。

（5）单向极限和双向极限　标注表面结构要求时，需要明确所标注的是上限值还是下限值。上、下极限值都标注，称为双向极限，只标注上限值或下限值称为单向极限。

上、下极限值可以用不同的参数代号和传输带表达。在完整符号中表示双向极限时应标注极限代号，上极限值在上方用"U"表示，下极限值在下方用"L"表示。如果是同一个参数的双向极限标注，在不引起歧义的情况下，可以不加 U、L。当只标注单向极限的上限值时，参数代号前不加"U"，当只标注单向极限的下限值时，参数代号前应加"L"。

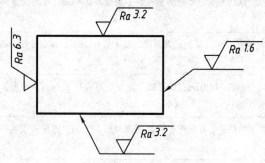

图 9-19　表面结构要求的注写方向

3. 表面结构符号、代号在图样上的标注

表面结构要求对每一表面一般只标注一次，并尽可能标注在相应尺寸及其公差的同一视图上。除非另有说明，所标注的表面结构要求是对完工零件表面的要求。

根据 GB/T 4458.4 规定，表面结构要求在图样上的标注原则是：表面结构的注写和读取方向与尺寸的注写和读取方向一致，如图 9-19 所示。有关标注方法的图例见表 9-5。

表 9-5　表面结构要求在图样上的标注

标注位置	图　例	说　明
轮廓线上或延伸线上		表面结构要求可标注在轮廓线上，其符号应从材料外指向并接触表面

续表

标注位置	图 例	说 明
轮廓线上或延伸线上	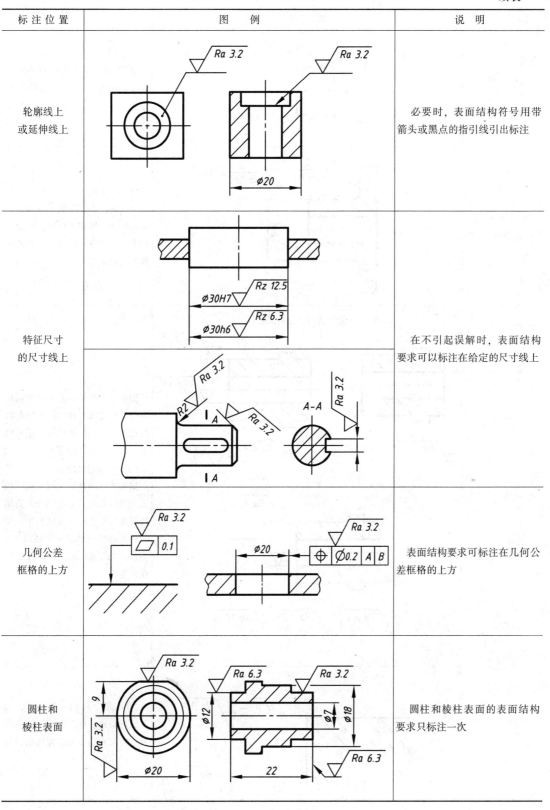	必要时，表面结构符号用带箭头或黑点的指引线引出标注
特征尺寸的尺寸线上		在不引起误解时，表面结构要求可以标注在给定的尺寸线上
几何公差框格的上方		表面结构要求可标注在几何公差框格的上方
圆柱和棱柱表面		圆柱和棱柱表面的表面结构要求只标注一次

标注位置	图例	说明
圆柱和棱柱表面	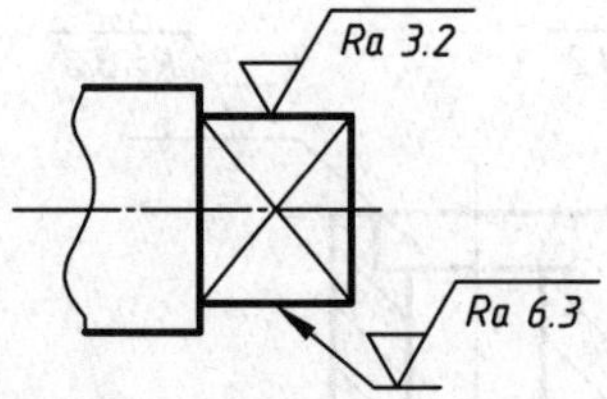	如果每个棱柱表面有不同的表面结构要求,则应分别单独标注
两种或多种工艺获得的同一表面	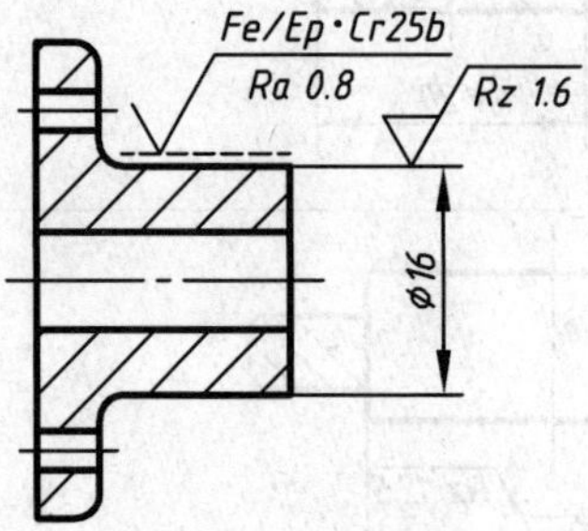	由几种不同的工艺方法获得的同一表面,当需要明确每种工艺方法的表面结构要求时,可分别标注,图中为同时给出镀覆前后的表面结构要求的注法
简化标注	有相同表面结构要求的简化标注 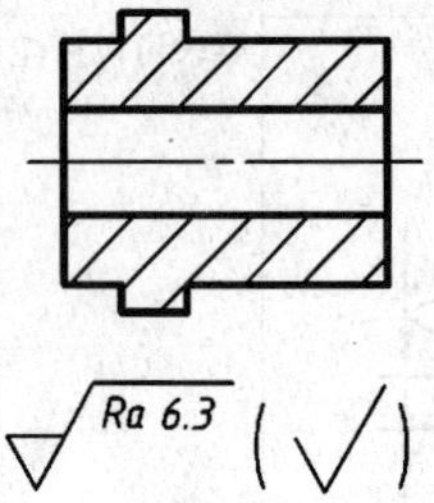 	如果工件的全部表面有相同的表面结构要求,在图样的标题栏附近标注表面结构代号和括号内无任何其他标注的基本符合,如图(a)下方的标注所示 如果工件的多数表面有相同的表面结构要求,则不同的表面结构要求应直接标注在图形中,相同的表面结构要求可按图(b)或图(c)方式统一标注在图样的标题栏附近
	多个表面有共同要求的标注 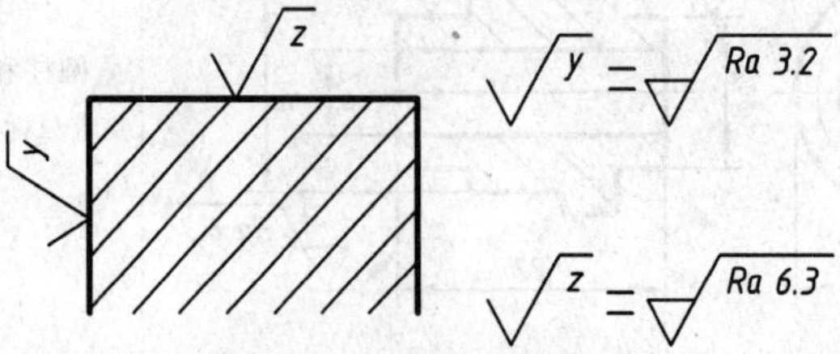 	可用带字母的完整符号,以等式的形式,在图形或标题栏附近,对有相同表面结构要求的表面进行简化标注

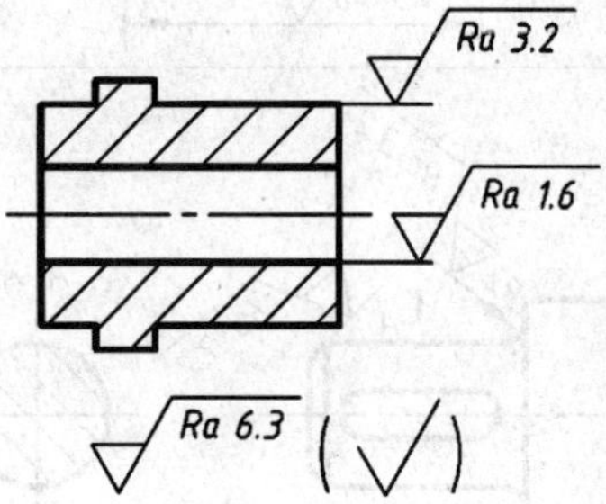

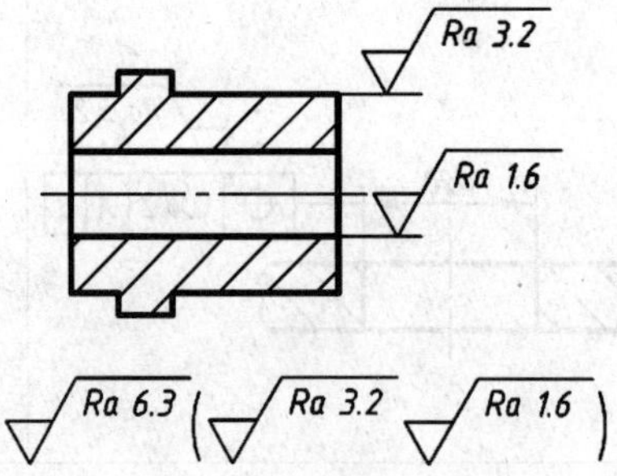

续表

标注位置	图 例	说 明
简化标注	只用表面结构符号的简化标注 $\sqrt{}=\sqrt{}$ $\sqrt{Ra\ 3.2}$ (a)　　$\sqrt{}=\sqrt{}$ $\sqrt{Ra\ 3.2}$ (b)　　$\sqrt{}=\sqrt{}$ $\sqrt{Ra\ 12.5}$ (c)	可用图(a)、(b)、(c)的表面结构符号,以等式的形式给出对多个表面共同的表面结构要求

二、极限与配合

1. 互换性

从相同规格的零件中任取一件,不经修配,就能装配到机器中去,并能保证使用要求,这种性质称为互换性。零件具有互换性,便于装配和维修,有利于组织生产协作,提高经济效益。建立极限与配合制度是保证零件具有互换性的必要条件。

为了使零件具有互换性,必须将零件尺寸的加工误差限定在一定范围内,这个范围既要保证相互结合的尺寸之间形成的关系满足使用要求,又要在制造时经济合理,这便形成了"极限与配合"。

2. 公差

1)公差的有关术语和定义(GB/T 1800.1—2009)

(1)尺寸要素　由一定大小的线性尺寸或角度尺寸确定的几何形状。

(2)公称尺寸　以图样规范确定的理想形状要素的尺寸。

(3)极限尺寸　尺寸要素允许尺寸的两个极端。

(4)上极限尺寸　尺寸要素允许的最大尺寸,如图9-20(a)所示。

(5)下极限尺寸　尺寸要素允许的最小尺寸,如图9-20(a)所示。

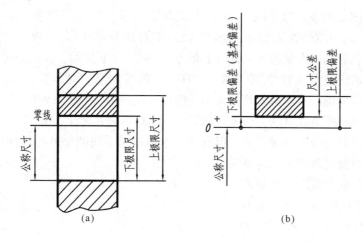

图9-20　公称尺寸、上极限尺寸、下极限尺寸和公差带图解

(6)零线　在极限与配合图解中,表示公称尺寸的一条直线(通常沿水平方向绘制),以其为基准确定偏差和公差,如图9-20(a)所示。

（7）极限制　经标准化的公差与偏差制度。

（8）偏差　某一尺寸减其公称尺寸所得的代数差。正偏差位于零线之上，负偏差位于零线之下。

（9）上极限偏差（ES，es）　上极限尺寸减其公称尺寸所得的代数差。

（10）下极限偏差（EI，ei）　下极限尺寸减其公称尺寸所得的代数差。

轴的上、下极限偏差用小写字母 es、ei 表示，孔的上、下极限偏差用大写字母 ES、EI 表示。

（11）尺寸公差（简称公差）　允许尺寸变动的范围。公差＝上极限尺寸－下极限尺寸＝上极限偏差－下极限偏差。

（12）公差带　在公差带图解中，由代表上极限尺寸和下极限尺寸或上极限偏差和下极限偏差的两条直线所限定的一个区域称为公差带。它是由公差大小和其相对于零线的位置来确定的，如图 9－20(b)所示。

2）标准公差和基本偏差

（1）标准公差　国家标准规定的用以确定公差带大小的标准化数值。标准公差数值见附表 3－1。

标准公差由基本尺寸范围和标准公差等级确定。标准公差等级代号用符号 IT 和数字组成。标准公差分 20 个等级，即：IT01，IT0，IT1，…，IT18。精度依次降低，公差值由小到大。其中 IT01 级最高，IT18 级最低。

同一公称尺寸，公差等级越高，公差数值越小，尺寸精度越高。属于同一公差等级的公差数值，公称尺寸越大，对应的公差数值越大，但被认为具有同等的精确程度。

（2）基本偏差　在极限与配合制中，确定公差带相对零线位置的极限偏差，一般指靠近零线的那个偏差。图 9－20(b)中的基本偏差为下极限偏差。

国家标准规定了基本偏差代号用拉丁字母表示，大写为孔，小写为轴，各有 28 个，基本偏差系列示意图如图 9－21 所示。从基本偏差系列示意图中可以看出：孔的基本偏差 A ~ H 为下偏差，J ~ ZC 为上偏差，JS 的公差带对称分布于零线两边，其基本偏差为 +IT/2或 －IT/2；轴的基本偏差 a ~ h 为上偏差，j ~ zc 为下偏差，js 的公差带对称分布于零线两边，其基本偏差为 +IT/2 或 －IT/2；H 和 h 的基本偏差均为零。基本偏差系列示意图只表示公差带的位置，不表示公差的大小。因此，在图 9－21 中只画出了公差带属于基本偏差的一端，而另一端是开口的，公差带的另一端由标准公差限定。

大多数基本偏差与公差等级无关，但有些基本偏差对不同的公差等级使用不同的数值，基本偏差的具体数值见附表 3－2、附表 3－3。

孔和轴的另一偏差按以下代数式计算：

$ES = EI + IT$ 或 $EI = ES - IT$

$es = ei + IT$ 　或 $ei = es - IT$

（3）公差带代号　公差带代号由基本偏差代号和公差等级组成。例如：

H8 ——表示基本偏差代号为 H，公差等级为 8 级的孔的公差带代号；

f7 ——表示基本偏差代号为 f，公差等级为 7 级的轴的公差带代号。

当公称尺寸和公差带代号确定时，可根据附表 3－4、附表 3－5 查得优先配合中轴、孔的极限偏差值。

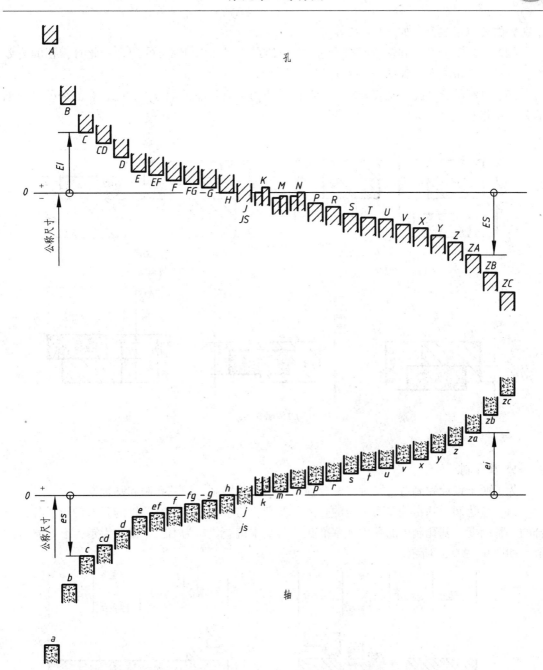

图 9 – 21　基本偏差系列示意图

3. 配合与基准制

公称尺寸相同的、相互结合的孔和轴公差带之间的关系，称为配合。

1）配合的种类

根据使用的要求不同，孔和轴之间的配合有松有紧，因而国标规定配合分为三类，即间隙配合、过盈配合和过渡配合。

（1）间隙配合　孔和轴装配时有间隙（包括最小间隙等于零）的配合。此时，孔的公差带在轴的公差带之上，如图 9 – 22（a）所示。

　　（2）过盈配合　孔和轴装配时有过盈（包括最小过盈等于零）的配合。此时，孔的公差带在轴的公差带之下，如图 9 – 22（b）所示。

　　（3）过渡配合　孔和轴装配时可能有间隙也可能有过盈的配合。此时，孔的公差带与轴的公差带相互交叠，如图 9 – 22（c）所示。

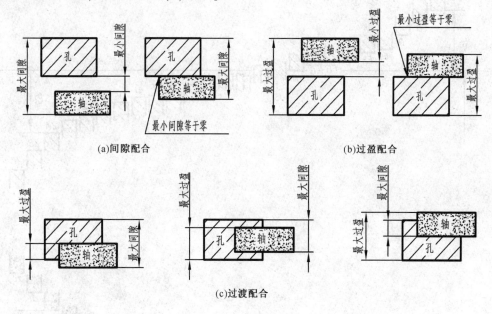

(a)间隙配合　　　　　　　　　　　　(b)过盈配合

(c)过渡配合

图 9 – 22　三类配合

2）基准制

　　为了便于设计和制造，国标对配合规定了两种基准制，即基孔制和基轴制。

　　（1）基孔制　基本偏差为一定的孔的公差带，与不同基本偏差的轴的公差带形成各种配合的一种制度。基孔制中的孔称为基准孔，其基本偏差代号为 H，下偏差为零，上偏差为正值，如图 9 – 23（a）所示。

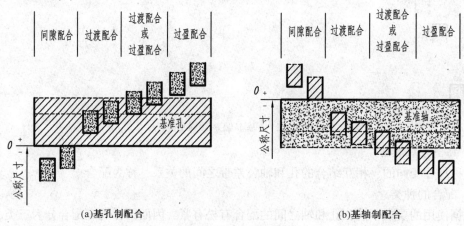

(a)基孔制配合　　　　　　　　　　　　(b)基轴制配合

图 9 – 23　配合的基准制

　　（2）基轴制　基本偏差为一定的轴的公差带，与不同基本偏差的孔的公差带形成各种配合的一种制度。基轴制中的轴称为基准轴，其基本偏差代号为 h，上偏差为零，下偏差为负值，如图 9-23(b)所示。

3）配合代号

配合代号是用孔、轴公差代号组成的分数式表示。分子表示孔的公差带代号，分母表示轴的公差带代号。如 $\dfrac{H8}{f7}$、$\dfrac{H9}{h9}$、$\dfrac{P7}{h6}$ 等，也可写成 H8/f7、H9/h9、P7/h6 的形式。

【例 9-2】 已知公称尺寸为 $\phi50$、公差等级为 8 级、基本偏差代号为 H 的孔与公称尺寸为 $\phi50$、公差等级为 7 级、基本偏差代号为 f 的轴配合，确定轴、孔的极限偏差值、基准制及配合性质，并写出配合代号、画出公差带图。

由附表 3-3 查得孔的上偏差值为 +0.039，下偏差值为 0，孔的尺寸可写为：$\phi50^{+0.039}_{0}$ 或 $\phi50H8(^{+0.039}_{0})$。由附表 3-2 查得轴的上偏差值为 -0.025，下偏差值为 -0.050，轴的尺寸可写为：$\phi50^{+0.025}_{-0.050}$ 或 $\phi50f7(^{+0.025}_{-0.050})$。

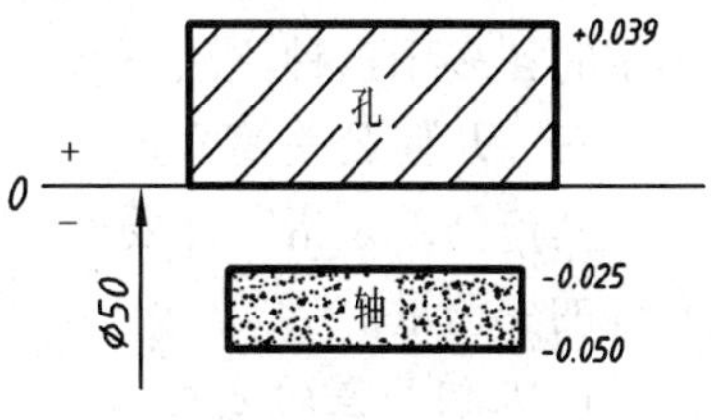

该配合为基孔制间隙配合，配合代号为：$\phi50\dfrac{H8}{f7}$，公差带图如图 9-24 所示。

图 9-24 公差带图

4. 优先、常用配合

国家标准根据机械工业产品生产使用的需要，考虑到各类产品的不同特点，制定了优先及常用配合。基孔制及基轴制的优先、常用配合见附表 3-2、附表 3-3。

在生产中，应尽量选用优先配合和常用配合。一般情况下，优先采用基孔制，这样可以限制刀具、量具的规格数量。基轴制通常仅用于具有明显经济效果的场合和结构设计要求不适合采用基孔制的场合。为降低加工工作量，在保证使用要求的前提下，应当使选用的公差为最大值。由于加工孔较困难，一般在配合中选用孔比轴低一级的公差等级，例如 H8/f7。

5. 极限与配合在图样上的标注

（1）在装配图上的标注　装配图中只标注配合代号，不标注偏差数值，如图 9-25(a)所示。

（2）在零件图上的标注　在零件图上有三种标注形式：

① 在公称尺寸后面注出公差带代号，如图 9-25(b)所示。这种注法和采用专用量具检验零件统一起来，以适应大批量生产的需要。因此，不需要标注极限偏差数值。

② 在公称尺寸后面注出极限偏差数值，如图 9-25(c)所示。这种注法主要用于小量或

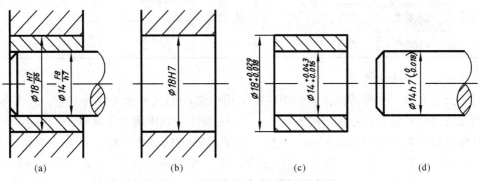

图 9-25 极限与配合在图样上的标注

单件生产，以便加工和检验时减少辅助时间。

当采用极限偏差标注时，偏差数值的数字比基本尺寸数字小一号，下偏差与基本尺寸标注在同一底线上，且上、下偏差的小数点必须对齐，小数点后的位数必须相同。

若上、下偏差的数值相同时，则在基本尺寸之后标注"±"符号，再填写一个偏差数值，如 $\phi50 \pm 0.012$。

若一个偏差数值为零，仍应注出零，零前无"＋"、"－"符号，并与下偏差或上偏差小数点前的个位数对齐。

③ 在公称尺寸后面同时注出公差带代号和极限偏差数值，如图 9 – 25(d)所示。当产量不定时，多用这种注法。

三、几何公差简介

几何公差是指零件要素(点、线、面)的实际形状和实际位置对理想形状和理想位置所允许的变动量。

1. 几何公差的分类

根据几何公差特征将其分为四类公差：形状、方向、位置和跳动。

GB/T 1182—2008 对几何公差的类型、符号、术语和定义、公差值和标注方法都作了规定，几何公差特征符号见表 9 – 6。

表 9 – 6　几何特征符号

公差类型	几何特征	符　号	有无基准	公差类型	几何特征	符　号	有无基准
形状公差	直线度	—	无	位置公差	位置度	⊕	有或无
	平面度	▱			同心度(用于中心点)	◎	
	圆　度	○					
	圆柱度	⌭			同轴度(用于轴线)		
	线轮廓度	⌒			对称度	⹀	有
	面轮廓度	⌓			线轮廓度	⌒	
方向公差	平行度	∥	有		面轮廓度	⌓	
	垂直度	⊥		跳动公差	圆跳动	↗	
	倾斜度	∠					
	线轮廓度	⌒			全跳动	↗↗	
	面轮廓度	⌓					

2. 几何公差的标注方法

(1) 公差框格　一般情况下，在图样中采用框格的形式来标注几何公差，在实际生产中，当无法用框格的形式标注几何公差时，允许在技术要求中用文字说明。

几何公差的框格用细实线画出，框格应水平(或垂直)放置。框格可分成两格或多格，从左至右第一格填写几何特征符号，第二格填写公差值及附加符号(如公差带是圆形或圆柱形的则在公差值前加注 ϕ，如是球形的则加注 $S\phi$)，第三格填写基准字母及附加符号。如果不涉及基准或附加符号，则框格只有两格。框格高度是图样中数字的二倍，它的长度视需要而定。框格中的数字、字母和符号与图样中的数字等高，如图9-26所示。

附加符号可根据需要单独或者同时标注在公差值和（或）基准的后面。

（2）基准符号 标注在图样上的基准符号由三角形、连接线、正方形框格和大写英文字母组成，其中三角形、连接线和框格用细实线绘制，涂黑或空白的三角形含义相同，大写英文字母表示与被测要素相关的基准，不论基准要素的方位如何，字母都应水平书写，如图9-27所示。

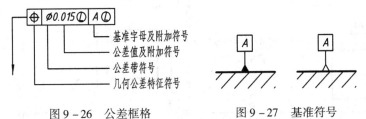

图9-26 公差框格　　　　　图9-27 基准符号

（3）被测要素的标注 在公差框格的一端用带箭头的指引线与被测要素相连，并垂直指向被测要素的轮廓线或其延长线。当公差涉及轮廓线或表面时，箭头指向被测要素的轮廓线或其延长线上，但必须与相应尺寸线明显错开，如图9-28（a）所示，箭头也可指向引出线的水平线，引出线引自被测表面，如图9-28（b）所示。当公差涉及中心线、中心面时，则箭头位于相应尺寸线的延长线上，指引线的箭头还可以代替一个尺寸箭头，如图9-29（a）、（b）所示。

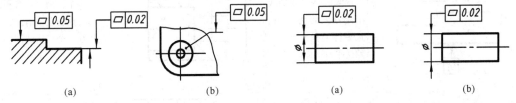

图9-28 被测要素标注示例一　　　　　图9-29 被测要素标注示例二

（4）基准要素的标注 当基准要素是轮廓线或轮廓面时，基准三角形放置在要素的轮廓线或其延长线上，但必须与相应尺寸线明显错开，如图9-30（a）所示，基准三角形也可放置在该轮廓面引出线的水平线上，如图9-30（b）所示。当基准是中心线、中心平面或中心点时，基准三角形放置在该尺寸线的延长线上，如果没有足够的位置标注基准要素尺寸的两个箭头时，其中一个箭头可以用基准三角形代替，如图9-31（a）、（b）所示。

几何公差标注示例见表9-7。

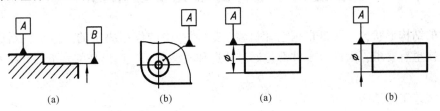

图9-30 基准要素标注示例一　　　　　图9-31 基准要素标注示例二

表 9–7 几何公差标注示例

图　例	说　明	图　例	说　明
$\phi0.01$	提取(实际)圆柱面的中心线应限定在直径等于 $\phi0.01$ 的圆柱面内	0.05　A	提取(实际)表面应限定在间距等于 0.05，且垂直于基准轴线 A 的两平行平面之间
0.01	提取(实际)圆柱面的任意素线应限定在 0.01 的两平行平面内	0.1　A	提取(实际)中心平面应限定在间距为 0.1，且对称基准中心平面 A 的两平行平面之间
0.05	提取(实际)圆柱面应限定在半径差等于 0.05 的两个同轴圆柱面之间	$\phi0.04$　A–B	大圆柱提取(实际)中心线应限定在直径为 $\phi0.04$，且与以公共基准轴线 A–B 为轴线的圆柱面内
// 0.01　A	提取(实际)表面应限定在间距为 0.01，且平行于基准平面 A 的两平行平面之间	$\phi0.02$　A	多个被测要素有相同的几何公差要求时，可以从一个框格的同一端引出多个指示箭头
0.05　A	在任一垂直于 A 的横断面内，提取(实际)圆柱面应限定在半径差等于 0.05，圆心在基准轴线 A 上的同心圆之间	0.015　A / 0.005	同一个被测要素有多项形位公差要求时，可以在一个指引线上画出多个公差框格

第五节　零件的常见工艺结构

零件的结构形状，主要是根据它在机器(或部件)中的作用决定的。但是，制造工艺对零件的结构也有要求，大部分零件都是通过铸造和机械加工生产出来的，下面介绍零件的常见工艺结构。

一、铸造工艺结构

1. 拔模斜度

用铸造的方法制造零件毛坯时，为了便于在砂型中取出模样，一般沿模样方向作成约

1:20的斜度，叫拔模斜度。因此铸件上也有相应的拔模斜度，如图9-32(a)所示。这种斜度较小，在图上可以不予标注，也不一定画出，如图9-32(b)所示；必要时，可以在技术要求中用文字说明。

2. 铸造圆角

在铸造零件毛坯时，为了方便起模，防止浇铸铁水时将砂型转角处冲坏，避免铸件在冷却时产生裂缝或缩孔，在铸件毛坯各表面的相交处，都有铸造圆角，如图9-33所示。在零件图上需要画出铸造圆角，但一般不标注，而是集中注写在技术要求中。

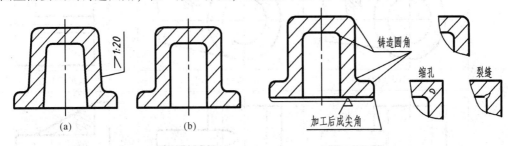

图9-32 拔模斜度   图9-33 铸造圆角

3. 铸件壁厚

在浇铸零件时，为了避免各部分因冷却速度不同而产生缩孔或裂缝，铸件壁厚应保持大致相等或逐渐变化，如图9-34所示。

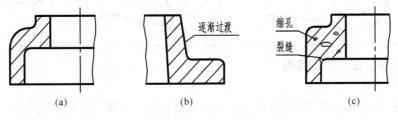

图9-34 铸件壁厚

由于铸件上有圆角、拔模斜度存在，铸件表面上交线变得不明显了，这种线称为过渡线。过渡线用细实线表示，其画法与相贯线的画法一样，按没有圆角的情况画出相贯线的投影，画到理论上的交点为止。常见的过渡线画法见表9-8。

表9-8 过渡线画法

	直径不等	直径相等
两圆柱相交	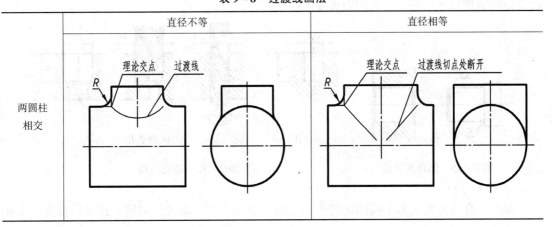	

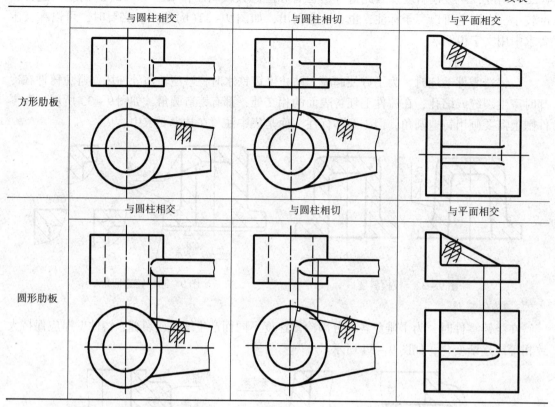

	与圆柱相交	与圆柱相切	与平面相交
方形肋板			
	与圆柱相交	与圆柱相切	与平面相交
圆形肋板			

二、零件加工面的工艺结构

1. 倒角和倒圆

为了去除零件的毛刺、锐边和便于装配，在轴和孔的端部一般都加工出倒角，为了避免因应力集中而产生裂纹，在轴肩处往往加工成圆角过渡的形式称为倒圆，如图 9 – 35 所示。倒角和倒圆的尺寸系列，可查阅附表 4 – 2。

2. 螺纹退刀槽和砂轮越程槽

在切削加工中，特别是在车螺纹和磨削时，为了便于退出刀具或使砂轮可以稍稍越过加工面，常常在零件的待加工面的末端，先车出螺纹退刀槽或砂轮越程槽。螺纹退刀槽和砂轮越程槽的结构尺寸系列，可查阅附表 4 – 3。

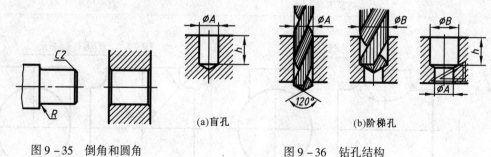

(a)盲孔　　　　　　　　　　(b)阶梯孔

图 9 – 35　倒角和圆角　　　　　　　图 9 – 36　钻孔结构

3. 钻孔结构

零件上有各种形式和不同用途的孔，多数是用钻头加工而成。用钻头钻出的盲孔，在孔的底部有一个120°的锥角，钻孔深度指的是圆柱部分的深度，不包括锥坑，如图9-36(a)所示。在阶梯形钻孔的过渡处，也存在锥角为120°的圆台，如图9-36(b)所示。

4. 凸台和凹坑

零件上与其他零件的接触面，一般都要加工。为了减少加工面积，并保证零件表面之间有良好的接触，常常在铸件上设计出凸台、凹坑。图9-37(a)、(b)是螺栓连接的支承面做成凸台或凹坑的结构；图9-37(c)是平面做成凹槽的结构；图9-37(d)是套筒做成凹腔的结构。

常见结构要素的尺寸标注见表9-9。

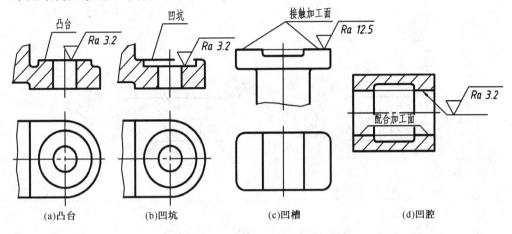

| (a)凸台 | (b)凹坑 | (c)凹槽 | (d)凹腔 |

图9-37　凸台和凹坑结构

表9-9　常见结构要素的尺寸标注

结 构 类 型	标 注 示 例	说　　明
光孔	2×φ6▽18　　2×φ6▽18　　18	2个公称直径为6的光孔，孔深18mm
螺纹孔	2×M8-7H▽16 孔▽18　　2×M8-7H▽16 孔▽18　　2×M8-7H　16　18	2个公称直径为M8的螺纹孔，螺纹深度16mm，孔深18mm

续表

结构类型		标注示例	说　明
沉孔	锥形	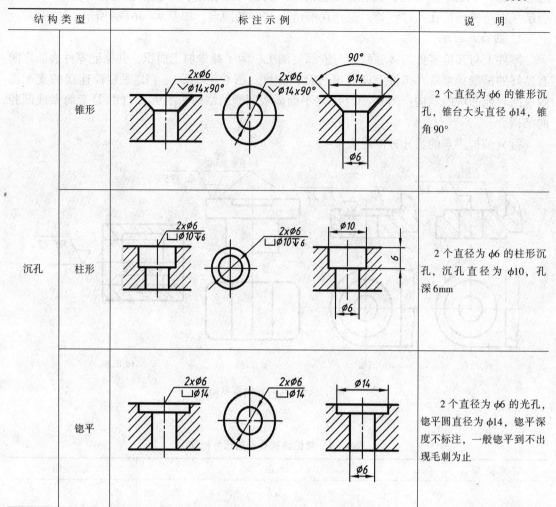	2个直径为 φ6 的锥形沉孔，锥台大头直径 φ14，锥角 90°
	柱形		2个直径为 φ6 的柱形沉孔，沉孔直径为 φ10，孔深 6mm
	锪平		2个直径为 φ6 的光孔，锪平圆直径为 φ14，锪平深度不标注，一般锪平到不出现毛刺为止

第六节　看零件图

看懂零件图是每个工程技术人员必须具备的能力，其目的在于通过看图了解零件的名称、材料、结构、用途及技术要求等内容。下面以壳体零件为例（见图 9–38）说明看零件图的方法和步骤。

一、看零件图的目的要求

（1）了解零件的名称、数量、材料和用途。

（2）了解零件整体及各组成部分的结构形状、特点和作用。

（3）了解零件各部分的大小、制造方法和技术要求。

二、看零件图的方法和步骤

1. 看标题栏

从标题栏了解零件的名称、材料、比例等。从零件的名称可知零件的类型，该零件的名称是壳体，属箱体类零件。其材料为铸造铝合金，毛坯的制造方法为铸造，画图比例为1:2。

2. 分析视图

分析视图，想象零件的形状。看懂零件的内外结构形状是看零件图的主要目的之一。从基本视图看懂零件的主体结构形状；结合局部视图、斜视图以及断面图等表达方法，看懂零件的局部结构形状；最后根据相互位置关系综合得出整体结构形状。

该壳体较为复杂，采用了3个基本视图和一个局部视图表达它的内外结构形状。主视图采用 $A-A$ 全剖视图，表达内部结构及外部轮廓。俯视图采用 $B-B$ 阶梯剖视图，表达内部及底板的形状。左视图采用局部剖视图，表达外部及顶板孔结构形状。C 向局部视图，表达顶板结构形状及孔的分布情况。

主体结构：该壳体主要由上部的顶板、本体、下部的安装底板以及左面的凸块组成。除了凸块外，本体及底板基本上是回转体。

局部结构：顶部有 $\phi30H7$ 的通孔、$\phi12$ 的盲孔和 M6 的螺孔，底部有台阶孔 $\phi48H7$ 与本体上 $\phi30H7$ 通孔相连接，底板上有 4 个 $\phi7$ 安装孔，锪平直径为 $\phi16$。结合主、俯、左 3 个视图看，左侧为带有凹槽的 T 形凸块，在凹槽的左端面上有 $\phi12$、$\phi8$ 的阶梯孔，与顶部 $\phi12$ 的圆柱孔相通，在这个台阶孔的上方和下方，各有一个螺孔 M6。在凸块前方的圆柱形凸缘（从俯视图 $\phi30$ 可以看出）上，有 $\phi20$、$\phi12$ 的阶梯孔，向后也与顶部 $\phi12$ 的圆柱孔贯通。从左视图的局部剖视和 C 向局部视图可以看出：顶部有 6 个 $\phi7$ 的安装孔，锪平直径为 $\phi14$。

3. 分析尺寸

先看有公差的尺寸、主要加工尺寸，再看标有表面结构要求的表面，了解哪些表面是加工面，那些是非加工面。分析尺寸基准，了解哪些是定位尺寸、定形尺寸及总体尺寸。

从标注表面结构要求的表面可知，该零件的上顶面、下底面、底板凸台面及各圆孔为加工表面。长度方向的主要基准是主体内孔 $\phi30H7$ 的轴线，它即是设计基准，又是工艺基准。左侧凹槽端面为辅助的工艺基准。

宽度方向的主要基准也是主体内孔 $\phi30H7$ 的轴线，它即是设计基准，又是工艺基准。前面凸台端面为辅助的工艺基准。

高度方向的主要基准是零件的底面，上顶面为高度方向的辅助基准。

从上述基准出发，结合零件的功能，进一步分析各组成部分的定位尺寸和定形尺寸，从而完全读懂该壳体的形状和大小。

4. 分析技术要求

根据零件的结构和尺寸，分析零件图上表面结构要求、极限与配合、几何公差等技术要求。这对进一步认识该零件，确定其加工工艺是很重要的。

从图中可以看到：壳体的顶板和安装底板中相连接贯通的台阶孔 $\phi48H7$、$\phi30H7$ 都有公差要求，其极限偏差数值可由公差带代号 H7 查表获得。

壳体除主要的 $\phi30H7$ 和 $\phi48H7$ 圆柱孔轮廓的算数平均偏差为 6.3μm 外，加工面大部分轮廓的算数平均偏差为 25μm，少数是为 12.5μm；其余为铸件表面。由此可见，该零件对表面结构要求不高。另外还有用文字书写的技术要求。

通过上述分析，壳体零件的材料、结构形状、尺寸大小、精度要求、各表面精度以及热处理要求等都一目了然，看懂零件图后，就可以制定加工工艺，进行零件加工等后续工作。

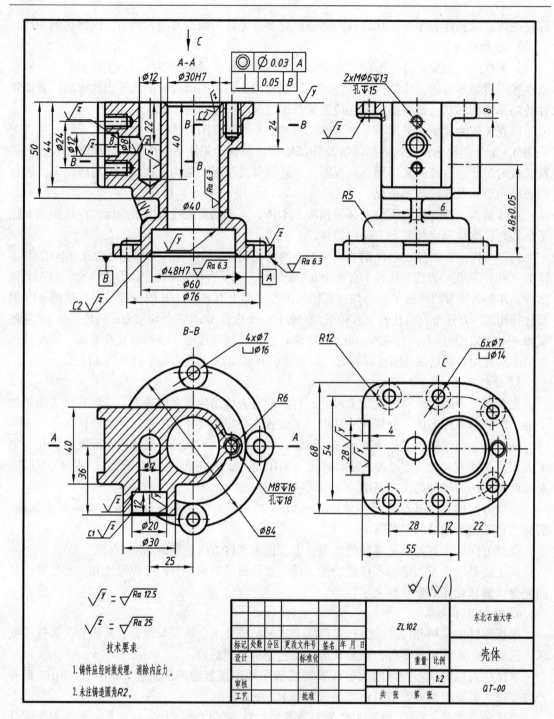

图 9 – 38　壳体零件图

第七节　SolidWorks 工程图注解

利用 SolidWorks 生成工程图视图后，要对工程图添加相关的注解。对于一张完整的工程图而言，图纸上除了具有尺寸标注之外，还应包括与图纸相关的注解，如几何公差、表面结构要求、技术要求等内容。

本节将重点介绍工程图中常用注解的添加方法。

一、中心符号线和中心线

在工程图标注尺寸和添加注释前，应先添加中心符号线或中心线。

1. 中心符号线

单击【注解】工具栏上的【中心符号线】按钮⊕，弹出【中心符号线】属性管理器，单击【单一中心符号线】按钮╬，指针变为形状⊕，选择圆，标注圆的中心线，单击【确定】按钮✓，如图9-39所示。如果取消勾选【使用文档默认值】复选框，还可以重新设置中心符号线的显示属性，如图9-40所示。

在【中心线符号】属性管理器中，单击【线性中心符号线】按钮╬，勾选【连接线】复选框，可以添加所有线性阵列实例的中心符号线。单击【圆形中心符号线】按钮⊕，勾选【圆周线】、【基体中心符号线】复选框，可以添加所有圆周阵列实例的中心符号线。勾选【槽口中心符号线】，可以标注槽口中心符号线，槽口中心符号线的类型须在【工具】→【选项】→【文件属性】→【尺寸】→【中心线/中心符号线】中选择。

2. 中心线

单击【注解】工具栏上的【中心线】按钮⊟，弹出【中心线】属性管理器，选择需添加中心线的一对边线，单击【确定】按钮✓，如图9-41所示。

图9-39　添加单一中心符号线

图9-40　设置显示属性

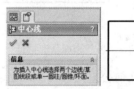
图9-41　添加中心线

二、注释

在文档中，注释可为自由浮动或固定，也可带有一条指向某项（面、边线或顶点）的引线。引线可以是直线、折弯线或多转折引线。注释可以包含简单的文字、符号、参数文字或超文本链接。

利用文本注释，可以在工程图中的任意位置添加文本，如添加工程图中的"技术要求"等内容。

单击【注解】工具栏上的【注释】按钮**A**，或单击【插入】→【注解】→【注释】选项，单击图形区域，输入注释文字，按 Enter 键换行，输入完成后，在【格式化】工具栏中单击【适合文本】按钮⊟，调整文字的宽度，使其以长仿宋体形式显示，单击【确定】按钮✓，完成技术要求，如图9-42所示。

三、表面粗糙度符号

在 SolidWorks 中，可以为有表面结构要求的表面添加表面粗糙度符号。

技术要求
1.未注圆角R3；
2.淬火HRC40-45。
图9-42　技术要求

单击【注解】工具栏上的【表面粗糙度符号】按钮 √，或单击【插入】→【注解】→【表面粗糙度符号】选项，弹出【表面粗糙度】属性管理器，在【符号】选项中选择一种表面粗糙度符号按钮，如【要求切削加工】按钮 √。根据需要在【符号布局】选项中输入各选项，如输入 R_a 6.3。在图形区域会显示其预览，单击放置符号，对于需要加引线标注粗糙度时，在【引线】选项中选择引线方式，单击【确定】按钮 √，如图9-43所示。可以在【格式】选项中，取消勾选【使用文档字体】，重新为粗糙度设置字体；在【角度】选项中选择表面粗糙度符号的角度。

不关闭【表面粗糙度】属性管理器，可以连续添加多个表面粗糙度符号。

   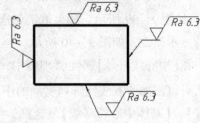

图9-43　添加表面粗糙度符号

四、基准特征

用户可以在零件或装配体的模型表面、工程图显示为边的表面上添加基准符号。

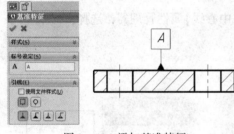

图9-44　添加基准特征

单击【注解】工具栏上的【基准特征】按钮 ，或单击【插入】→【注解】→【基准特征符号】选项，弹出【基准特征】属性管理器，在【引线】选项中选择【方形】、【实三角形】选项，在图形区域选择要标注的基准位置，单击以放置基准符号，再次单击以确定连线的长度，根据需要继续插入多个基准符号，单击【确定】按钮 √，如图9-44所示。

五、几何公差

1. 添加几何公差

（1）单击【注解】工具栏上的【形位公差】按钮 ，或单击【插入】→【注解】→【形位公差】选项，弹出【属性】对话框。

（2）在【属性】对话框中，单击【符号】旁的下拉按钮 ，选择几何公差的符号，如图9-45(a)所示。

（3）在【公差1】框中输入公差数值0.02（如果需要在前面添加符号，可单击图标按钮，如 ⌀ ）。

（4）在【主要】基准框内输入大写字母A，操作结果都会显示在预览文本框中。根据需要，可以单击【主要】旁的下拉按钮 ，选择【组合基准】。如果需要还可以输入第二、第三基准，如图9-45(b)所示。

（5）在【形位公差】属性管理器中设置【引线】、【格式】等内容，如图9-46(a)所示。

（6）在图形区域选择添加几何公差的表面，单击左键，放置几何公差，单击【属性】对话框的【确定】按钮 确定 ，关闭对话框，如图9-46(b)所示。

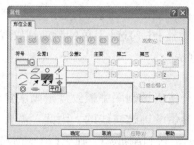
(a)选择形位公差符号

(b)输入形位公差数值及基准

图 9 – 45　形位公差【属性】对话框

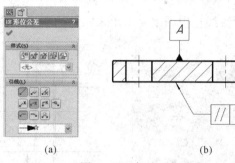

(a)　　　　　　　　　(b)

图 9 – 46　标注几何公差

2. 调整几何公差的位置

（1）单击几何公差，拖动箭头顶部，可移动箭头位置；拖动几何公差或引线，可以将几何公差移到合适的位置。

（2）双击几何公差，可以对几何公差进行编辑。

六、装饰螺纹线

装饰螺纹线是机械制图中螺纹的规定画法，它代表外螺纹的小径或内螺纹的大径及螺纹截止线。在零件或装配体中添加的装饰螺纹线可以输入到工程视图中。

1. 添加装饰螺纹线

添加装饰螺纹线的操作步骤如下：

（1）在一个圆柱形特征上（凸台、切除或孔），选择螺纹线开始的圆形边线。如果特征是圆锥孔，选择大端直径；如果特征是圆锥凸台，选择小端直径，如图 9 – 47(a)所示。

（2）单击【注解】工具栏上的【装饰螺纹线】按钮 ，或单击【插入】→【注解】→【装饰螺纹线】选项，弹出【装饰螺纹线】属性管理器，在【深度】中输入螺纹长度，在【次要直径】中输入螺纹小径数值，近似值取 $0.85d$（d 为螺纹公称直径），单击【确定】按钮 ，如图 9 – 47(b)所示。

(a)选择边线

(b)属性管理器

(c)设计树

(d)上色的装饰螺纹线

图 9 – 47　添加装饰螺纹线

（3）装饰螺纹线与圆柱的草图均属于圆柱特征，如图9–47(c)所示。单击菜单【工具】→【选项】→【文件属性】→【出详图】，在【显示过滤器】中勾选【上色的装饰螺纹线】，圆柱表面显示装饰螺纹线的上色效果，如图9–47(d)所示。

2．在工程图中显示装饰螺纹线

在零件中添加了装饰螺纹线，零件工程图就会按机械制图中螺纹规定画法自动显示装饰螺纹线。但在装配体工程图中，默认情况下是不显示装饰螺纹线的，因此，需要有一个插入装饰螺纹线的操作。单击【注解】工具栏上的【模型项目】按钮，弹出【模型项目】属性管理器，在【来源/目标】中选择【整个模型】，并勾选【将项目输入到所有视图】，在【尺寸】中，选择【没为工程图标注】图标，在【注解】中，选择【装饰螺纹线】图标，其余取默认值，单击【确定】按钮，将装饰螺纹线在视图中显示出来，并用粗实线覆盖细实线的内螺纹截止线，如图9–48所示。

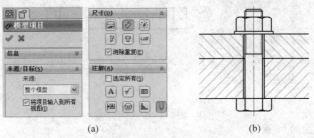

(a)　　　　　　　　(b)

图9–48　显示装饰螺纹线及用粗实线表示螺纹截止线

第八节　零件建模及零件图

零件建模与组合体建模方法基本相同，也需要分析零件是由哪些基本形体组成，这些形体用SolidWorks的哪些特征来实现，建模的顺序如何。零件的结构形状，主要是根据它在机器（或部件）中的作用决定的。但是，制造工艺对零件的结构也有要求，所以，零件的建模还要考虑工艺要求。对于复杂零件，可以利用特征压缩功能，压缩一些对下一步建模无影响的特征，来加快复杂模型的重建速度。

本节以壳体（见图9–38）为例介绍零件的建模过程及零件工程图的生成过程。

一、零件建模

建模分析：壳体属于较复杂的箱体结构，有很多孔和槽，而且孔与孔之间有多处相交，所以，建模本着先实后空的原则进行。此模型的建立将分为底板→顶板→中间实体→前凸台→圆角→肋板→内孔→顶面柱孔和螺纹孔→前凸台孔→左侧柱孔和螺纹孔共10部分完成，如图9–49所示。

建模步骤如下：

（1）底板　在上视基准面上绘制底板草图，分别进行底板及台阶的局部拉伸，如图9–49(a)所示。

（2）顶板　在距底板为80mm处建立与上视基准面平行的基准面，并在该基准面上绘制顶板草图。【拉伸】顶板及切槽(φ14锪平圆与边线重合，拉伸切除时，出现零厚度，该特征无法建立，将φ14近似取φ13.9)，如图9–49(b)所示。

（3）中部实体　在顶板的上面绘制草图，分别对中间实体的左右凸台、中间凸台及中心圆柱进行拉伸，如图9－49（c）所示。

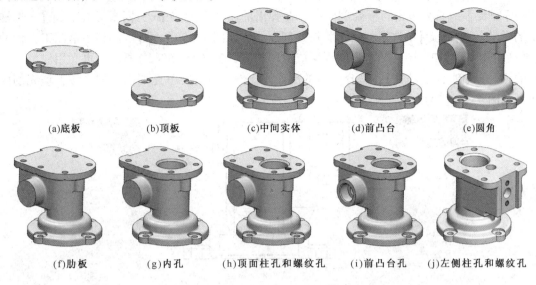

(a)底板　　　(b)顶板　　　(c)中间实体　　　(d)前凸台　　　(e)圆角

(f)肋板　　　(g)内孔　　　(h)顶面柱孔和螺纹孔　　　(i)前凸台孔　　　(j)左侧柱孔和螺纹孔

图9－49　建模分析

（4）前凸台　在前视基准面上绘制草图，【拉伸】前凸台，如图9－49（d）所示。

（5）圆角　利用【圆角】命令，添加各处圆角，如图9－49（e）所示。

（6）肋板　在前视基准面上绘制肋板草图，利用【筋板】命令，添加肋板，利用【圆角】命令，添加肋板处圆角，如图9－49（f）所示。

（7）内孔　单击【前导视图】工具栏的【剖面视图】，显示以前视基准面为剖切面的剖面视图，并在前视基准面上绘制草图，利用【旋转切除】命令，切除内孔，如图9－49（g）所示。

（8）顶面柱孔和螺纹孔　单击顶面后，单击【特征】命令管理器中的【异型孔】按钮，在弹出的属性管理器的【类型】选项卡中，给出柱孔尺寸，然后切换到【位置】选项卡，按 ESC 键进入孔位置编辑状态，通过标尺寸，添加几何关系，确定柱孔位置，柱孔位置确定后，单击【确定】按钮✓，完成异型孔添加。以同样的方法添加螺纹孔，如图9－49（h）所示。

（9）前凸台孔　在前凸台端面绘制草图，分别挖切 $\phi12$ 和 $\phi20$ 孔，并切除倒角，如图9－49（i）所示。

（10）左侧柱孔和螺纹孔　利用【异型孔】添加螺纹孔。在前视基准面上绘制草图，并利用【旋转切除】命令，切除柱孔，如图9－49（j）所示。

二、生成零件图

利用 SolidWorks 的工程图设计，可以将已建立的三维模型直接生成二维工程图。其方法是：首先利用【视图布局】命令管理器中的命令，确定视图的表达方案，然后利用【注解】命令管理器中的命令，为零件标注尺寸、添加各种注解。下面以壳体为例介绍零件图的生成过程。步骤如下：

（1）生成视图：

① 由壳体模型直接生成主、俯、左三视图。

② 生成主视图的全剖视图。

方法一：

利用【断开的剖面视图】命令，生成主视图的全剖视图。按国标规定肋板纵向剖切时，剖按不剖绘制。首先单击肋板处剖面线，在弹出的属性管理器中去掉【材质剖面线】复选框中的对号，选择【无】单选钮，去掉肋板处剖面线，如图9－50(a)所示，利用草图工具栏的【转换实体引用】和草图绘制，将肋板形成封闭轮廓，如图9－50(b)所示，再利用注解工具栏的【区方域剖面线/填充】，选择合适的剖面线比例，单击要填充剖面线的区域，填充剖面线，如图9－50(c)所示。

 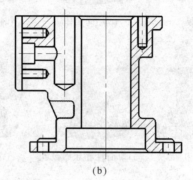 

(a)　　　　　　　　(b)　　　　　　　　(c)

图9－50　筋板的表达

方法二：

利用【剖面视图】生成全剖的主视图。单击【剖面视图】，弹出的【剖面视图】对话框，在设计树模型中选择【筋】特征，勾选【剖面视图】对话框中的"反转方向"，得到肋板剖按不剖的全剖视图，如图9－51(a)、(b)所示。

③ 去掉多余的点画线，单击注解工具栏的【中心线】，为需要添加轴线的孔添加中心线。

④ 利用【剖面视图】命令，添加肋板处断面图。新建一图层，并将该图层关闭，把断面图的标注放到该图层上，标注不可见。把边线的粗线型改为细线型，将编辑好的断面图放到视图的肋板位置处，使其成为重合断面图，如图9－52所示。

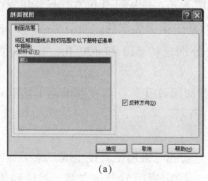 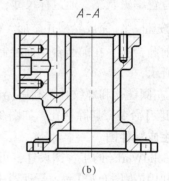

(a)　　　　　　　　　　　　　　(b)

图9－51　主视图

⑤ 利用【断开的剖面视图】命令，生成左视图顶板孔的局部剖视图。调整肋板处的表达，过渡线用细实线表示，如图9－53所示。

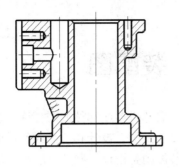

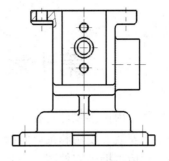

图9-52　肋板断面图　　　　　　　图9-53　左视图

⑥ 右击俯视图，在弹出的快捷菜单中，选择【隐藏】，隐藏俯视图。

⑦ 在主视图上距底板下面为48mm处及通过右端螺纹孔横断面处作两个平行平面B-B，利用【剖面视图】命令，得到俯视图的阶梯剖视图。利用草图工具栏的【直线】命令绘制剖切平面的起、讫和转折处的剖切符号，并注上相同的字母，如图9-54所示。

⑧利用【辅助视图】命令，生成C向视图，右击多余边线，在快捷菜单中，选择【隐藏边线】，隐藏多余边线，在线型工具栏中，选择【线条样式】中的【虚线】，绘制虚线圆，如图9-55所示。

壳体用了四个视图，内外结构已表达清楚，把各视图调整到合适位置，右击视图，选择快捷菜单中的【锁定视图位置】，将每一个视图的位置锁定。

（2）标注尺寸。由于壳体的尺寸很多，利用注解工具栏中的【模型项目】添加尺寸，调整量太大，故采用【智能尺寸】标注所有尺寸。

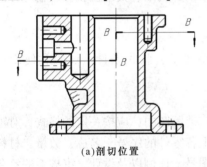

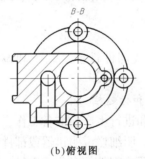

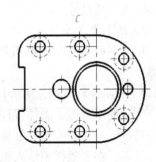

(a)剖切位置　　　　　　　(b)俯视图

图9-54　剖切位置及全剖视图　　　　　图9-55　C向局部视图

（3）添加注解，书写技术要求等，最后得到壳体零件图，如图9-38所示。

第十章 装配图

一台机器或部件是由许多零件装配而成的。表达机器或部件的图样称为装配图。在进行设计、装配、检验、安装、使用和维修时都需要装配图。设计新产品或改进原有产品时，都要先画出装配图，然后再拆画零件图。因此，装配图是设计、制造、装配、检验、安装、使用和维修等项工作的重要依据。此外，在交流生产经验、反映设计思想、引进先进技术中，也离不开装配图。装配图是生产中的重要技术文件之一。

第一节 装配图的内容

图 10 – 1 所示的是转子油泵装配图，从图中可以看出，一张完整的装配图应包括以下四方面内容。

1. 一组图形

用各种表达方法，正确、完整、清晰及简便地表达机器或部件的工作原理、各零件的装配关系、连接方式、传动路线以及零件的主要结构形状。

2. 几种尺寸

在装配图中，应标注出表示机器或部件的性能、规格以及装配、安装检验、运输等方面所必需的一些尺寸。

3. 技术要求

用文字或符号注写出机器或部件性能、装配和调整要求、验收条件、试验和使用规则等。

4. 零部件的编号、明细栏和标题栏

为了便于看图、图样管理和进行生产前准备工作，在装配图中，应按一定的格式，对零部件进行编号，并画出明细栏，明细栏说明机器或部件上各零件的序号、名称、数量、材料及备注等。在标题栏中填入机器或部件的名称、重量、图号、比例以及设计、审核者的签名和日期等。

第二节 装配图的表达方法

前面介绍过的零件的各种表达方法，如视图、剖视图、断面图、局部放大图及各种规定画法和简化画法，同样适用于装配图。但由于装配图和零件图的表达重点不同，因此，装配图还有一些特殊的表达方法和规定画法。

一、装配图的规定画法

（1）相邻两个零件的接触表面和配合面只画一条线，两个不接触的表面，即使间隙很小，也必须画出两条线，如图 10 – 1 中泵体 1 与垫片 5 的接触面及基本尺寸为 $\phi 13$ 的泵轴与泵体孔的配合表面都只画一条线。而螺栓 9 与泵体 1、泵盖 6 上的孔是不接触表面，应画两条线。

（2）在剖视图中，相邻两个零件的剖面线方向相反，或方向相同而间距不等或错开。同一零件在同一个装配图的各个剖视图中的剖面线方向、间隔必须一致，如图 10-2 中相邻两件的剖面线方向相反，而图 10-1 中的泵轴 4 在主视图、C-C 剖视图中的剖面线方向和间隔都一致。当零件的厚度小于或等于 2mm 时，允许用涂黑代替剖面符号，如图 10-1 中的垫片 5 的画法。

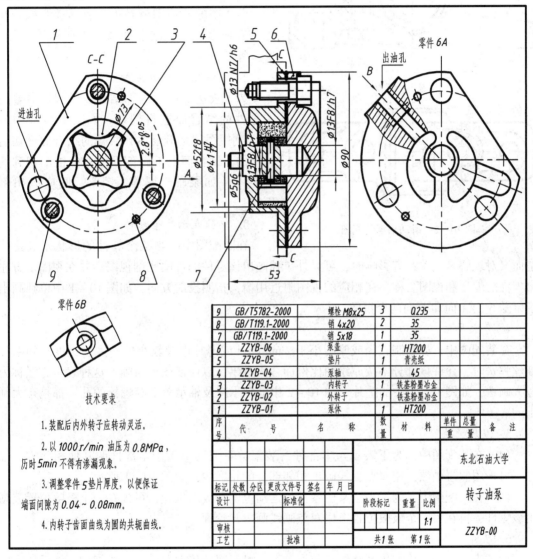

9	GB/T5782-2000	螺栓 M8x25	3	Q235			
8	GB/T119.1-2000	销 4x20	2	35			
7	GB/T119.1-2000	销 5x18	1	35			
6	ZZYB-06	泵盖	1	HT200			
5	ZZYB-05	垫片	1	青壳纸			
4	ZZYB-04	泵轴	1	45			
3	ZZYB-03	内转子	1	铁基粉墨冶金			
2	ZZYB-02	外转子	1	铁基粉墨冶金			
1	ZZYB-01	泵体	1	HT200			
序号	代　号	名　称	数量	材　料	单件 重量	总量 重量	备注

技术要求

1.装配后内外转子应转动灵活。

2.以 1000r/min 油压为 0.8MPa，历时 5min 不得有渗漏现象。

3.调整零件 5 垫片厚度，以便保证端面间隙为 0.04～0.08mm。

4.内转子齿面曲线为圆的共轭曲线。

						东北石油大学	
标记	处数	分区	更改文件号	签名	年 月 日	转子油泵	
设计			标准化			阶段标记	重量	比例	
审核								1:1	ZZYB-00
工艺			批准			共1张 第1张	

图 10-1　转子油泵装配图

（3）对于紧固件(如螺栓、螺母、垫圈、螺柱等)及实心件(如轴、手柄、球、连杆、键等)，当剖切平面通过其轴线(或对称线)剖切时，这些零件均按不剖绘制，只画出零件的外形，如图 10-1 转子油泵装配图中的泵轴 4、定位销 7、螺栓 9。如果实心杆件上有些结构(如键槽、销孔等)需要表达时，可用局部剖视图表示，如图 10-1 中的泵轴 4。当剖切平面垂直其轴线剖切时，需要画出其剖面线，如图 10-1 中的泵轴 4，在 C-C 剖视图中画出了剖面线。

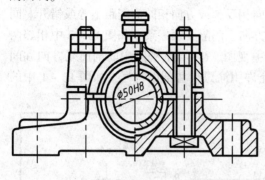

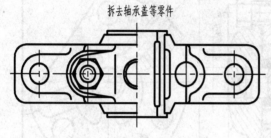

拆去轴承盖等零件

图 10 – 2   滑动轴承装配图

二、装配图的特殊表达方法

1. 拆卸画法

在装配图的某个视图上，当某些零件遮住了大部分装配关系或其他零件时，可假想将这些零件拆去绘制，这种画法称为拆卸画法。如图 10 – 2 中的俯视图就是拆去轴承盖、螺栓和螺母后画出的。采用这种画法需要标注"拆去××等"。

2. 沿结合面剖切画法

为了表达部件的内部结构，可假想沿着两个零件的结合面进行剖切。如图 10 – 1 中的 $C – C$ 剖视图就是沿泵体和泵盖的结合面剖切后画出的。结合面上不画剖面线，但被剖切到的其他零件如泵轴、螺栓、销等，则应画出剖面线。

3. 单独表示某个零件

在装配图中，当某个零件的形状未表达清楚而又对理解装配关系有影响时，可另外单独画出该零件的视图或剖视图，并在视图上方注出零件的编号和视图名称，在相应的视图附近用箭头指明投射方向，如图 10 – 1 中单独画出了泵盖 6 的 A 向和 B 向两个视图。

4. 夸大画法

在装配图中，如绘制直径或厚度小于 2mm 的孔或薄片以及较小的斜度、锥度、间隙和细丝弹簧时，允许该部分不按原绘图比例而夸大画出，以便使图形清晰，这种表示方法称为夸大画法，如图 10 – 1 中的垫片、图 10 – 2 中的轴承座及轴承盖上穿螺栓的孔，都是夸大画出的。

5. 假想画法

（1）在装配图中，为了表示与本部件有装配关系但又不属于本部件的其他相邻零、部件，可采用假想画法，用双点画线画出相邻部分的轮廓线，如图 10 – 1 所示。

（2）在装配图中，为了表示某些零件的运动范围和极限位置，可先在一个极限位置上画出该零件，再在另一个极限位置上用双点画线画出其轮廓。

6. 展开画法

为了表示传动机构的传动路线和装配关系，可假想按传动顺序沿轴线剖切，然后依次展开，使剖切平面摊平到与选定的投影面平行后，再画出其剖视图，这种画法称为展开画法。

7. 简化画法

（1）螺栓连接等若干相同的零件组，在不影响理解的前提下，允许仅详细地画出一处，其余则以点画线表示其中心位置。在装配图中，螺母和螺栓头允许采用简化画法，如图 10 – 3 所示。

（2）装配图中的滚动轴承，按滚动轴承的规定画法绘制，如图 10 – 3 所示。

（3）零件的工艺结构，如圆角、倒角、退刀槽等允许不画，如图 10 – 3 所示。

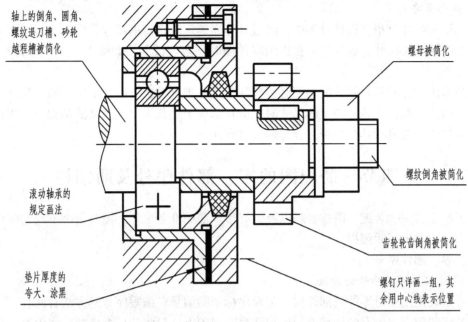

轴上的倒角、圆角、螺纹退刀槽、砂轮越程槽被简化

螺母被简化

螺纹倒角被简化

滚动轴承的规定画法

齿轮轮齿倒角被简化

垫片厚度的夸大、涂黑

螺钉只详画一组，其余用中心线表示位置

图 10 – 3　装配图中的简化画法和夸大画法

第三节　装配图中的尺寸标注

装配图与零件图的作用不同，因此对尺寸标注的要求也不同，装配图只需标注与部件的规格、性能、装配、安装、运输、使用等有关的尺寸，可分为以下几类。

1. 性能（规格）尺寸

性能（规格）尺寸是表示机器或部件的性能、规格和特征的尺寸，它是设计、了解和选用机器的重要依据。

2. 装配尺寸

装配尺寸是表示机器或部件上有关零件间装配关系的尺寸。主要有下面两种：

（1）配合尺寸　表示两个零件之间配合性质的尺寸，如图 10 – 1 转子油泵装配图中的 $\phi41H7/f7$，它是由基本尺寸、孔与轴的公差带代号组成的，是拆画零件图时确定零件尺寸偏差的依据。

（2）相对位置尺寸　表示装配机器时需要保证的零件间较重要的距离、间隙等尺寸。如图 10 – 1 中的 $\phi73$，图 10 – 11 中螺孔轴线到底面的距离 50、两轴线间距离 28.76 ± 0.016 等尺寸。

3. 外形尺寸

外形尺寸是表示机器或部件外形轮廓的尺寸，即总长、总宽、总高。它反映了机器或部件所占空间的大小，是包装、运输、安装以及厂房设计时需要考虑的外形尺寸，如图 10 – 1 中的 53（总长）、$\phi90$（总高和总宽）等尺寸。

4. 安装尺寸

安装尺寸是将部件安装到机器上，或将机器安装到地基上，表示其安装位置的尺寸，如

图 10 – 1 中安装螺栓的定位尺寸 $\phi73$。

5. 其他重要尺寸

其他重要尺寸是指在设计过程中，经过计算而确定或选定的尺寸，但又未包括在上述四类尺寸之中的重要尺寸。这种尺寸在拆画零件图时，不能改变，如图 10 – 11 中的齿轮宽度尺寸 25。

应当指出，并不是每张装配图都必须标注上述各类尺寸，有时装配图上同一尺寸兼有几种含义。因此，在标注装配图上的尺寸时，应在掌握上述几类尺寸意义的基础上，根据机器或部件的具体情况进行具体分析，合理地进行标注。

第四节　装配图的零、部件序号及明细栏

为了便于看图、装配、图样管理以及做好生产前的准备工作，需对每个不同的零件或组件编写序号，并填写明细栏。

一、零、部件序号

1. 编写零、部件序号的方法

序号是装配图在对零件或部件按一定顺序标示的编号，编写序号的方法有两种：

（1）将装配图上所有的标准件的标记注写在视图上，只将非标准件按顺序编号。

（2）将装配图上所有的零件包括标准件在内，按一定顺序编号，如图 10 – 1 所示。

2. 零、部件序号标注的一些规定

（1）零、部件序号的标注由序号数字、引线及其末端圆点或箭头三部分组成。引线由指向零件内的指引线和水平线或圆组成，也可以只有指引线，没有水平线或圆。引线用细实线绘制。引线的末端为一个实心圆点，如果引线的末端为涂黑区域，则用箭头代替实心圆点，并指向该部分的轮廓。序号数字填写在水平线上、圆内或引线的端部，字高比装配图中的尺寸数字大一号，如图 10 – 4 所示。

（2）指引线不能相交，也不要过长，当通过有剖面线区域时，指引线尽量不与剖面线平行。必要时，指引线可画成折线，但只允许曲折一次，如图 10 – 5 所示。

（3）对于一组紧固件（如螺栓、螺母、垫圈）以及装配关系清楚的零件组，允许采用公共指引线，如图 10 – 6 所示。

（4）在装配图中，对同种规格的零件只编写一个序号，对同一标准的部件（如油杯、滚动轴承、电机等）也只编写一个序号。

（5）序号应沿水平或铅垂方向按顺时针或逆时针方向整齐排列，如图 10 – 1 所示。

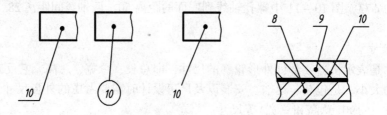

图 10 – 4　序号标注

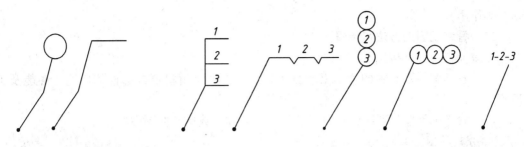

图 10 - 5　指引线为折线　　　　　图 10 - 6　紧固件的序号标注

二、明细栏

明细栏是机器或部件中所有零部件的详细目录，栏内主要填写零部件序号、代号、名称、材料、数量、重量及备注等内容。明细栏画在标题栏上方，外框为粗实线，内框为细实线，当标题栏上方的位置不够时，可将部分明细栏画在标题栏左方。明细栏中的零部件序号应从下往上顺序填写，以便增加零件时，可以继续向上画格。明细栏中的零部件序号要与装配图中的序号完全一致。有时，明细栏也可不画在装配图内，按 A4 幅面单独画出，作为装配图的续页，但在明细栏下方应配置与装配图完全一致的标题栏。图 10 - 7 为国标中规定的明细栏的标准格式。

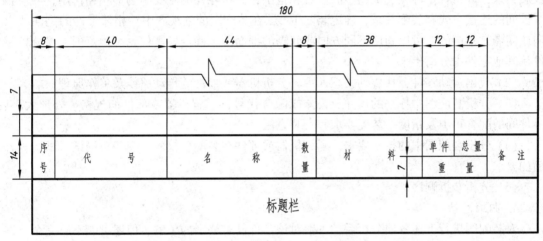

图 10 - 7　装配图的标题栏和明细栏

第五节　看装配图和拆画零件图

在机器的设计、制造、装配、检验、使用、维修以及技术革新、技术交流等生产活动中，都会遇到看装配图的问题。因此，必须掌握看装配图的方法和步骤。

一、看装配图的要求

看装配图时，主要应了解以下一些内容：

(1) 机器或部件的性能、用途和工作原理。

(2) 各零件间的装配关系和拆装顺序。

(3) 各零件的名称、数量、材料及主要结构形状和作用(即传动、支承、调整、润滑、密封等作用)。

二、看装配图的方法和步骤

1. 概括了解

(1)看标题栏及有关的说明书和技术资料，大致了解机器或部件的用途、性能及工作原理。

(2)看零部件序号和明细栏，了解零件的名称、数量及在图中的位置。

2. 分析视图

分析装配图是由哪些视图组成、各视图的名称、视图间的投影关系及各视图要表达的意图。对于剖视图，还要确定剖切面的位置。

3. 深入阅读装配图

这是深入看装配图的重要阶段，要弄清各零件在机器或部件中的位置、作用及主要结构形状、各零件间的连接方式和装配关系，弄清零件间的配合种类及精度要求，弄清机器或部件的传动路线及工作原理。

进一步深入阅读装配图的一般方法是：

(1)从反映装配关系比较明显的那个视图入手，结合其他视图，对照零件在各视图上的投影关系，分析各零件在装配图中的位置和范围，分析零件的主要结构形状和作用，弄清各零件间的连接方式和装配关系，确定装配干线。在装配图的剖视图中，相邻零件的剖面线方向或间隔是不同的，可以利用不同方向或间隔的剖面线，确定各零件轮廓的范围，将分析零件从其他零件中分离出来。

(2)找出运动零件，从传动关系入手，分析机器或部件的传动路线及工作原理。

(3)分析装配图中标注的尺寸及公差或配合代号，了解机器或部件的规格、外形大小、零件间的配合种类及精度、装配要求和安装方法。

(4)分析装配图中的技术要求，了解机器或部件在装配、检验、安装、调试、试验等方面的要求。

(5)分析装拆顺序。

4. 归纳总结

对装配图进行上述各项分析后，一般对该部件已有一定的了解，但还可能不够完全、透彻，还要围绕部件的结构、工作情况和装配连接关系等，把各部分结构联系起来综合考虑，以求对整个部件有个全面的认识。

三、由装配图拆画零件图的方法和步骤

在看懂装配图的基础上，将零件的轮廓从装配体中分离出来，并整理画出零件工作图的过程称为由装配图拆画零件图，简称拆图。拆图是设计工作中的一个重要环节。首先应解决零件的结构形状、图形的表达方法，然后解决零件的尺寸和技术要求等问题。对零件图的内容、要求和画法，已在前面章节中叙述过，这里着重介绍拆图时应注意的几个问题。

1. 确定零件的结构形状

装配图主要表达零件间的装配关系，对于每个零件的某些局部的形状和结构不一定都能完全表达清楚，零件上某些标准的工艺结构(如倒角、倒圆、越程槽、退刀槽等)进行了省略。因此，在拆画零件图时，应根据零件的设计和工艺要求予以完善，补画出这些结构。

如图10-8所示的丝堵头部的形状在装配图上未表达清楚，在画零件图时，应补画 A 向

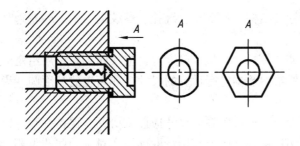

图 10 - 8   丝堵头部形状

视图，以表达丝堵头部的形状。当零件上采用弯曲卷边等变形方法连接时，应画出其连接前的形状，如图 10 - 9 和图 10 - 10 所示。

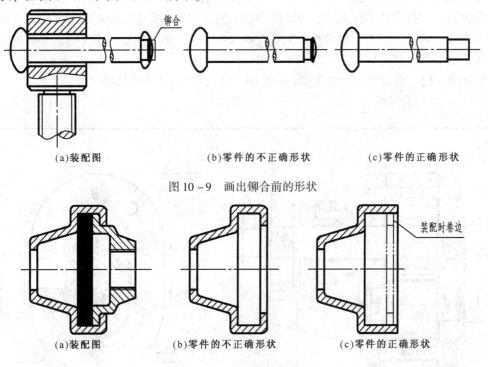

(a)装配图　　　　　　　(b)零件的不正确形状　　　　　　(c)零件的正确形状

图 10 - 9   画出铆合前的形状

(a)装配图　　　　　　　(b)零件的不正确形状　　　　　　(c)零件的正确形状

图 10 - 10   画出卷边前的形状

2. 确定表达方案

装配图的表达方案是从整个装配体来考虑的，不一定符合每个零件视图选择的要求。因此，在拆画零件图时，零件图的表达方案应根据零件的结构特点来考虑，一般不能照搬装配图中零件的表达方法，应根据零件的结构形状、工作位置或加工位置统一考虑最优的表达方案。

3. 尺寸标注

零件图上的尺寸可按以前介绍的方法和要求标注。由装配图画零件图时，其尺寸的大小应根据不同情况分别处理：

（1）凡在装配图中已注出的尺寸，都是比较重要的尺寸，在有关的零件图上应直接注出。对于配合尺寸和某些相对位置尺寸要注出偏差值。

（2）与标准件相连接或配合的有关尺寸，如螺纹尺寸、销孔直径等，要从相应的标准中查取。

（3）对零件上的标准结构，如倒角、沉孔、螺纹退刀槽、砂轮越程槽、键槽等尺寸，应查阅有关标准确定。

（4）某些零件，如弹簧尺寸、垫片厚度等，应按明细栏中所给定的尺寸数据标注。

（5）根据装配图所给的数据进行计算的尺寸，如齿轮的分度圆、齿顶圆直径等尺寸，要经过计算后标注。

（6）凡零件间有配合、连接关系的尺寸应注意协调，保持一致，以保证正确装配。

其他尺寸可用比例尺从装配图上直接量取标注。对于一些非重要尺寸应取为整数。对于标准化的尺寸，如直径、长度等均应注意采用标准化数值。

零件上各表面的表面结构要求是根据其作用来确定的，一般来说，有相对运动、配合要求、密封要求和耐腐蚀要求的接触面，其表面结构要求较高，而自由表面的表面结构要求较低。

零件图上的技术要求将直接影响零件的加工质量和使用要求，但正确制定技术要求将涉及许多专业知识，如加工、检验和装配等方面的要求，这里不作进一步介绍。一般可通过查阅有关手册或参考其他同类型产品的图纸加以比较确定。

【例 10 -1】　看齿轮油泵装配图（见图 10 - 11），并拆画泵体的零件图。

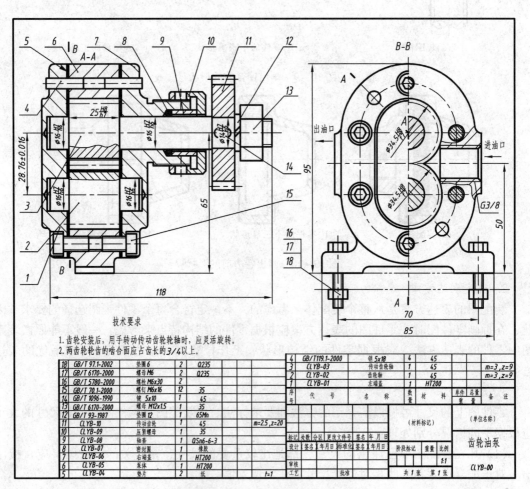

图 10 - 11　齿轮油泵装配图

1. 概括了解

齿轮油泵是机器中用以输送润滑油的一个部件，主要由泵体及左、右端盖、运动零件（传动齿轮轴、齿轮轴、传动齿轮等）、密封零件、标准件等组成。从明细栏中可看出，齿轮油泵共由 17 种零件组成，其中标准件 6 种，常用件和非标准件 11 种。

2. 分析视图

齿轮油泵的装配图采用两个视图表达，主视图是采用两个相交平面剖切得到的全剖视图 A – A 和齿轮啮合部分的局部剖视图，剖切位置通过销孔中心和前后对称面，该视图表达了齿轮油泵各零件间的装配关系及相对位置；左视图是沿左垫片 5 与泵体 6 结合面剖切的半剖视图 B – B 和进油口处的局部剖视图，反映了该油泵的外部形状和齿轮的啮合情况及进、出油口处的结构。

3. 深入阅读装配图

泵体 6 是齿轮油泵中的主要零件之一。它的内腔可以容纳一对齿轮。将齿轮轴 2、传动齿轮轴 3 装入泵体后，两侧有左端盖 1、右端盖 7 支承这一对齿轮轴的旋转运动。由销 4 将端盖与泵体定位后，再用螺钉 15 将端盖与泵体连接成整体。为了防止泵体与端盖结合面处以及传动齿轮轴 3 伸出端漏油，分别用垫片 5、密封圈 8、轴套 9 及压紧螺母 10 密封。齿轮油泵有两条装配干线，一条是由传动齿轮轴 3 及其上面的零件组成，另一条是齿轮轴 2。

齿轮油泵的工作原理：从图 10 – 11 主、左视图的投影关系可知，齿轮轴 2、传动齿轮轴 3、传动齿轮 11 是油泵中的运动零件。当传动齿轮 11 按逆时针方向（从左视图观察）转动时，通过键 14 将扭矩传递给传动齿轮轴 3，经过齿轮啮合带动齿轮轴 2，从而使后者作顺时针方向转动，如图 10 – 12 所示。当一对齿轮在泵体内按图示方向作啮合传动时，啮合区内右边压力降低而产生局部真空，油池内的油在大气压力作用下进入油泵的进油口，随着齿轮的转动，齿槽中的油不断沿箭头方向被带到左边的出油口把油压出，送至机器中需要润滑的部位。

配合关系：传动齿轮 11 和传动齿轮轴 3 之间的配合尺寸是 $\phi14H7/k6$，它属于基孔制的优先过渡配合，从附表 3 – 4、附表 3 – 5 中可查得：

轴的尺寸是 $\phi14^{+0.012}_{-0.001}$，孔的尺寸是 $\phi14^{+0.015}_{0}$。

配合的最大间隙 = 0.018 – 0.001 = + 0.017

配合的最大过盈 = 0 – 0.012 = – 0.012

齿轮与端盖在支承处的配合尺寸是 $\phi16H7/h6$；齿轮轴的齿顶圆与泵体内腔的配合尺寸是 $\phi34.5H8/f7$。

尺寸分析：28.76 ± 0.016 是一对啮合齿轮的中心距，这个尺寸准确与否将会直接影响齿轮的啮合传动。65 是传动齿轮轴线离泵体安装面的高度尺寸。齿轮油泵的外形尺寸是 118、85、95，由此知道齿轮油泵的体积不大。G3/8（进油口、出油口的尺寸）及 70（两个螺栓孔之间的尺寸）均为安装尺寸。

装拆顺序：螺钉 15→销钉 4→左端盖 1→齿轮轴 2→螺母 13→垫圈 12→齿轮 11→压紧螺母 10→轴套 9→密封圈 8→右端盖 7→传动齿轮轴 3。

齿轮油泵的装配轴测图如图 10 – 13 所示，供读图分析时参考。

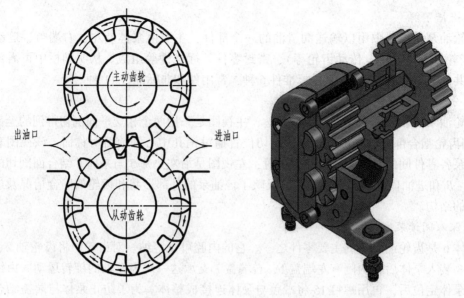

图 10-12　齿轮油泵工作原理　　　　　图 10-13　齿轮油泵装配轴测图

4. 拆画泵体的零件图

（1）确定零件的结构形状　齿轮油泵的泵体是一个主要零件，其主要作用为支承、容纳、连接外部进出油管路等。从主、左视图分析可以看出，泵体的主体形状为长圆形，内部为空腔，用以容纳一对啮合齿轮。其左、右端面有两个连通的销孔和六个连通的螺钉孔。从左视图可知，泵体的前后有两个对称的凸台，内有管螺纹。泵体底部为安装板，上面有两个螺栓孔。

① 从装配图中找出泵体的序号，根据其作用、结构分析、剖面线的方向等，将其从装配图中分离出来，如图 10-14 所示。

② 补画被其他零件挡住的部分及泵体上的其他结构，如图 10-15 所示。

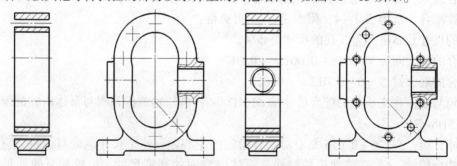

图 10-14　将零件从装配体中分离出来　　　图 10-15　补画被挡住部分及其他结构

（2）确定表达方案　根据泵体的结构特点，选择结构形状和位置特征比较多的方向作为主视图的投影方向。主视图采用了两处局部剖视图，左视图为全剖视图，底板的形状及孔的位置采用了 B 向视图表达。三个视图已把泵体的结构形状完全表达清楚。

（3）尺寸标注　在泵体零件图上标注尺寸时，首先把装配图上已注出的与泵体有关的尺寸直接标出，如 28.76 ± 0.016、50、$\phi 34.5H8$、70、85、G3/8 等，配合尺寸查表注出偏差数值。螺孔和销孔的尺寸，根据明细栏中螺钉和销钉的规格确定。

（4）表面结构要求及技术要求 参考有关资料，确定泵体各加工表面的表面结构要求。根据泵体加工、检验、装配等要求及齿轮油泵的工作情况，注出相应的技术要求。

泵体的零件图，如图 10－16 所示。

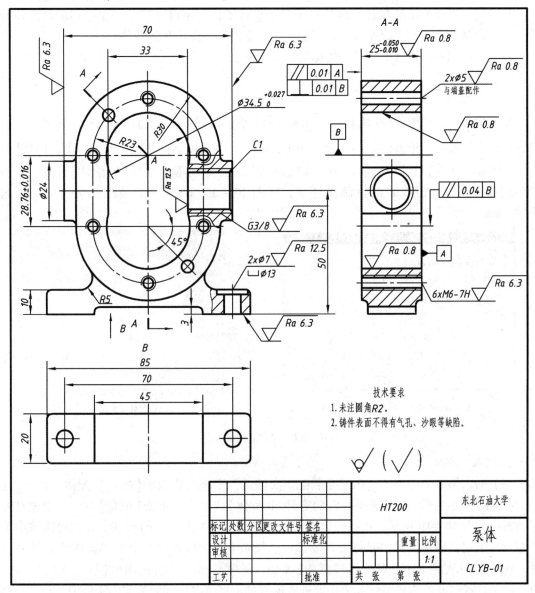

图 10－16 泵体的零件图

第六节 装配体建模及装配图

装配体是由许多零部件组合而成的复杂体。装配体的零部件可以包括独立的零件和其他装配体（子装配体）。本节介绍装配体的建模、生成爆炸视图及装配图等内容。

装配体的设计方法有两种：自上而下设计方法和自下而上设计方法。

自下而上设计方法是比较传统的方法。在自下而上设计中，先生成零件，然后将其插入到装配体中，再根据设计要求配合零件。当使用已经生成的零件时，自下而上设计方法是首选的方法。

自上而下设计方法是在装配体环境下开始设计工作，用户可以从一个空白的装配体开始，也可以从一个已经完成并插入到装配体中的零件开始设计其他零件。

在实际应用中，通常不是单一使用某种设计方法，而是将两种方法结合使用。

一、装配过程

1. 建立装配体文件

单击标准工具栏中的【新建】按钮 或单击菜单【文件】→【新建】命令，如果是从零件文件直接制作装配体，单击【标准】工具栏中的【从零件/装配体制作装配体】按钮 ，出现【新建 SolidWorks 文件】对话框，如图 10 – 17（a）所示，在对话框中选择【装配体】图标，单击【确定】按钮，即可进入装配体制作环境，如图 10 – 17（b）所示。装配体文件的扩展名为 ∗. sldasm。

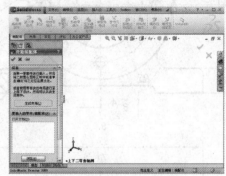

(a)【新建SolidWorks文件】对话框　　　　　　(b)装配体制作界面

图 10 – 17　建立装配体文件

2. 插入零部件

（1）插入第一个零部件　在建立装配体文件后，系统默认激活【插入装配体】命令。在【开始装配体】属性管理器的【要插入的零件/装配体】选项中，单击【浏览】按钮，出现打开对话框，如图 10 – 18 所示，选择想要插入的文件，然后单击【打开】按钮，在图形区域中单击左键，确定其插入位置，即可插入零部件。如果零件文件在建立装配体文件之前已经打开，这时在【开始装配体】属性管理器的【要插入的零件/装配体】选项的【打开文档】栏内，可以看到已经打开的零件名称，单击要插入的零件，将零件插入到装配体文件中。

对于第一个插入的零部件，系统默认为"固定"，固定的零件在装配体【特征设计树】中的零件名称前会自动加有【固定】标志，表明其已定位，除非将其改为浮动，否则不能移动或旋转它。要使该零件固定在原点，在插入时直接单击【确定】按钮 或单击特征树中的原点即可。

（2）插入其他零部件　完成上述操作后，【开始装配体】属性管理器会自动关闭。如要继续插入其他的零部件，可单击装配体命令管理器中的【插入零部件】按钮 ，在出现的【插入零部件】属性管理器中选择要插入的文件即可。

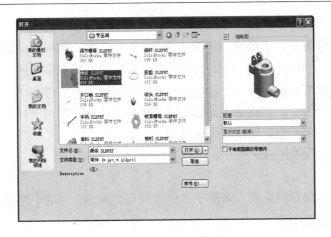

图 10 - 18　插入零部件图

　　每次添加完零件后，【插入零部件】属性管理器都会关闭，使得每次添加零部件时都必须重复上面的操作。如果一次要添加多个零部件，可以单击【插入零部件】属性管理器的【保持可见】按钮， 使该按钮变成 ，【插入零部件】属性管理器处于打开状态，待添加完所有零部件后，再单击【确定】按钮 ，关闭该属性管理器。

　　3. 建立零部件的配合关系

　　零部件的配合关系是指在装配体中零件与零件之间的相对位置及配合情况。在进行零件装配时，单击【装配体】工具栏中的【配合】按钮 ，添加零部件的配合关系。SolidWorks 提供了三种配合选项：标准配合、高级配合和机械配合。【配合】属性管理器及各种配合选项如图 10 - 19 所示。

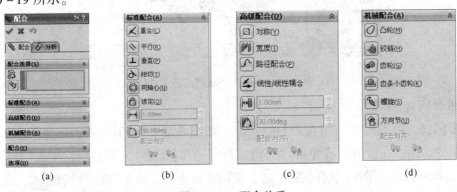

(a)　　　　　　　　(b)　　　　　　　　(c)　　　　　　　　(d)

图 10 - 19　配合关系

　　4. 基本操作

　　（1）删除零部件　在装配体的图形区域或【特征设计树】中，单击想要删除的零部件，按键盘中的 Delete 键，或选择菜单栏中的【编辑】→【删除】命令，或单击鼠标右键，在弹出的快捷菜单中选择【删除】命令，此时会出现【删除确认】对话框，单击对话框中【是】按钮以确认删除。此零部件及其所有相关项目（配合、零部件阵列、爆炸步骤等）都会被删除。

　　（2）移动与旋转零部件　插入到装配体中的零部件，可以使用【移动零部件】命令和【旋转零部件】命令来拖动和旋转零部件，以方便添加配合关系或者选择零件实体等操作。

　　① 移动零部件　单击【装配体】工具栏中的【移动零部件】按钮 ，此时指针变成 ，将

鼠标移至欲拖动的零件上，按住左键拖动鼠标，即可移动目标零件。

移动零部件快捷方法：左键单击并拖动零部件的一个面，即可移动该零件。

② 旋转零部件　单击【装配体】工具栏中的【旋转零部件】按钮![按钮]，此时指针变成![指针]，将鼠标移至欲旋转的零件上，按住左键拖动鼠标，即可旋转目标零件。

旋转零部件快捷方法：右键单击并拖动零部件的一个面，即可旋转该零件。

下面通过几个实例介绍装配体的装配过程。

【例 10 – 2】　装配手压阀。

1. 插入零件

插入阀体，使之固定在原点，为便于其他零件与之配合，单击【剖面视图】按钮![按钮]，选择沿孔轴线剖切的平面剖切。

再继续插入手压阀中的其他零件，结果如图 10 – 20 所示。

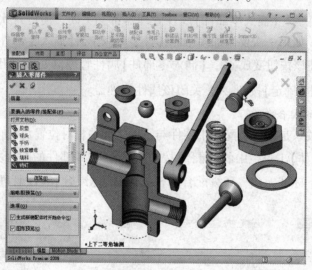

图 10 – 20　插入手压阀的各零件

2. 装配阀杆

单击【装配体】工具栏中的【配合】按钮![按钮]，出现【配合】属性管理器，选择阀杆上的锥面与阀体上的锥面，在绘图区域弹出【配合】工具栏，在【配合】工具栏内，单击【反向】按钮![按钮]，调整阀杆方向，单击【重合】按钮![按钮]，使两锥面重合，单击【确定】按钮![按钮]，完成阀杆与阀体的装配，如图 10 – 21 所示。

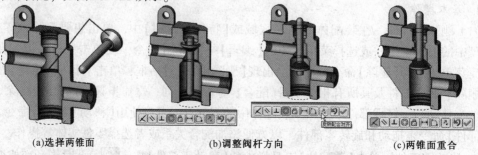

(a)选择两锥面　　　　(b)调整阀杆方向　　　　(c)两锥面重合

图 10 – 21　装配阀杆

3. 装配弹簧

选择阀杆内端面与弹簧上的端面，使两端面【重合】✗。单击窗口上方的【前导视图】工具栏中的【隐藏/显示项目】按钮👓下的【基准轴】和【临时轴】(或单击菜单【视图】→【基准轴】和【临时轴】)，显示两轴。选择弹簧的基准轴和阀杆的临时轴，使两轴【重合】✗，如图10-22所示。

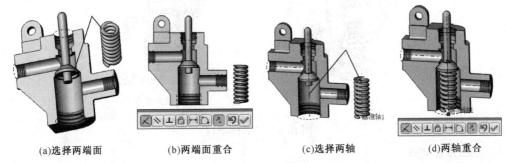

(a)选择两端面   (b)两端面重合   (c)选择两轴   (d)两轴重合

图10-22 装配弹簧

4. 装配胶垫

选择胶垫的端面与阀体下端面，使两端面【重合】✗。选择胶垫的基准轴和阀体的临时轴，使两轴【重合】✗，或选择胶垫的圆柱面与阀体的内孔柱面【同轴心】◎，如图10-23所示。

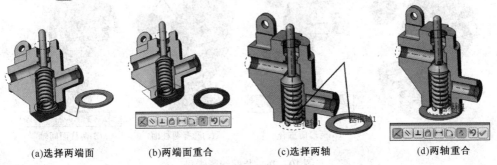

(a)选择两端面   (b)两端面重合   (c)选择两轴   (d)两轴重合

图10-23 装配胶垫

5. 装配调节螺母

选择胶垫的下端面与调节螺母端面，使两端面重合。选择胶垫的柱面与调节螺母的内孔面，使两柱面【同轴心】◎，如图10-24所示。

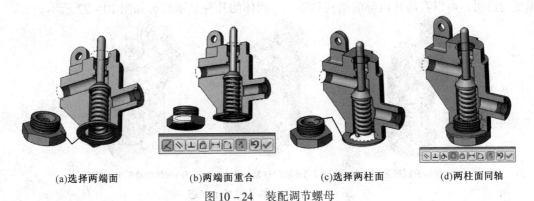

(a)选择两端面   (b)两端面重合   (c)选择两柱面   (d)两柱面同轴

图10-24 装配调节螺母

6. 装配填料

选择填料的锥面与阀体的锥面，使两锥面【重合】，如图 10 – 25 所示。

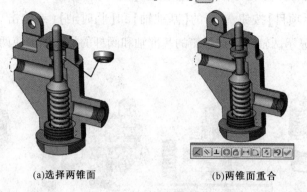

(a)选择两锥面　　　　　　　(b)两锥面重合

图 10 – 25　装配填料

7. 装配锁紧螺母

选择阀体的上端面与锁紧螺母的端面，使两端面【重合】。选择锁紧螺母的内孔面和阀体的外柱面，使两柱面【同轴心】，如图 10 – 26 所示。

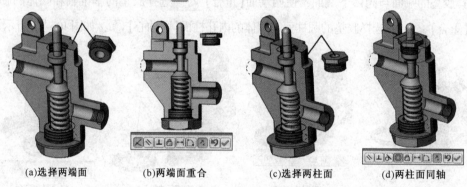

(a)选择两端面　　　(b)两端面重合　　　(c)选择两柱面　　　(d)两柱面同轴

图 10 – 26　装配锁紧螺母

阀体内部零件装配完成后，再次单击【剖面视图】按钮，使阀体还原。若要看清阀体内零件间的装配关系，可以将阀体设置为透明状态，方法是将鼠标移至阀体的任意表面（或在装配设计树中选择阀体），然后单击鼠标右键，在快捷菜单中选择【更改透明度】，此时阀体变为透明，可以看清其内部的结构和零件。阀体的几种显示状态如图 10 – 27 所示。

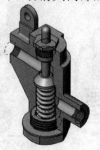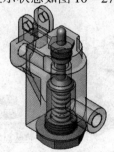

(a)阀体的剖视显示状态　　　(b)还原阀体显示状态　　　(c)阀体的透明显示状态

图 10 – 27　阀体的几种显示状态

8. 装配手柄

选择手柄的内孔面与阀体耳板上的内孔面，使两孔【同轴心】◎。选择手柄上的圆柱端面与阀体耳板上的内端面，使两端面【重合】▲。选择手柄下侧表面与阀杆上的球面，使两面【相切】⚲，如图 10 - 28 所示。

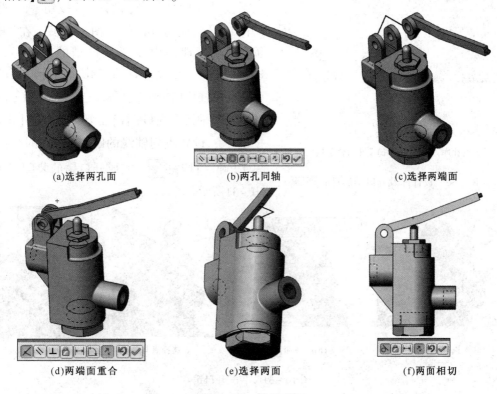

(a)选择两孔面　　　　(b)两孔同轴　　　　(c)选择两端面

(d)两端面重合　　　　(e)选择两面　　　　(f)两面相切

图 10 - 28　装配手柄

9. 装配销钉

选择销钉的圆柱面与阀体耳板上的内孔面，使两柱面【同轴心】◎。选择销钉的内端面与阀体耳板上的外端面，使两端面【重合】▲，如图 10 - 29 所示。

(a)选择两柱面　　　(b)两柱面同轴　　　(c)选择两端面　　　(d)两端面重合

图 10 - 29　装配销钉

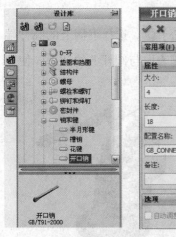

(a)设计库

(b)【开口销】属性管理器

图 10 - 30　设计库及开口销属性管理器

10. 装配开口销

选择【标准】工具栏中【选项】下的【插件】选项，打开【插件】对话框，勾选【SolidWorksToolbox】和【SolidWorksToolbox Browser】，将插件添加到设计库中。单击【设计库】按钮，选择【开口销】，拖动开口销到图形区域，在【开口销】属性管理器中设置开口销的尺寸，如图 10 - 30 所示。选择销钉的内孔面与开口销的柱面，使两柱面【同轴心】。选择开口销上的点和销钉的轴线，在【配合】工具栏内单击【距离】按钮，设置点到轴线的距离（销钉的半径），单击【确定】按钮，完成开口销的装配，如图 10 - 31 所示。

(a)选择两柱面

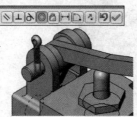

(b)两柱面同轴

(c)选择点与轴线

(d)设置距离

图 10 - 31　装配开口销

11. 装配球头

选择球头端面与手柄上的端面，使两面【重合】。选择球头的临时轴和手柄的临时轴，使两轴【重合】，如图 10 - 32 所示。

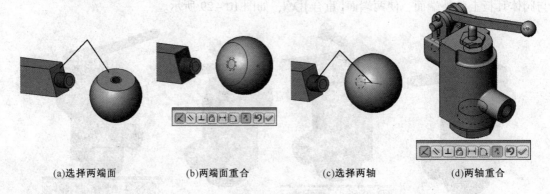

(a)选择两端面　　　　(b)两端面重合　　　　(c)选择两轴　　　　(d)两轴重合

图 10 - 32　装配球头

单击【配合】属性管理器中的【确定】按钮，关闭【配合】属性管理器，手压阀的全部零件装配完毕。

【例 10 - 3】　装配齿轮。

1. 插入零件

插入齿轮轴(固定在原点)、输出轴、齿轮和键，如图 10 - 33 所示。

2. 装配输出轴与键

单击【配合】按钮 ，选择图 10 - 34(a)所示的三对表面，添加【重合】及【同轴心】配合，结果如图 10 - 34(b)所示。

(a)选择装配方式　　　　(b)装配结果

图 10 - 33　插入装配齿轮的各零件　　　　图 10 - 34　装配输出轴与键

3. 装配输出轴与齿轮

选择图 10 - 35(a)所示的三对表面，添加【重合】、【平行】及【同轴心】配合，结果如图10 - 35(b)所示。

(a)选择装配方式　　　　　　　(b)装配结果

图 10 - 35　装配输出轴与齿轮

4. 装配齿轮轴与输出轴

选择两轴线，添加【平行】及【距离】配合；选择输出轴轴线与上视基准面，添加重合配合；选择两齿轮基准面，添加【重合】配合，如图 10 - 36 所示。

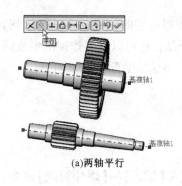

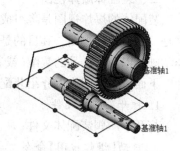

(a)两轴平行　　　　(b)设置两轴距离　　　　(c)选择输出轴轴线与上视基准面

图 10 - 36　装配齿轮轴与输出轴

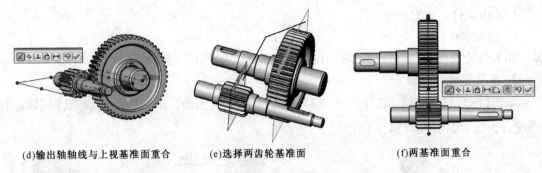

(d)输出轴轴线与上视基准面重合　　(e)选择两齿轮基准面　　　　(f)两基准面重合

图 10 - 36　装配齿轮轴与输出轴(续)

5. 装配两齿轮

在靠近啮合处,选择两齿轮的齿面,添加【相切】配合,这样两齿轮处于啮合状态。两齿轮的相对位置调整好后,再将此配合关系压缩,以便于进行齿轮配合。(说明:压缩配合关系,即释放了该配合关系所约束的自由度,被压缩的配合关系将从模型上移除,但并未被删除。)

在【装配设计树】中右击齿轮轴,将其由【固定】改为【浮动】。在【齿轮配合】属性管理器里打开【机械配合】,选择【齿轮】选项,选择小齿轮的齿顶圆与大齿轮的齿顶圆,或两齿轮的轮齿,并在比率里输入两个齿轮的齿数,单击【确定】按钮✓,完成齿轮的装配,如图10 - 37所示。

(a)啮合齿面　　　(b)【齿轮配合】属性管理器　　　(c)选择两齿顶圆

图 10 - 37　装配两齿轮

二、装配体爆炸视图

装配体的爆炸视图是将组成装配体的零部件分解开,并按照一定的位置关系进行排列,这是一种特殊的视图,其目的是便于他人理解和查看设计的产品,还可以将爆炸视图生成爆炸动画,以观察产品的装配(或者拆卸)过程。装配体爆炸后,不能给装配体再添加配合。

下面以手压阀为例介绍装配体爆炸视图的操作方法。

1. 打开装配体文件

打开手压阀装配体文件。

2. 启动【爆炸视图】命令

单击【装配体】工具栏上的【爆炸视图】按钮📇,或单击菜单【插入】→【爆炸视图】命令,或单击【配置管理器】标签按钮 🔧，展开装配体配置，右击【默认】，在弹出的快捷菜单中选择【新爆炸视图】，弹出【爆炸】属性管理器。

3．添加爆炸

（1）在【爆炸】属性管理器的【设定】区域中，激活【爆炸步骤的零部件】，单击特征设计树，在展开的设计树中或在图形区域选择一个或多个零部件，选中的零件添加到【爆炸步骤的零部件】的列表框中，【三重轴】出现，本例中选择的是开口销，如图 10－38（a）、（b）所示。

（2）将鼠标指针移到指向零部件爆炸方向的一个轴上，单击左键，【三重轴】只显示该方向轴，如图 10－39（a）所示，此时拖动该方向轴到合适的位置，此爆炸步骤完成，如图 10－39（b）所示。【爆炸】属性管理器的【爆炸步骤】列表框中添加了【爆炸步骤 1】条目，如图 10－39（c）所示。

说明：可以拖动三重轴中心的球体，将三重轴移至其他位置。Alt＋左键拖动中心球或臂杆将三重轴丢放在边线或面上时，可以使三重轴对齐该边线或面。右键单击中心球，在快捷菜单中选择【对齐到】命令，选择实体上的边线或面，也可以使三重轴对齐该边线或面。

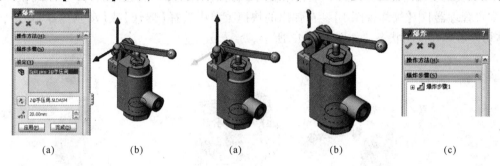

| (a) | (b) | (a) | (b) | (c) |

图 10－38　选择爆炸零件　　　　　　　图 10－39　爆炸零件

（3）同样的方法，生成手压阀的更多爆炸步骤，如图 10－40 所示。

（4）当对此爆炸视图满意时，单击【确定】按钮 ✅，完成爆炸视图。

4．编辑爆炸

对于已完成的爆炸视图，可以编辑其爆炸步骤，包括编辑爆炸步骤顺序、爆炸距离及方向等。编辑爆炸的操作方法如下：

（1）在【爆炸】属性管理器里选择所要编辑的【爆炸步骤】，图形区域中该爆炸步骤被选中的零部件以粉色高亮显示，单击并拖动该零件爆炸方向的【箭头】，该零件按箭头方向移动到合适位置。

也可以右击【爆炸步骤】，在弹出的快捷菜单中选择【编辑步骤】。图形区域中该爆炸步骤被选中的零部件以绿色高亮显示，【三重轴】及爆炸方向的拖动【箭头】出现。可在【爆炸】属性管理器的爆炸距离中编辑相应的参数，或拖动【箭头】来动态改变距离参数，直到零部件达到所想要的位置为止。如果单击【三重轴】的某个方向轴，并在【爆炸】属性管理器的爆炸距离中输入距离数值，单击方向按钮 ↗，可改变原来的爆炸方向，零件新的爆炸位置按选中的【三重轴】的方向轴方向和输入的距离位置给出。

（2）单击【爆炸】属性管理器中的方向按钮 ↗，可将零部件的爆炸方向改为相反方向。

（3）在【爆炸步骤】选项下的列表框中，单击某个爆炸步骤并上下拖动，即可修改【爆炸步骤】的顺序。

（4）在图形区域或【爆炸】属性管理器的【爆炸步骤的零部件】区域右击零件，弹出快捷菜单，选择【消除选择】选项，可以清除已选的爆炸零部件。

（5）单击【撤消】按钮 ↺，可以撤消对上一个步骤的编辑。

（6）在【爆炸步骤】选项下的列表框中，右击该【爆炸步骤】，在弹出的快捷菜单中选择【删除】命令，可以删除某一【爆炸步骤】。

（7）在图形区域选择零部件，可以继续添加新的爆炸步骤。

（8）单击【确定】按钮 ✓，即可完成对爆炸视图的修改。

5. 解除爆炸

右击装配体【特征设计树】中装配体名称【手压阀】，或右击【配置管理器】中【爆炸视图1】，弹出快捷菜单，选择【解除爆炸】命令，装配体切换至正常装配状态，如图 10 – 41 所示。也可以选择【动画解除爆炸】命令，装配体以动画的形式切换至正常装配状态。

欲切换至装配体的爆炸视图，右击装配体【特征设计树】中装配体名称【手压阀】，或右击【配置管理器】中【爆炸视图1】，在弹出的快捷菜单中选择【爆炸】或【动画爆炸】命令，装配体切换至爆炸视图状态，如图 10 – 42 所示。

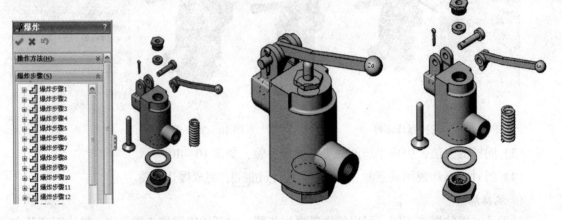

图 10 – 40　手压阀爆炸视图　　图 10 – 41　装配体正常装配状态　　图 10 – 42　装配体爆炸视图状态

三、装配图

装配图中包含一组图形、几种尺寸、技术要求及零部件序号、标题栏和明细栏等内容。下面以手压阀装配体为例，介绍用 SolidWorks 建立装配图的方法和步骤。

1. 新建工程图文件

单击【标准】工具栏上的【新建】按钮 ▢，或在打开的装配体文件中，单击【文件】菜单中的【从零件/装配体制作工程图】，弹出【新建 Solidworks 文件】对话框，单击【高级】按钮 高级，选择【我的模板】选项卡中的【工程图】模板，创建一个工程图文件，如图 10 – 43 所示。

2. 生成视图

利用【模型视图】▣生成主视图，或在【查看调色板】中选择合适的视图作为主视图；直接向右拖动鼠标或利用【投影视图】▤生成左视图；利用【辅助视图】生成 A 向视图，利用【裁剪视图】生成 A 向局部视图，如图 10 – 44 所示。

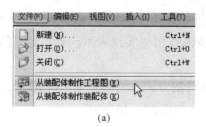

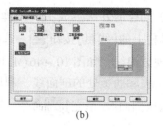

(a)   (b)

图 10 – 43 新建工程图文件

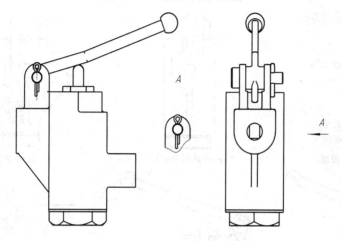

图 10 – 44 生成视图

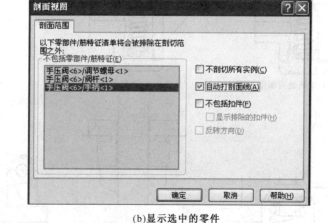

(a)特征树   (b)显示选中的零件

图 10 – 45 选择剖视图中不画剖面线的零件

3. 修改主视图

(1)利用【断开的剖视图】命令，生成主视图的局部剖视图。单击【工程图】工具栏上的【断开的剖视图】按钮，绘制矩形封闭轮廓，弹出【剖面视图】对话框，在特征设计树中，展开主视图，在装配体中选择剖视图上不画剖面线的零件，如图 10 – 45 所示，单击【确定】按钮，弹出【断开的剖视图】属性管理器，如图 10 – 46(a)所示。在图形区域选择左视图中的圆作为深度参考，勾选【预览】，单击【确定】按钮，完成主视图的剖视图，如图 10 – 46(b)、(c)所示。

（2）同样的方法生成主视图弹簧处的局部剖视图，选择图形区域的波浪线，单击【线型】工具栏上的【线粗】按钮▤，选择细实线，将波浪线用细实线表示。有剖面线的实体上不再出现波浪线，如图 10 – 46(d) 所示。

（3）去除肋板处的剖面线，利用【转换实体引用】的方法或绘制不画剖面线的肋板边界，利用【区域剖面线/填充】◪命令，重新填充剖面线，如图 10 – 46(e) 所示。

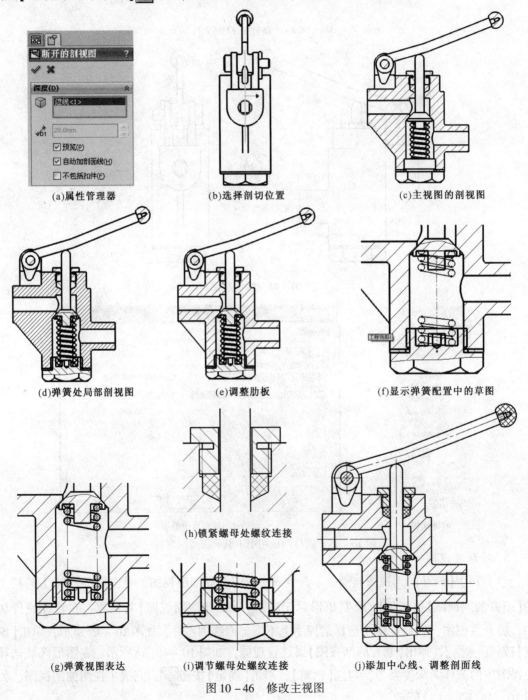

(a)属性管理器　　　　　(b)选择剖切位置　　　　　(c)主视图的剖视图

(d)弹簧处局部剖视图　　　(e)调整肋板　　　　(f)显示弹簧配置中的草图

(h)锁紧螺母处螺纹连接

(g)弹簧视图表达　　　(i)调节螺母处螺纹连接　　　(j)添加中心线、调整剖面线

图 10 – 46　修改主视图

（4）弹簧模型直接生成工程图的视图显示不符合国标要求，需要进行调整。

方法一：将弹簧隐藏，在视图表达弹簧处，按机械制图国家标准的要求绘制弹簧。

方法二：

① 在弹簧建模时，添加一个配置，在该配置上将模型压缩，选择【前视基准面】，绘制弹簧在工程图中表达的草图。

② 将装配体中的弹簧采用上述添加的配置状态。此时，工程图上显示弹簧该配置的草图，如图 10 - 46(f)所示。

③ 打开【线型】工具栏中的【线粗】▤选项，选择粗实线线宽，如 0.5mm。将上述草图进行【转换实体引用】，然后在特征设计树中将该草图隐藏，并按机械制图国家标准的要求，隐藏、修剪视图中多余的边线。

④ 单击【注解】工具栏中的【区域剖面线/填充】▨命令，为弹簧丝剖面填充剖面线，如图 10 - 46(g)所示。

（5）单击【注解】工具栏上的【模型项目】按钮 ，弹出【模型项目】属性管理器，在【来源/目标】中选择【整个模型】，并勾选【将项目输入到所有视图】，在【尺寸】中选择【没为工程图标注】图标 ，在【注解】中选择【装饰螺纹线】图标 ，将装饰螺纹线添加到图形中，并调整螺纹大小径的线型及剖面线的填充边界，使其符合国标要求，如图 10 - 46(h)、(i)所示。

（6）添加中心线，调整剖面线，如图 10 - 46(j)所示。

4. 左视图

（1）利用【裁剪视图】生成左视图的局部视图，如图 10 - 47(a)所示。

（2）利用【剖面视图】生成左视图的局部剖视图，如图 10 - 47(b)、(c)所示。

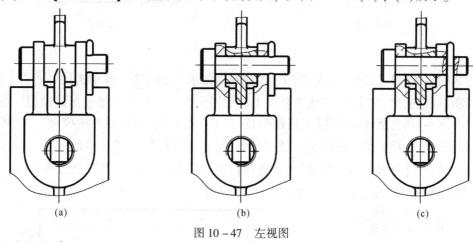

　　(a)　　　　　　　　　　(b)　　　　　　　　　　(c)

图 10 - 47　左视图

5. 标注尺寸

（1）标注配合尺寸　单击【注解】工具栏上的【智能尺寸】按钮 ，标注尺寸，并在【尺寸】属性管理器中，选择【公差类型】为"套合"，【分类】为"用户定义"；选择【孔套合】和【轴套合】公差带代号；选择配合代号显示样式，如图 10 - 48(a)所示。

（2）标注其他尺寸　如图 10 - 48(b)所示。

6. 填写技术要求

单击【注解】工具栏上的【注释】命令，填写技术要求。

(a)

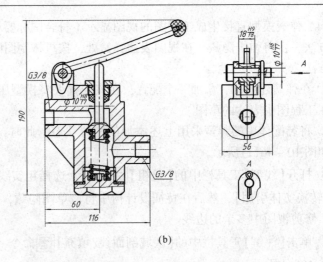
(b)

图 10 - 48　标注尺寸

7. 插入材料明细表

（1）设定材料明细表定位点。右击特征设计树中【材料明细表定位点 1】，在弹出的快捷菜单中选择【设定定位点】，单击标题栏的右上角点，如图 10 - 49 所示。

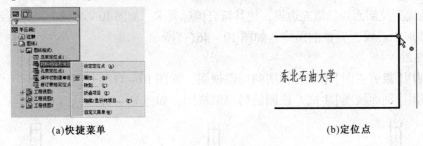

(a)快捷菜单　　　　　　　　　　　　(b)定位点

图 10 - 49　设定定位点

（2）单击【注解】工具栏上【表格】中的【材料明细表】按钮，或单击【插入】→【表格】→【材料明细表】选项，在图形区域选择一工程视图作为生成材料明细表指定模型，在弹出的【材料明细表】属性管理器中的【表格模板】区域显示默认的"材料明细表模板"，如果已保存了"自制模板"，单击图标按钮，选择自制的【表格模板】；在【表格位置】中，勾选【附加到定位点】，在【材料明细表类型】中，选择【仅限顶层】，其余取默认值，单击【确定】按钮，材料明细表插入到定位点，如图 10 - 50 所示。

项目号	零件号	说明	数量
1	阀体		1
2	弹簧		1
3	调节螺母		1
4	阀杆		1
5	胶垫		1
6	球头		1
7	手柄		1
8	铰链螺母		1
9	铆钉		1
10	模料		1
11	开口销		1

(a)属性管理器　　　　　　　　　　　(b)材料明细表

图 10 - 50　插入材料明细表

8. 添加零件序号

1）插入零件序号

（1）手动添加零件序号　单击【注解】工具栏上的【零件序号】按钮🔍，或单击【插入】→【注解】→【零件序号】选项，弹出【零件序号】属性管理器，在【零件序号设定】区域中，设置【样式】为"下划线"，【零件序号文字】为"项目数"，如图 10－51(a) 所示。单击装配体中的一个零件，确定引线起点的位置，在适当位置再单击左键确定引线的放置位置，此时下划线上自动添加零件序号。用同样的方法依次添加其他零件的零件序号，最后单击【确定】按钮✅，如图 10－51(b) 所示。由图可见，零件序号与零件在装配体中的插入顺序有关。当引线指向面时，引线端点为小圆点，当引线指向线时，引线端点为箭头。

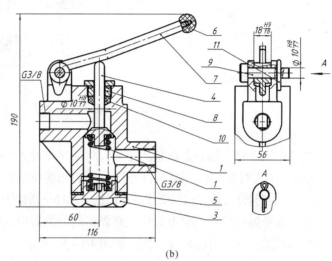

(a)　　　　　　　　(b)

图 10－51　零件序号

（2）自动零件序号　单击添加零件序号的视图，再单击【注解】工具栏上的【自动零件序号】按钮，或单击【插入】→【注解】→【零件序号】选项，弹出【自动零件序号】属性管理器，设置各选项，单击【确定】按钮✅，在图形区域自动插入所有零件的零件序号。

（3）成组的零件序号　单击【插入】→【注解】→【成组的零件序号】选项，弹出【成组的零件序号】属性管理器，设置各选项，单击【确定】按钮✅，添加成组的零件序号。成组的零件序号每组只有一个引线，零件序号可以竖直或水平层叠，每行或列可根据需要连续生成 n 个零件序号。成组的零件序号，经常用在装配体的螺栓连接序号添加上。

2）调整零件序号位置

方法一：拖动引线端点的小圆点到合适的地方，再拖动序号到合适的位置，当有对齐关系时，自动出现对齐路径，如图 10－52(a) 所示。

方法二：选择多个零件序号，单击鼠标右键，在弹出的快捷菜单中选择对齐方式，如【对齐】→【垂直对齐】，将多个零件序号垂直对齐，如图 10－52(b) 所示。

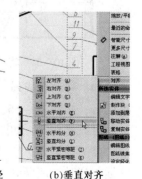

(a)对齐路径　　　(b)垂直对齐

图 10－52　调整零件序号位置

3）修改零件序号

双击零件序号，在文本框中更改序号，使零件序号按着顺时针或逆时针方向整齐排列，如图 10–53(a)所示。对于弹簧序号的更改，须选择【零件序号】属性管理器中【零件序号文字】中的"文字"，并在其下面框内填入序号数字，如图 10–53(a)所示。

当【零件序号】属性管理器中【零件序号文字】为"项目数"时，更改零件序号，材料明细表中的序号会相应更改。

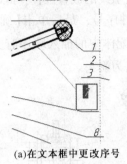

(a)在文本框中更改序号

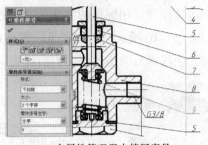

(b)在属性管理器中填写序号

图 10–53　更改零件序号

9. 编辑材料明细表

（1）调整个别序号　如双击弹簧的序号，将原序号改为图纸中的序号。

（2）排序　右击材料明细表的【项目号】列，从弹出的快捷菜单中选择【排序】，在弹出的【分排】列表框中，选择排序方式，材料明细表可以根据选择重新排序，如图 10–54 所示。

（3）改变表格标题位置　单击表格，在弹出的编辑框中，单击【表格标题在上】或【表格标题在下】按钮▦，改变表格标题位置，如图 10–55 所示。

图 10–54　将项目号重新排序

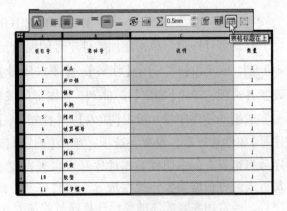

图 10–55　改变表格标题位置

（4）移动行或列　单击材料明细表某行左端的行号，选择行，按住鼠标上下拖动，可以移动行，如图 10–56(a)所示；单击材料明细表某列顶部的列号，选择列，按住鼠标左右拖动，可以移动列，如图 10–56(b)所示。

（5）调整表格　右击材料明细表，从弹出的快捷菜单中选择【插入】，可插入行或列，在插入列时，还可以为插入的列添加属性，如图 10–57 所示。从弹出的快捷菜单中，单击【选择】，可选择行、列或表；单击【删除】，可删除行、列或表；单击【分割】，可分割表；

单击【合并】，可合并表；单击【格式化】，可对行高、列宽或表格进行编辑，也可以将鼠标放在表格行或列的分隔线上，指针变成⬍或⬌时，拖动调整行或列的宽度。

(a)选择行

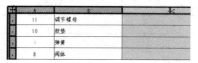
(b)选择列

图 10-56 移动行或列

(a)插入列

(b)为列添加属性

图 10-57 插入行或列

（6）对齐表格 将鼠标放在材料明细表的左下角，指针变成↗，拖动表格，使之与标题栏对齐，如图 10-58 所示。

（7）修改文字 双击材料明细表中的文字，可以修改文字的内容，例如双击【项目号】，将其改为【序号】，同样方法修改其他文字，如图 10-59 所示。

图 10-58 对齐表格　　　　图 10-59 修改文字

（8）填写表格其他内容 如图 10-60 所示。

（9）保存模板 编辑材料明细表使之符合国标后，右击材料明细表，从弹出的快捷菜单中，选择【另存为】，在【另存为】对话框中选择路径，输入文件名，如"材料明细表"，【保存类型】选择"模板（∗.sldbomtbt）"，单击【保存】按钮，则生成"材料明细表.sldbomtbt"文件。在生成新的材料明细表时，可以调用该模板文件，如图 10-61 所示。

11	SYF-10	调节螺母	1	Q235A	
10	SYF-09	胶垫	1	橡胶	
9	SYF-08	弹簧	1	60CrVA	
8	SYF-07	阀体	1	HT150	
7	SYF-06	填料	1	石棉	
6	SYF-05	锁紧螺母	1	Q235A	
5	SYF-04	阀杆	1	45	
4	SYF-03	手柄	1	20	
3	SYF-02	销钉	1	35	
2	GB/T91 4x14	开口销	1	Q215	
1	SYF-01	球头	1	胶木	
序号	代号	名称	数量	材料	备注

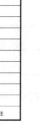
(a)保存　　　　(b)调用模板

图 10-60 填写表格其他内容　　　　图 10-61 材料明细表模板

10. 保存文件

完成工程图，如图 10-62 所示，保存文件。

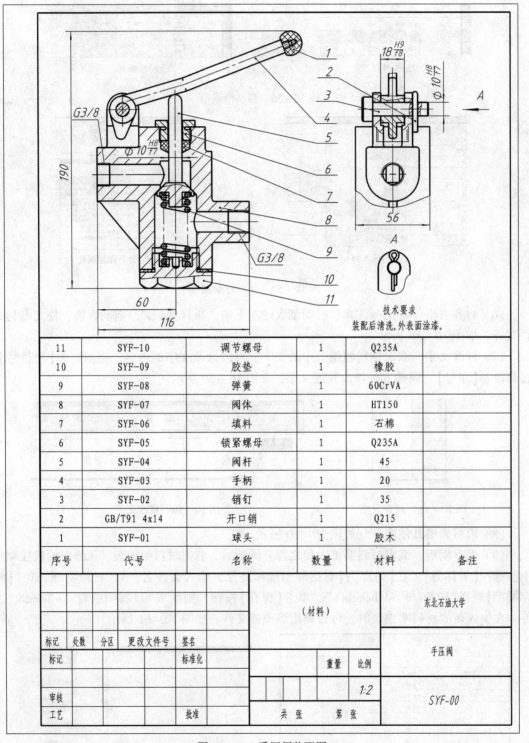

技术要求
装配后清洗，外表面涂漆。

11	SYF-10	调节螺母	1	Q235A	
10	SYF-09	胶垫	1	橡胶	
9	SYF-08	弹簧	1	60CrVA	
8	SYF-07	阀体	1	HT150	
7	SYF-06	填料	1	石棉	
6	SYF-05	锁紧螺母	1	Q235A	
5	SYF-04	阀杆	1	45	
4	SYF-03	手柄	1	20	
3	SYF-02	销钉	1	35	
2	GB/T91 4x14	开口销	1	Q215	
1	SYF-01	球头	1	胶木	
序号	代号	名称	数量	材料	备注

							东北石油大学
						(材料)	
							手压阀
标记	处数	分区	更改文件号	签名			
标记				标准化		重量	比例
							1:2	SYF-00
审核							
工艺			批准		共 张 第 张	

图 10-62 手压阀装配图

附录1　螺　纹

附表1-1　普通螺纹(摘自 GB/T 193—2003、GB/T 196—2003)

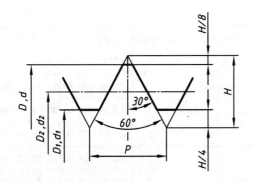

标记示例

　　细牙普通螺纹，公称直径 24mm，螺距为 1.5mm，右旋，中径公差带代号5g，顶径公差带代号6g，短旋合长度的外螺纹，其标记为：

$$M24 \times 1.5 - 5g6g - S$$

mm

公称直径 D、d		螺距 P		粗牙小径 D_1、d_1	公称直径 D、d		螺距 P		粗牙小径 D_1、d_1
第一系列	第二系列	粗　牙	细　牙		第一系列	第二系列	粗　牙	细　牙	
3		0.5	0.35	2.459		22	2.5	2,1.5,1	19.294
	3.5	0.6		2.850	24		3		20.752
4		0.7	0.5	3.242		27	3		23.752
	4.5	0.75		3.688	30		3.5	(3),2,1.5,1	26.211
5		0.8		4.134		33	3.5	(3),2,1.5	29.211
6		1	0.75	4.917	36		4	3,2,1.5	31.670
	7	1		5.917		39	4		34.670
8		1.25	1,0.75	6.647	42		4.5	4,3,2,1.5	37.129
10		1.5	1.25,1,0.75	8.376		45	4.5		40.129
12		1.75	1.5,1.25,1	10.106	48		5		42.587
	14	2	1.5,1.25,1	11.835		52	5		46.587
16		2	1.5,1	13.835	56		5.5		50.046
	18	2.5	2,1.5,1	15.294		60	5.5		54.046
20		2.5		17.294		64	6		57.670

注：(1) 优先选用第一系列，括号内尺寸尽可能不用。

　　(2) 公称直径 D、d 第三系列未列入。

　　(3) 注解：M14×1.25 仅用于发动机的火花塞。

附表 1-2 梯形螺纹(摘自 GB/T 5796.2—2005、GB/T 5796.3—2005)

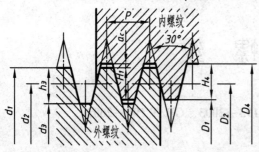

标记示例

公称直径 40mm，导程 14mm，螺距 7mm，中径公差带代号为 7H 的双线左旋梯形内螺纹，其标记为：

Tr40 × 14 (P7) LH - 7H

mm

公称直径 d		螺距	中径	大径	小径		公称直径 d		螺距	中径	大径	小径	
第一系列	第二系列	P	$d_2 = D_2$	D_4	d_3	D_1	第一系列	第二系列	P	$d_2 = D_2$	D_4	d_3	D_1
8		1.5	7.25	8.30	6.20	6.50			3	24.50	26.50	22.50	23.00
	9	1.5	8.25	9.30	7.20	7.50		26	5	23.50	26.50	20.50	21.00
		2	8.00	9.50	6.50	7.00			8	22.00	27.00	17.00	18.00
10		1.5	9.25	10.30	8.20	8.50			3	26.50	28.50	24.50	25.00
		2	9.00	10.50	7.50	8.00	28		5	25.50	28.50	22.50	23.00
	11	2	10.00	11.50	8.50	9.00			8	24.00	29.00	19.00	20.00
		3	9.50	11.50	7.50	9.00			3	28.50	30.50	26.50	29.00
12		2	11.00	12.50	9.50	10.00		30	6	27.00	31.00	23.00	24.00
		3	10.50	12.50	8.50	9.00			10	25.00	31.00	19.00	20.50
	14	2	13.00	14.50	11.50	12.00			3	30.50	32.50	28.50	29.00
		3	12.50	14.50	10.50	11.00	32		6	29.00	33.00	25.00	26.00
16		2	15.00	16.50	13.50	14.00			10	27.00	33.00	21.00	22.00
		4	14.00	16.50	11.50	12.00			3	32.50	34.50	30.50	31.00
	18	2	17.00	18.50	15.50	16.00		34	6	31.00	35.00	27.00	28.00
		4	16.00	18.50	13.50	14.00			10	29.00	35.00	23.00	24.00
20		2	19.00	20.50	17.50	18.00			3	34.50	36.50	32.50	33.00
		4	18.00	20.50	15.50	16.00	36		6	33.00	37.00	29.00	30.00
	22	3	20.50	22.50	18.50	19.00			10	31.00	37.00	25.00	26.00
		5	19.50	22.50	16.50	17.00			3	36.50	38.50	34.50	35.00
		8	18.00	23.00	13.00	14.00		38	7	34.50	39.00	30.00	31.00
24		3	22.50	24.50	20.50	21.00			10	33.00	39.00	27.00	28.00
		5	21.50	24.50	18.50	19.00			3	38.50	40.50	36.50	37.00
		8	20.00	25.00	15.00	16.00	40		7	36.50	41.00	32.00	33.00
									10	35.00	41.00	29.00	30.00

附表 1 – 3 55°非密封的管螺纹（摘自 GB/T 7307—2001）

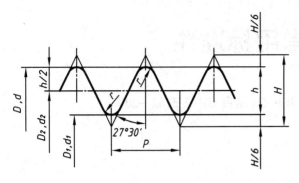

标记示例

$1\frac{1}{2}$ 左旋内螺纹：G1$\frac{1}{2}$ – LH(右旋不标)

$1\frac{1}{2}$ A 级外螺纹：G1$\frac{1}{2}$A

$1\frac{1}{2}$ B 级外螺纹：G1$\frac{1}{2}$B

mm

尺寸代号	每25.4mm内的牙数 n	螺距 P	牙高 h	圆弧半径 $r \approx$	基本直径		
					大径 $d = D$	中径 $d_2 = D_2$	小径 $d_1 = D_1$
$\frac{1}{16}$	28	0.907	0.581	0.125	7.723	7.142	6.561
$\frac{1}{8}$	28	0.907	0.581	0.125	9.728	9.147	8.556
$\frac{1}{4}$	19	1.337	0.856	0.184	13.157	12.301	11.445
$\frac{3}{8}$	19	1.337	0.856	0.184	16.662	15.806	14.950
$\frac{1}{2}$	14	1.814	1.162	0.249	20.955	19.793	18.631
$\frac{5}{8}$	14	1.814	1.162	0.249	22.911	21.749	20.587
$\frac{3}{4}$	14	1.814	1.162	0.249	26.441	25.279	24.117
$\frac{7}{8}$	14	1.814	1.162	0.249	30.201	29.039	27.877
1	11	2.309	1.479	0.317	33.249	31.770	30.291
$1\frac{1}{8}$	11	2.309	1.479	0.317	37.897	36.418	34.939
$1\frac{1}{2}$	11	2.309	1.479	0.317	41.910	40.431	38.952
$1\frac{3}{8}$	11	2.309	1.479	0.317	47.803	46.324	44.845
$1\frac{3}{4}$	11	2.309	1.479	0.317	53.746	52.267	50.788
2	11	2.309	1.479	0.317	59.614	58.135	56.656
$2\frac{1}{4}$	11	2.309	1.479	0.317	65.710	64.231	62.752
$2\frac{1}{2}$	11	2.309	1.479	0.317	75.184	73.705	72.226
$2\frac{3}{4}$	11	2.309	1.479	0.317	81.534	80.055	78.576
3	11	2.309	1.479	0.317	87.884	86.405	84.926
$3\frac{1}{2}$	11	2.309	1.479	0.317	100.330	98.851	97.372
4	11	2.309	1.479	0.317	113.030	111.551	110.072
$4\frac{1}{2}$	11	2.309	1.479	0.317	125.730	124.251	122.772
5	11	2.309	1.479	0.317	138.430	136.951	135.472
$5\frac{1}{2}$	11	2.309	1.479	0.317	151.130	149.651	148.172
6	11	2.309	1.479	0.317	163.830	162.351	160.872

注：本标准适用于管接头、旋塞、阀门及附件。

附录2　常用标准件

附表2–1　六角头螺栓—A级和B级(摘自GB/T 5782—2000)

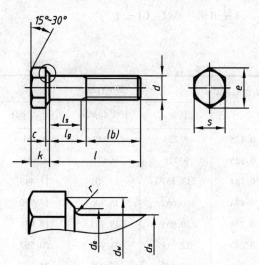

标记示例

螺纹规格 d = M12，公称长度 l = 80mm，性能等级为8.8级，表面氧化，A级的六角头螺栓，其标记为：

螺栓　GB/T 5782 M12×80

mm

螺纹规格 d			M3	M4	M5	M6	M8	M10	M12	M16	M20	M24	M30	M36	M42	M48	M56	M64
b 参考	$l \leqslant 125$		12	14	16	18	22	26	30	38	46	54	66	—	—	—	—	—
	$125 < l \leqslant 200$		18	20	22	24	28	32	36	44	52	60	72	84	96	108	—	—
	$l > 200$		31	33	35	37	41	45	49	57	65	73	85	97	109	121	137	153
c	min		0.15	0.15	0.15	0.15	0.15	0.15	0.15	0.2	0.2	0.2	0.2	0.2	0.3	0.3	0.3	0.3
	max		0.4	0.4	0.5	0.5	0.6	0.6	0.6	0.8	0.8	0.8	0.8	0.8	1	1	1	1
d_w min	产品等级	A	4.57	5.88	6.88	8.88	11.63	14.63	16.63	22.49	28.19	33.61	—	—	—	—	—	—
		B	4.45	5.74	6.74	8.74	11.47	14.47	16.47	22	27.7	33.25	42.75	51.11	59.95	69.45	78.66	88.16
e min	产品等级	A	6.01	7.66	8.79	11.05	14.38	17.77	20.03	26.75	33.53	39.98	—	—	—	—	—	—
		B	5.88	7.50	8.63	10.89	14.20	17.59	19.85	26.17	32.95	39.55	50.85	60.79	72.02	82.6	93.56	104.86
k 公称			2	2.8	3.5	4	5.3	6.4	7.5	10	12.5	15	18.7	22.5	26	30	35	40
r	min		0.1	0.2	0.2	0.25	0.4	0.4	0.6	0.6	0.8	0.8	1	1	1.2	1.6	2	2
s	max = 公称		5.50	7.00	8.00	10.00	13.00	16.00	18.00	24.00	30.00	36.00	46	55.0	65.0	75.0	85.0	95.0
l(商品规格范围及通用规格)			20~30	25~40	25~50	30~60	35~80	40~100	45~120	55~160	65~200	80~240	90~300	110~360	130~400	140~400	160~400	200~400
l 系列			20, 25, 30, 35, 40, 45, 50, (55), 60, (65), 70, 80, 90, 100, 110, 120, 130, 140, 150, 160, 180, 200, 220, 240, 260, 280, 300, 320, 340, 360, 380, 400																

注：A和B为产品等级，A级用于 $d \leqslant 24$ mm 和 $l \leqslant 10d$ 或 $\leqslant 150$mm（按较小值）的螺栓，B级用于 $d > 24$ mm 或 $l > 10d$ 或 $l > 150$mm（按较小值）的螺栓。尽可能不采用括号内的规格。

附表 2-2　双头螺柱

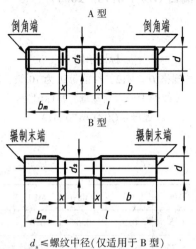

A 型

倒角端　　　　　倒角端

B 型

辗制末端　　　　辗制末端

$d_s \leqslant$ 螺纹中径(仅适用于 B 型)

GB/T 897—1988($b_m = 1d$)
GB/T 898—1988($b_m = 1.25d$)
GB/T 899—1988($b_m = 1.5d$)
GB/T 900—1988($b_m = 2d$)

标记示例

两端均为粗牙普通螺纹, $d = 10$mm, $l = 50$mm, 性能等级为 4.8 级, 不经表面处理, B 型, $b_m = 1d$ 的双头螺柱, 其标记为:

螺柱　GB 897 M10×50

旋入端为粗牙普通螺纹, 紧固端为螺距 $P = 1$mm 的细牙普通螺纹, $d = 10$mm, $l = 50$mm, 性能等级为 4.8 级, 不经表面处理, A 型, $b_m = 1.25d$ 的双头螺柱, 其标记为:

螺柱　GB/T 898 AM10 – M10×1×50

mm

螺纹规格	b_m 公称				d_s		X	b	l 公称
d	GB 897	GB 898	GB 899	GB 900	max	min	max		
M5	5	6	8	10	5	4.7		10	16 ~ (22)
								16	25 ~ 50
M6	6	8	10	12	6	5.7		10	20、(22)
								14	25、(28)、30
								18	(32) ~ (75)
M8	8	10	12	16	8	7.64		12	20、(22)
								16	25、(28)、30
								22	(32) ~ 90
M10	10	12	15	20	10	9.64		14	25、(28)
								16	30、(38)
								26	40 ~ 120
								32	130
M12	12	15	18	24	12	11.57	2.5P	16	25 ~ 30
								20	(32) ~ 40
								30	45 ~ 120
								36	130 ~ 180
M16	16	20	24	32	16	15.57		20	30 ~ (38)
								30	40 ~ 50
								38	60 ~ 120
								44	130 ~ 200
M20	20	25	30	40	20	19.48		25	35 ~ 40
								35	45 ~ 60
								46	(65) ~ 120
								52	130 ~ 200

注:(1) P 表示螺距。

(2) l 的长度系列:16, (18), 20, (22), 25, (28), 30, (32), 35, (38), 40, 45, 50, (55), 60, (65), 70, (75), 80, 90, (95), 100 ~ 200 (十进位)。括号内数值尽可能不采用。

附表 2-3　Ⅰ型六角螺母—A 和 B 级（摘自 GB/T 6170—2000）

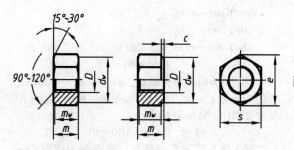

标记示例

螺纹规格 D = M12，性能等级为 10 级，不经表面处理，A 级的 Ⅰ 型六角螺母，其标记为：

螺母　GB/T 6170 M12

mm

螺纹规格 D		M1.6	M2	M2.5	M3	M4	M5	M6	M8	M10	M12
c	max	0.2	0.2	0.3	0.4	0.4	0.5	0.5	0.6	0.6	0.6
d_a	max	1.84	2.3	2.9	3.45	4.6	5.75	6.75	8.75	10.8	13
	min	1.60	2.0	2.5	3.00	4.0	5.00	6.00	8.00	10.0	12
d_w	min	2.4	3.1	4.1	4.6	5.9	6.9	8.9	11.6	14.6	16.6
e	min	3.41	4.32	5.45	6.01	7.66	8.79	11.05	14.38	17.77	20.03
m	max	1.3	1.6	2	2.4	3.2	4.7	5.2	6.8	8.4	10.8
	min	1.05	1.35	1.75	2.15	2.9	4.4	4.9	6.44	8.04	10.37
m_w	min	0.8	1.1	1.4	1.7	2.3	3.5	3.9	5.1	6.4	8.3
s	max	3.20	4.00	5.00	5.50	7.00	8.00	10.00	13.00	16.00	18.00
	min	3.02	3.82	4.82	5.32	6.78	7.78	9.78	12.73	15.73	17.73

螺纹规格 D		M16	M20	M24	M30	M36	M42	M48	M56	M64
c	max	0.8	0.8	0.8	0.8	0.8	1	1	1	1.2
d_a	max	17.3	21.6	25.9	32.4	38.9	45.4	51.8	60.5	69.1
	min	16.0	20.0	24.0	30.0	36.0	42.0	48.0	56.0	64.0
d_w	min	22.5	27.7	33.2	42.7	51.1	60.6	69.4	78.7	88.2
e	min	26.75	32.95	39.55	50.85	60.79	72.02	82.6	93.56	104.86
m	max	14.8	18	21.5	25.6	31	34	38	45	51
	min	14.1	16.9	20.2	24.3	29.4	32.4	36.4	43.4	49.1
m_w	min	11.3	13.5	16.2	19.4	23.5	25.9	29.1	34.7	39.3
s	max	24.00	30.00	36	46	55.0	65.0	75.0	85.0	95.0
	min	23.67	29.16	35	45	53.8	63.2	73.1	82.8	92.8

注：（1）A 级用于 $D \leqslant 16$mm 的螺母；B 级用于 $D > 16$mm 的螺母。本表仅按商品规格和通用规格列出。

（2）螺纹规格为 M8 ~ M64、细牙、A 级和 B 级的 Ⅰ 型六角螺母，请查阅 GB/T 6171—2000。

附表 2 −4 开槽圆柱头螺钉(摘自 GB/T 65—2000)

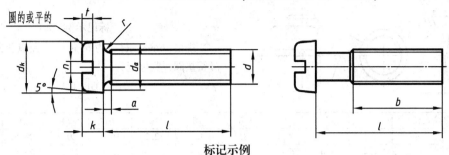

标记示例

螺纹规格 d = M5、公称长度 l = 20mm、性能等级为 4.8 级，不经表面处理的开槽圆柱头螺钉，其标记为：

螺钉 GB/T 65 M5 × 20

mm

螺纹规格 d		M3	M4	M5	M6	M8	M10
a max		1	1.4	1.6	2	2.5	3
b min		25	38	38	38	38	38
n 公称		0.8	1.2	1.2	1.6	2	2.5
d_K	max	5.50	7.00	8.50	10.00	13.00	16.00
	min	5.32	6.78	8.28	9.78	12.73	15.73
k	max	2.00	2.60	3.3	3.9	5	6
	min	1.86	2.46	3.12	3.6	4.7	5.7
t	min	0.85	1.1	1.3	1.6	2	2.4
r min		0.1	0.2	0.2	0.25	0.4	0.4
d_a max		3.6	4.7	5.7	6.8	9.2	11.2
公称长度 l		4 ~ 30	5 ~ 40	6 ~ 50	8 ~ 60	10 ~ 80	12 ~ 80
l 系列值		4, 5, 6, 8, 10, 12, (14), 16, 20, 25, 30, 35, 40, 45, 50, (55), 60, (65), 70, (75), 80					

注：(1) 尽可能不采用括号内的规格。

(2) 公称长度在 40mm 以内的螺钉，制出全螺纹。

附表 2 −5 平垫圈 A 级(摘自 GB/T 97.1—2002)

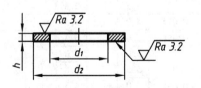

标记示例

标准系列、公称规格 8mm、由钢制造的硬度等级为 200HV 级、不经表面处理、产品等级为八级的平垫圈，其标记为：

垫圈 GB/T 97.1 8

mm

规格(螺纹大径)	2	2.5	3	4	5	6	8	10	12	14	16	20	24	30
内径 d_1 公称(min)	2.2	2.7	3.2	4.3	5.3	6.4	8.4	10.5	13	15	17	21	25	31
外径 d_2 公称(max)	5	6	7	9	10	12	16	20	24	28	30	37	44	56
厚度 h 公称	0.3	0.5	0.5	0.8	1	1.6	1.6	2	2.5	2.5	3	3	4	4

附表 2 – 6　标准型弹簧垫圈(摘自 GB/T 93—1987)

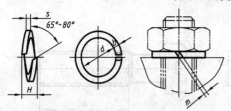

标记示例

规格 16mm，材料为 65Mn，表面氧化的标准型弹簧垫圈，其标记为：

垫圈　GB/T 93 16

mm

规格（螺纹大径）		4	5	6	8	10	12	16	20	24	30
d	min	4.1	5.1	6.1	8.1	10.2	12.2	16.2	20.2	24.5	30.5
	max	4.4	5.4	6.68	8.68	10.9	12.9	16.9	21.04	25.5	31.5
$S(b)$	公称	1.1	1.3	1.6	2.1	2.6	3.1	4.1	5	6	7.5
	min	1	1.2	1.5	2	2.45	2.95	3.9	4.8	5.8	7.2
	max	1.2	1.4	1.7	2.2	2.75	3.25	4.3	5.2	6.2	7.8
H	min	2.2	2.6	3.2	4.2	5.2	6.2	8.2	10	12	15
	max	2.75	3.25	4	5.25	6.5	7.75	10.25	12.5	15	18.75
$m \leqslant$		0.55	0.65	0.8	1.05	1.3	1.55	2.05	2.5	3	3.75

附表 2 – 7　键和键槽的剖面尺寸(摘自 GB/T 1095—2003)

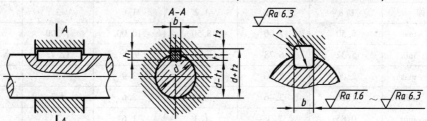

mm

轴 公称直径 d	键 键尺寸 $b \times h$	键 槽										
		宽度 b						深度				半径 r
		基本尺寸 b	极限偏差					轴 t_1		毂 t_2		
			松联结		正常联结		紧密键联结					
			轴 H9	毂 D10	轴 N9	毂 Js9	轴和毂 P9	基本尺寸	极限偏差	基本尺寸	极限偏差	min	max
自 6~8	2×2	2	+0.025	+0.060	−0.004	±0.0125	−0.006	1.2	+0.1 0	1	+0.1 0	0.08	0.16
>8~10	3×3	3	0	+0.020	−0.029		−0.031	1.8		1.4			
>10~12	4×4	4	+0.030	+0.078	0	±0.015	−0.012	2.5		1.8		0.16	0.25
>12~17	5×5	5	0	+0.030	−0.030		−0.042	3.0		2.3			
>17~22	6×6	6						3.5		2.8			
>22~30	8×7	8	+0.036	+0.098	0	±0.018	−0.015	4.0		3.3			
>30~38	10×8	10	0	+0.040	−0.036		−0.051	5.0		3.3			
>38~44	12×8	12						5.0		3.3		0.25	0.40
>44~50	14×9	14	+0.043	+0.120	0	±0.0215	−0.018	5.5	+0.2 0	3.8	+0.2 0		
>50~58	16×10	16	0	+0.050	−0.043		−0.061	6.0		4.3			
>58~65	18×11	18						7.0		4.4			
>65~75	20×12	20	+0.052	+0.149	0	±0.026	−0.022	7.0		4.9		0.40	0.60
>75~85	22×14	22	0	+0.065	−0.052		−0.074	9.0		5.4			
>85~95	25×14	25						9.0		5.4			
>95~110	28×16	28						10.0		6.4			

注：在工作图中轴槽深用 t_1 或 $(d-t_1)$ 标注，轮毂槽深用 $(d+t_2)$ 标注。平键轴槽的长度公差带用 H14。

附表 2-8　普通平键的型式和尺寸（摘自 GB/T 1096—2003）

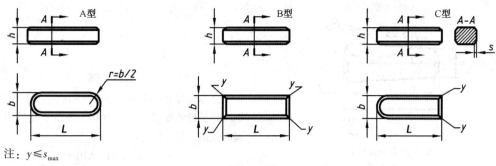

注：$y \leqslant s_{max}$

标记示例

圆头普通平键（A 型），$b=18$mm，$h=11$mm，$L=100$mm：GB/T 1096 键 18×11×100

方头普通平键（B 型），$b=18$mm，$h=11$mm，$L=100$mm：GB/T 1096 键 B 18×11×100

单圆头普通平键（C 型），$b=18$mm，$h=11$mm，$L=100$mm：GB/T 1096 键 C 18×11×100

mm

b	2	3	4	5	6	8	10	12	14	16	18	20	22	25
h	2	3	4	5	6	7	8	8	9	10	11	12	14	14
倒角或倒圆 sr	0.16~0.25			0.25~0.40			0.40~0.60					0.60~0.80		
L	6~20	6~36	8~45	10~56	14~70	18~90	22~110	28~140	36~160	45~180	50~200	56~220	63~250	70~280
L 系列	6,8,10,12,14,16,18,20,22,25,28,32,36,40,45,50,56,63,70,80,90,100,110,125,140,160,180,200,220,250,280 18,20,22,25,28,32,36,40,45,50,56,63,70,80,90,100,110,125,140,160,180,200,220,250,280													

注：材料常用 45 钢，图中各部尺寸的尺寸公差未列入。

附表 2-9　圆柱销（摘自 GB/T 119.1—2000）—不淬硬钢和奥氏体不锈钢

末端形状允许倒角或凹穴

标记示例

公称直径 $d=8$mm，长度 $l=30$mm，公差为 m6，材料为钢，不经淬火，不经表面处理的圆柱销，其标记为：

销　GB/T 119.1 8m6×30

mm

d 公称　m6/h8	0.6	0.8	1	1.2	1.5	2	2.5	3	4	5
$c\approx$	0.12	0.16	0.2	0.25	0.3	0.35	0.4	0.5	0.63	0.8
l(商品规格范围公称长度)	2~6	2~8	4~10	4~12	4~16	6~20	6~24	8~30	8~40	10~50
l(系列)	2,3,4,5,6,8,10,12,14,16,18,20,22,24,26,28,30,32,35,40,45,50,55,60,65,70,75,80,85,90,95,100,120,140,160,180,200									

附表 2－10　圆锥销（摘自 GB/T 117—2000）

A 型（磨削）

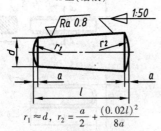

$$r_1 \approx d, \quad r_2 = \frac{a}{2} + \frac{(0.02l)^2}{8a}$$

B 型（切削或冷镦）

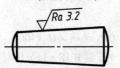

标记示例

公称直径 $d = 10\text{mm}$，长度 $l = 60\text{mm}$，材料为 35 钢，热处理硬度（28～38）HRC，表面氧化处理的 A 型圆锥销，其标记为：

销　GB/T 117 A10 ×60

mm

d（公称）	0.6	0.8	1	1.2	1.5	2	2.5	3	4	5
$a \approx$	0.08	0.1	0.12	0.16	0.2	0.25	0.3	0.4	0.5	0.63
l（商品规格范围公称长度）	4～8	5～12	6～16	6～20	8～24	10～35	10～35	12～45	14～45	18～60
d（公称）	6	8	10	12	16	20	25	30	40	50
$a \approx$	0.8	1	1.2	1.6	2	2.5	3	4	5	6.3
l（商品规格范围公称长度）	22～90	22～120	26～160	32～180	40～200	45～200	50～200	55～200	60～200	65～200
l（系列）	2,3,4,5,6,8,10,12,14,16,18,20,22,24,26,28,30,32,35,40,45,50,55,60,65,70,75,80,85,90,95,100,120,140,160,180,200									

附表 2－11　开口销（摘自 GB/T 91—2000）

允许制造的形式

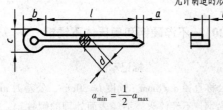

$$a_{\min} = \frac{1}{2} a_{\max}$$

标记示例

公称直径 $d = 5\text{mm}$，长度 $l = 50\text{mm}$，材料为低碳钢，不经表面处理的开口销，其标记为：

销　GB/T 91 5 ×50

mm

d（公称）		0.6	0.8	1	1.2	1.6	2	2.5	3.2	4	5	6.3	8	10	12
c	max	1.0	1.4	1.8	2	2.8	3.6	4.6	5.8	7.4	9.2	11.8	15	19	24
	min	0.9	1.2	1.6	1.7	2.4	3.2	4	5.1	6.5	8	10.3	13.1	16.6	21.7

附表 2 – 12 深沟球轴承(摘自 GB/T 276—1994)

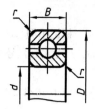

标记示例

内径 d = 20mm 的 60000 型深沟球轴承，尺寸系列为(0)2，其标记为：

滚动轴承 6204 GB/T 276—1994

mm

轴承代号	尺 寸				轴承代号	尺 寸			
	d	D	B	r_{min}		d	D	B	r_{min}
1(0)系列					(0)2 系列				
606	6	17	6		6200	10	30	9	0.6
607	7	19	6		6201	12	32	10	0.6
608	8	22	7		6202	15	35	11	0.6
609	9	24	7		6203	17	40	12	0.6
6000	10	26	8		6204	20	47	14	1
6001	12	28	8		6205	25	52	15	1
6002	15	32	9		6206	30	62	16	1
6003	17	35	10		6207	35	72	17	1.1
6004	20	42	12		6208	40	80	18	1.1
60/22	22	44	12		6209	45	85	19	1.1
6005	25	47	12		6210	50	90	20	1.1
60/28	28	52	12		6211	55	100	21	1.5
6006	30	55	13		6212	60	110	22	1.5
60/32	32	58	13		6213	65	120	23	1.5
6007	35	62	14		6214	70	125	24	1.5
6008	40	68	15		6215	75	130	25	1.5
6009	45	75	16		6216	80	140	26	2
6010	50	80	16		6217	85	150	28	2
6011	55	90	18		6218	90	160	30	2
6012	60	95	18		6219	95	170	32	2.1
					6220	100	180	34	2.1
(0)3 系列					(0)4 系列				
6300	10	35	11	0.6					
6301	12	37	12	1					
6302	15	42	13	1	6403	17	62	17	1.1
6303	17	47	14	1	6404	20	72	19	1.1
6304	20	52	15	1.1	6405	25	80	21	1.5
6305	25	62	17	1.1	6406	30	90	23	1.5
6306	30	72	19	1.1	6407	35	100	25	1.5
6307	35	80	21	1.5	6408	40	110	27	2
6308	40	90	23	1.5	6409	45	120	29	2
6309	45	100	25	1.5	6410	50	130	31	2.1
6310	50	110	27	2	6411	55	140	33	2.1
6311	55	120	29	2	6412	60	150	35	2.1
6312	60	130	31	2.1	6413	65	160	37	2.1
6313	65	140	33	2.1	6414	70	180	42	3
6314	70	150	35	2.1	6415	75	190	45	3
6315	75	160	37	2.1	6416	80	200	48	3
6316	80	170	39	2.1	6417	85	210	52	4
6317	85	180	41	3	6418	90	225	54	4
6318	90	190	43	3	6420	100	250	58	4
6319	95	200	45	3					
6320	100	215	47	3					

附表 2 – 13　圆锥滚子轴承(摘自 GB/T 297—1994)

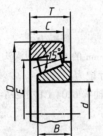

标记示例

内径 $d = 20\text{mm}$，尺寸系列代号为 02 的圆锥滚子轴承，其标记为：

滚动轴承 30204 GB/T 297—1994

mm

轴承代号	尺寸					轴承代号	尺寸				
	d	D	B	C	T		d	D	B	C	T
02 系列						03 系列					
30203	17	40	12	11	13. 25	30302	15	42	13	11	14. 25
30204	20	47	14	12	15. 25	30303	17	47	14	12	15. 25
30205	25	52	15	13	16. 25	30304	20	52	15	13	16. 25
30206	30	62	16	14	17. 25	30305	25	62	17	15	18. 25
30207	35	72	17	15	18. 25	30306	30	72	19	16	20. 75
30208	40	80	18	16	19. 75	30307	35	80	21	18	22. 75
30209	45	85	19	16	20. 75	30308	40	90	23	20	25. 25
30210	50	90	20	17	21. 75	30309	45	100	25	22	27. 25
30211	55	100	21	18	22. 75	30310	50	110	27	23	29. 25
30212	60	110	22	19	23. 75	30311	55	120	29	25	31. 5
30213	65	120	23	20	24. 75	30312	60	130	31	26	33. 5
30214	70	125	24	21	26. 25	30313	65	140	33	28	36
30215	75	130	25	22	27. 25	30314	70	150	35	30	38
30216	80	140	26	22	28. 25	30315	75	160	37	31	40
30217	85	150	28	24	30. 5	30316	80	170	39	33	42. 5
30218	90	160	30	26	32. 5	30317	85	180	41	34	44. 5
30219	95	170	32	27	34. 5	30318	90	190	43	36	46. 5
30220	100	180	34	29	37	30319	95	200	45	38	49. 5
						30320	100	215	47	39	51. 5

附表 2–14　推力球轴承(摘自 GB/T 301—1995)

标记示例

内径 $d = 20$mm，51000 型推力球轴承，12 尺寸系列，其标记为：

滚动轴承 51204 GB/T 301—1995

mm

轴承代号	尺　寸				轴承代号	尺　寸			
	d	D	B	r_{min}		d	D	B	r_{min}
12、22 系列					13、23 系列				
51200	10	12	26	11	51304	20	22	47	18
51201	12	14	28	11	51305	25	27	52	18
51202	15	17	32	12	51306	30	32	60	21
51203	17	19	35	12	51307	35	37	68	24
51204	20	22	40	14	51308	40	42	78	26
51205	25	27	47	15	51309	45	47	85	28
51206	30	32	52	16	51310	50	52	95	31
51207	35	37	62	18	51311	55	57	105	35
51208	40	42	68	19	51312	60	62	110	35
51209	45	47	73	20	51313	65	67	115	36
51210	50	52	78	22	51314	70	72	125	40
52211	55	57	90	25	51315	75	77	135	44
51212	60	62	95	26	51316	80	82	140	44
51213	65	67	100	27	51317	85	88	150	49
51214	70	72	105	27	51318	90	93	155	52
51215	75	77	110	27	51320	100	103	170	55
51216	80	82	115	28					
51217	85	88	125	31					
51218	90	93	135	35					
51220	100	103	150	38					
14、24 系列									
51405	25	27	60	24					
51406	30	32	70	28					
51407	35	37	80	32					
51408	40	42	90	36					
51409	45	47	100	39					
51410	50	52	110	43					
51411	55	57	120	48					
51412	60	62	130	51					
51413	65	68	140	56					
51414	70	73	150	60					
51415	75	78	160	65					
51417	85	88	180	72					
51418	90	93	190	77					
51420	100	103	210	85					

附录3 公差与配合

附表3-1 公称尺寸3~500mm的标准公差数值(摘自 GB/T 1800.1—2009)

公称尺寸/mm		标准公差等级																	
		IT1	IT2	IT3	IT4	IT5	IT6	IT7	IT8	IT9	IT10	IT11	IT12	IT13	IT14	IT15	IT16	IT17	IT18
大于	至	μm											mm						
—	3	0.8	1.2	2	3	4	6	10	14	25	40	60	0.1	0.14	0.25	0.4	0.6	1	1.4
3	6	1	1.5	2.5	4	5	8	12	18	30	48	75	0.12	0.18	0.3	0.48	0.75	1.2	1.8
6	10	1	1.5	2.5	4	6	9	15	22	36	58	90	0.15	0.22	0.36	0.58	0.9	1.5	2.2
10	18	1.2	2	3	5	8	11	18	27	43	70	110	0.18	0.27	0.43	0.7	1.1	1.8	2.7
18	30	1.5	2.5	4	6	9	13	21	33	52	84	130	0.21	0.33	0.52	0.84	1.3	2.1	3.3
30	50	1.5	2.5	4	7	11	16	25	39	62	100	160	0.25	0.39	0.62	1	1.6	2.5	3.9
50	80	2	3	5	8	13	19	30	46	74	120	190	0.3	0.46	0.74	1.2	1.9	3	4.6
80	120	2.5	4	6	10	15	22	35	54	87	140	220	0.35	0.54	0.87	1.4	2.2	3.5	5.4
120	180	3.5	5	8	12	18	25	40	63	100	160	250	0.4	0.63	1	1.6	2.5	4	6.3
180	250	4.5	7	10	14	20	29	46	72	115	185	290	0.46	0.72	1.15	1.85	2.9	4.6	7.2
250	315	6	8	12	16	23	32	52	81	130	210	320	0.52	0.81	1.3	2.1	3.2	5.2	8.1
315	400	7	9	13	18	25	36	57	89	230	140	360	0.57	0.89	1.4	2.3	3.6	5.7	8.9
400	500	8	10	15	20	27	40	63	97	250	155	400	0.63	0.97	1.55	2.5	4	6.3	9.7
500	630	9	11	16	22	32	41	70	110	175	280	440	0.7	1.1	1.75	2.8	4.4	7	11
630	800	10	13	18	25	36	50	80	125	200	320	500	0.8	1.25	2	3.2	5	8	12.5
800	1000	11	15	21	28	40	56	90	140	230	360	560	0.9	1.4	2.3	3.6	5.5	9	14
1000	1250	13	18	24	33	47	66	105	165	260	420	660	1.05	1.65	2.6	4.2	6.6	10.5	16.5
1250	1600	15	21	29	39	55	78	125	195	310	500	780	1.25	1.95	3.1	5	7.8	12.5	19.5
1600	2000	18	25	35	46	65	92	150	230	370	600	920	1.5	2.3	3.7	6	9.2	15	23
2000	2500	22	30	41	55	78	110	175	280	440	700	1100	1.75	2.8	4.4	7	11	17.5	28
2500	3150	26	36	50	68	96	135	210	330	540	860	1350	2.1	3.3	5.4	8.6	13.5	21	33

注:(1)IT01 和 IT0 的标准公差未列入。

(2)基本尺寸小于或等于1mm时,无IT14 至 IT18。

附表 3－2 轴的基本偏差数值（GB/T 1800.1—2009）

基本偏差		上偏差 es													IT5 和 IT6	IT7	IT8
基本尺寸/mm		所 有 标 准 公 差 等 级													j	j	j
大于	至	a	b	c	cd	d	e	ef	f	fg	g	h	js	j		
—	3	-270	-140	-60	-34	-20	-14	-10	-6	-4	-2	0		-2	-4	-6
3	6	-270	-140	-70	-46	-30	-20	-14	-10	-6	-4	0		-2	-4	
6	10	-280	-150	-80	-56	-40	-25	-18	-13	-8	-5	0		-2	-5	
10	14	-290	-150	-95		-50	-32		-16		-6	0		-3	-6	
14	18	-290	-150	-95		-50	-32		-16		-6	0		-3	-6	
18	24	-300	-160	-110		-65	-40		-20		-7	0		-4	-8	
24	30	-300	-160	-110		-65	-40		-20		-7	0		-4	-8	
30	40	-310	-170	-120		-80	-50		-25		-9	0		-5	-10	
40	50	-320	-180	-130		-80	-50		-25		-9	0		-5	-10	
50	65	-340	-190	-140		-100	-60		-30		-10	0		-7	-12	
65	80	-360	-200	-150		-100	-60		-30		-10	0	偏差 = ± $\dfrac{IT_n}{2}$ 式中 IT_n 是 IT 值数	-7	-12	
80	100	-380	-220	-170		-120	-72		-36		-12	0		-9	-15	
100	120	-410	-240	-180		-120	-72		-36		-12	0		-9	-15	
120	140	-460	-260	-200		-145	-85		-43		-14	0		-11	-18	
140	160	-520	-280	-210		-145	-85		-43		-14	0		-11	-18	
160	180	-580	-310	-230		-145	-85		-43		-14	0		-11	-18	
180	200	-660	-340	-240		-170	-100		-50		-15	0		-13	-21	
200	225	-740	-380	-260		-170	-100		-50		-15	0		-13	-21	
225	250	-820	-420	-280		-170	-100		-50		-15	0		-13	-21	
250	280	-920	-480	-300		-190	-110		-56		-17	0		-16	-26	
280	315	-1050	-540	-330		-190	-110		-56		-17	0		-16	-26	
315	355	-1200	-600	-360		-210	-125		-62		-18	0		-18	-28	
355	400	-1350	-680	-400		-210	-125		-62		-18	0		-18	-28	
400	450	-1500	-760	-440		-230	-135		-68		-20	0		-20	-32	
450	500	-1650	-840	-480		-230	-135		-68		-20	0		-20	-32	

注：基本尺寸≤1mm 时，基本偏差 a 和 b 均不采用。公差带 js7 ~ js11，若 IT_n 值数是奇数，则取偏差 = ± $\dfrac{IT_n - 1}{2}$。

现代工程图学

μm

下偏差 ei

IT4 ~ IT7	≤IT3 >IT7	所有标准公差等级													
k		m	n	p	r	s	t	u	v	x	y	z	za	zb	zc
0	0	+2	+4	+6	+10	+14		+18		+20		+26	+32	+40	+60
+1	0	+4	+8	+12	+15	+19		+23		+28		+35	+42	+50	+80
+1	0	+6	+10	+15	+19	+23		+28		+34		+42	+52	+67	+97
+1	0	+7	+12	+18	+23	+28		+33		+40		+50	+64	+90	+130
								+39		+45		+60	+77	+108	+150
+2	0	+8	+15	+22	+28	+35		+41	+47	+54	+63	+73	+98	+136	+188
							+41	+48	+55	+64	+75	+88	+118	+160	+218
+2	0	+9	+17	+26	+34	+43	+48	+60	+68	+80	+94	+112	+148	+200	+274
							+54	+70	+81	+97	+114	+136	+180	+242	+325
+2	0	+11	+20	+32	+41	+53	+66	+87	+102	+122	+144	+172	+226	+300	+405
					+43	+59	+75	+102	+120	+146	+174	+210	+274	+360	+480
+3	0	+13	+23	+37	+51	+71	+91	+124	+146	+178	+214	+258	+335	+445	+585
					+54	+79	+104	+144	+172	+210	+254	+310	+400	+525	+690
+3	0	+15	+27	+43	+63	+92	+122	+170	+202	+248	+300	+365	+470	+620	+800
					+65	+100	+134	+190	+228	+280	+340	+415	+535	+700	+900
					+68	+108	+146	+210	+252	+310	+380	+465	+600	+780	+1000
+4	0	+17	+31	+50	+77	+122	+166	+236	+284	+350	+425	+520	+670	+880	+1150
					+80	+130	+180	+258	+310	+385	+470	+575	+740	+960	+1250
					+84	+140	+196	+284	+340	+425	+520	+640	+820	+1050	+1350
+4	0	+20	+34	+56	+94	+158	+218	+315	+385	+475	+580	+710	+920	+1200	+1550
					+98	+170	+240	+350	+425	+525	+650	+790	+1000	+1300	+1700
+4	0	+21	+37	+62	+108	+190	+268	+390	+475	+590	+700	+900	+1150	+1500	+1900
					+114	+208	+294	+435	+530	+660	+820	+1000	+1300	+1650	+2100
+5	0	+23	+40	+68	+126	+232	+330	+490	+595	+740	+920	+1100	+1450	+1850	+2400
					+132	+252	+360	+540	+660	+820	+1000	+1250	+1600	+2100	+2600

附表 3－3　孔的基本偏差数值(GB/T 1800.1—2009)

基本尺寸/mm		下极限偏差 EI（所有标准公差等级）												上极限偏差 ES						
														IT6	IT7	IT8	≤IT8	>IT8	≤IT8	>IT8
大于	至	A	B	C	CD	D	E	EF	F	FG	G	H	JS	J			K		M	
—	3	+270	+140	+60	+34	+20	+14	+10	+6	+4	+2	0		+2	+4	+6	0	0	-2	-2
3	6	+270	+140	+70	+46	+30	+20	+14	+10	+6	+4	0		+5	+6	+10	-1+Δ		-4+Δ	-4
6	10	+280	+150	+80	+56	+40	+25	+18	+13	+8	+5	0		+5	+8	+12	-1+Δ		-6+Δ	-6
10	14	+290	+150	+95		+50	+32		+16		+6	0		+6	+10	+15	-1+Δ		-7+Δ	-7
14	18	+290	+150	+95		+50	+32		+16		+6	0		+6	+10	+15	-1+Δ		-7+Δ	-7
18	24	+300	+160	+110		+65	+40		+20		+7	0	偏差 = ± $\dfrac{IT_n}{2}$ 式中 IT_n 是 IT 值数	+8	+12	+20	-2+Δ		-8+Δ	-8
24	30	+300	+160	+110		+65	+40		+20		+7	0		+8	+12	+20	-2+Δ		-8+Δ	-8
30	40	+310	+170	+120		+80	+50		+25		+9	0		+10	+14	+24	-2+Δ		-9+Δ	-9
40	50	+320	+180	+130		+80	+50		+25		+9	0		+10	+14	+24	-2+Δ		-9+Δ	-9
50	65	+340	+190	+140		+100	+60		+30		+10	0		+13	+18	+28	-2+Δ		-11+Δ	-11
65	80	+360	+200	+150		+100	+60		+30		+10	0		+13	+18	+28	-2+Δ		-11+Δ	-11
80	100	+380	+220	+170		+120	+72		+36		+12	0		+16	+22	+34	-3+Δ		-13+Δ	-13
100	120	+410	+240	+180		+120	+72		+36		+12	0		+16	+22	+34	-3+Δ		-13+Δ	-13
120	140	+460	+260	+200		+145	+85		+43		+14	0		+18	+26	+41	-3+Δ		-15+Δ	-15
140	160	+520	+280	+210		+145	+85		+43		+14	0		+18	+26	+41	-3+Δ		-15+Δ	-15
160	180	+580	+310	+230		+145	+85		+43		+14	0		+18	+26	+41	-3+Δ		-15+Δ	-15
180	200	+660	+340	+240		+170	+100		+50		+15	0		+22	+30	+47	-4+Δ		-17+Δ	-17
200	225	+740	+380	+260		+170	+100		+50		+15	0		+22	+30	+47	-4+Δ		-17+Δ	-17
225	250	+820	+420	+280		+170	+100		+50		+15	0		+22	+30	+47	-4+Δ		-17+Δ	-17
250	280	+920	+480	+300		+190	+110		+56		+17	0		+25	+36	+55	-4+Δ		-20+Δ	-20
280	315	+1050	+540	+330		+190	+110		+56		+17	0		+25	+36	+55	-4+Δ		-20+Δ	-20
315	355	+1200	+600	+360		+210	+125		+62		+18	0		+29	+39	+60	-4+Δ		-21+Δ	-21
355	400	+1350	+680	+400		+210	+125		+62		+18	0		+29	+39	+60	-4+Δ		-21+Δ	-21
400	450	+1500	+760	+440		+230	+135		+68		+20	0		+33	+43	+66	-5+Δ		-23+Δ	-23
450	500	+1650	+840	+480		+230	+135		+68		+20	0		+33	+43	+66	-5+Δ		-23+Δ	-23

注：(1) 基本尺寸≤1mm 时，基本偏差 A 和 B 及 >IT8 级的 N 均不采用。

(2) 一个特殊情况：当基本尺寸在 250~315mm 时，M6 的 ES = -9μm(代替 -11μm)。

(3) 公差带 JS7 至 JS11，若 IT_n 数值是奇数，则取偏差 = ± $\dfrac{IT_n - 1}{2}$。

(4) 对≤IT8 的 K、M、N 或≤IT7 的 P 至 ZC，所需 Δ 值从表内右侧选取。

μm

上极限偏差 ES															Δ 值					
≤IT8	>IT8	≤IT7	标准公差等级大于IT7												标准公差等级					
N	N	P至ZC	P	R	S	T	U	V	X	Y	Z	ZA	ZB	ZC	IT3	IT4	IT5	IT6	IT7	IT8
-4	-4	在 >IT7 的 相应 数值 上 增加 一个 Δ 值	-6	-10	-14		-18	—	-20		-26	-32	-40	-60	0	0	0	0	0	0
-8 +Δ	0		-12	-15	-19		-23	—	-28		-35	-42	-50	-80	1	1.5	1	3	4	6
-10 +Δ	0		-15	-19	-23		-28	—	-34		-42	-52	-67	-97	1	1.5	2	3	6	7
-12 +Δ	0		-18	-23	-28		-33	—	-40		-50	-64	-90	-130	1	2	3	3	7	9
								-39	-45		-60	-77	-108	-150						
-15 +Δ	0		-22	-28	-35		-41	-47	-54	-63	-73	-98	-136	-188	1.5	2	3	4	8	12
						-41	-48	-55	-64	-75	-88	-118	-160	-218						
-17 +Δ	0		-26	-34	-43	-48	-60	-68	-80	-94	-112	-148	-200	-274	1.5	3	4	5	9	14
						-54	-70	-81	-97	-114	-136	-180	-242	-325						
-20 +Δ	0		-32	-41	-53	-66	-87	-102	-122	-144	-172	-226	-300	-405	2	3	5	6	11	16
				-43	-59	-75	-102	-120	-146	-174	-210	-274	-360	-480						
-23 +Δ	0		-37	-51	-71	-91	-124	-146	-178	-214	-258	-335	-445	-585	2	4	5	7	13	19
				-54	-79	-104	-144	-172	-210	-254	-310	-400	-525	-690						
-27 +Δ	0		-43	-63	-92	-122	-170	-202	-248	-300	-365	-470	-620	-800	3	4	6	7	15	23
				-65	-100	-134	-190	-228	-280	-340	-415	-535	-700	-900						
				-68	-108	-146	-210	-252	-310		-465	-600	-780	-1000						
-31 +Δ	0		-50	-77	-122	-166	-236	-284	-350	-425	-520	-670	-880	-1150	3	4	6	9	17	26
				-80	-130	-180	-258	-310	-385	-470	-575	-740	-960	-1250						
				-84	-140	-196	-284	-340	-425	-520	-640	-820	-1050	-1350						
-34 +Δ	0		-56	-94	-158	-218	-315	-385	-475	-580	-710	920	-1200	-1550	4	4	7	9	20	29
				-98	-170	-240	-350	-425	-525	-650	-790	-1000	-1300	-1700						
-37 +Δ	0		-62	-108	-190	-268	-390	-475	-590	-730	-900	-1150	-1500	-1900	4	5	7	11	21	32
				-114	-208	-294	-435	-530	-660	-820	-1000	-1300	-1650	-2100						
-40 +Δ	0		-68	-126	-232	-330	-490	-595	-740	-920	-1100	-1450	-1850	-2400	5	5	7	13	23	34
				-132	-252	-360	-540	-660	-820	-1000	-1250	-1600	-2100	-2600						

附表 3-4 优先配合中轴的极限偏差(摘自 GB/T 1800.2—2009)

μm

公称尺寸/ mm		公 差 带												
		c	d	f	g			h			k	n	p	s	u
大于	至	11	9	7	6	6	7	9	11	6	6	6	6	6
–	3	−60 −120	−20 −45	−6 −16	−2 −8	0 −6	0 −10	0 −25	0 −60	+6 0	+10 +4	+12 +6	+20 +14	+24 +18
3	6	−70 −145	−30 −60	−10 −22	−4 −12	0 −8	0 −12	0 −30	0 −75	+9 +1	+16 +8	+20 +12	+27 +19	+31 +23
6	10	−80 −170	−40 −76	−13 −28	−5 −14	0 −9	0 −15	0 −36	0 −90	+10 +1	+19 +10	+24 +15	+32 +23	+37 +28
10	14	−95 −205	−50 −93	−16 −34	−6 −17	0 −11	0 −18	0 −43	0 −110	+12 +1	+23 +12	+29 +18	+39 +28	+44 +33
14	18													
18	24	−110 −240	−65 −117	−20 −41	−7 −20	0 −13	0 −21	0 −52	0 −130	+15 +2	+28 +15	+35 +22	+48 +35	+54 +41
24	30													+61 +48
30	40	−120 −280	−80 −142	−25 −50	−9 −25	0 −16	0 −25	0 −62	0 −160	+18 +2	+33 +17	+42 +26	+59 +43	+76 +60
40	50	−130 −290												+86 +76
50	65	−140 −330	−100 −174	−30 −60	−10 −29	0 −19	0 −30	0 −74	0 −190	+21 +2	+39 +20	+51 +32	+72 +53	+106 +87
65	80	−150 −340											+78 +59	+121 +102
80	100	−170 −390	−120 −207	−36 −71	−12 −34	0 −22	0 −35	0 −87	0 −220	+25 +3	+45 +23	+59 +37	+93 +71	+146 +124
100	120	−180 −400											+101 +79	+166 +124
120	140	−200 −450	−145 −245	−43 −83	−14 −39	0 −25	0 −40	0 −100	0 −250	+28 +3	+52 +27	+68 +43	+117 +92	+195 +170
140	160	−210 −460											+125 +100	+215 +190
160	180	−230 −480											+133 +108	+235 +190
180	200	−240 −530	−170 −285	−50 −96	−15 −44	0 −29	0 −46	0 −115	0 −290	+33 +4	+60 +31	+79 +50	+151 +122	+265 +236
200	225	−260 −550											+159 +130	+287 +258
225	250	−280 −570											+169 +140	+313 +284

续表

公称尺寸/mm		公差带												
		c	d	f	g	h				k	n	p	s	u
大于	至	11	9	7	6	6	7	9	11	6	6	6	6	6
250	280	−300 / −620	−190 / −320	−56 / −108	−17 / −49	0 / −32	0 / −52	0 / −130	0 / −320	+36 / +4	+66 / +34	+88 / +56	+190 / +158	+347 / +315
280	315	−330 / −650											+202 / +170	+382 / +350
315	355	−360 / −720	−210 / −350	−62 / −119	−18 / −54	0 / −36	0 / −57	0 / −140	0 / −360	+40 / +4	+73 / +37	+98 / +62	+226 / +190	+426 / +390
355	400	−400 / −760											+244 / +208	+471 / +435
400	450	−440 / −840	−230 / −385	−68 / −131	−20 / −60	0 / −40	0 / −63	0 / −155	0 / −400	+45 / +5	+80 / +40	+108 / +68	+272 / +232	+530 / +490
450	500	−480 / −880											+292 / +252	+580 / +540

附表 3 – 5　优先配合中孔的极限偏差(摘自 GB/T 1800. 2—2009)

μm

公称尺寸/mm		公差带												
		C	D	F	G	H				K	N	P	S	U
大于	至	11	9	8	7	7	8	9	11	7	7	7	7	7
−	3	+120 / +60	+45 / +20	+20 / +6	+12 / +2	+10 / 0	+14 / 0	+25 / 0	+62 / 0	0 / −10	−4 / −14	−6 / −16	−14 / −24	−18 / −28
3	6	+145 / +70	+60 / +30	+28 / +10	+16 / +4	+12 / 0	+18 / 0	+30 / 0	+75 / 0	+3 / −9	−4 / −16	−8 / −20	−15 / −27	−19 / −31
6	10	+170 / +80	+76 / +40	+35 / +13	+20 / +5	+15 / 0	+22 / 0	+36 / 0	+90 / 0	+5 / −10	−4 / −19	−9 / −24	−17 / −32	−22 / −37
10	14	+205 / +95	+93 / +50	+43 / +16	+24 / +6	+18 / 0	+27 / 0	+43 / 0	+110 / 0	+6 / −12	−5 / −23	−11 / −29	−21 / −39	−26 / −44
14	18													
18	24	+240 / +110	+117 / +65	+53 / +20	+28 / +7	+21 / 0	+33 / 0	+52 / 0	+130 / 0	6 / −15	−7 / −28	−14 / −35	−27 / −48	−33 / −54
24	30													−40 / −61
30	40	+280 / +110	+142 / +80	+64 / +25	+34 / +9	+25 / 0	+39 / 0	+62 / 0	+160 / 0	+7 / −18	−8 / −33	−17 / −42	−34 / −59	−51 / −76
40	50	+290 / +130												−61 / −86
50	65	+330 / +140	+174 / +100	+76 / +30	+40 / +10	+30 / 0	+46 / 0	+74 / 0	+190 / 0	+9 / −21	−9 / −39	−21 / −51	−42 / −72	−76 / −106
65	80	+340 / +150											−48 / −78	−91 / −121

续表

公称尺寸/mm		公差带												
		C	D	F	G	H				K	N	P	S	U
大于	至	11	9	8	7	7	8	9	11	7	7	7	7	7
80	100	+390 / +170	+207 / +120	+90 / +36	+47 / +12	+35 / 0	+54 / 0	+87 / 0	+220 / 0	+10 / -25	-10 / -45	-24 / -59	-58 / -93	-111 / -146
100	120	+400 / +180											-66 / -101	-131 / -166
120	140	+450 / +200	+245 / +145	+106 / +43	+54 / +14	+40 / 0	+63 / 0	+100 / 0	+250 / 0	+12 / -28	-12 / -52	-28 / -68	-77 / -117	-155 / -195
140	160	+460 / +210											-85 / -125	-175 / -215
160	180	+480 / +230											-93 / -133	-195 / -235
180	200	+530 / +240	+285 / +170	+122 / +50	+61 / +15	+46 / 0	+72 / 0	+115 / 0	+290 / 0	+13 / -33	-14 / -60	-33 / -79	-105 / -151	-219 / -265
200	225	+550 / +260											-113 / -159	-241 / -287
225	250	+570 / +280											-123 / -169	-267 / -313
250	280	+620 / +300	+320 / +190	+137 / +56	+69 / +17	+52 / 0	+81 / 0	+130 / 0	+320 / 0	+16 / -36	-14 / -66	-36 / -88	-138 / -190	-295 / -347
280	315	+650 / +330											-150 / -202	-330 / -382
315	355	+720 / +360	+350 / +210	+151 / +62	+75 / +18	+57 / 0	+89 / 0	+140 / 0	+360 / 0	+17 / -40	-16 / -73	-41 / -88	-169 / -226	-369 / -426
355	400	+760 / +400											-187 / -244	-414 / -471
400	450	+840 / +440	+385 / +230	+165 / +68	+83 / +20	+63 / 0	+97 / 0	+155 / 0	+400 / 0	+18 / -45	-17 / -80	-45 / -108	-209 / -272	-467 / -530
450	500	+880 / +480											-229 / -292	-517 / -580

附录4 常用的机械加工一般规范和零件结构要素

附表 4 –1 标准尺寸(摘自 GB/T 2822—2005)

mm

R10	1.00, 1.25, 1.60, 2.00, 2.50, 3.15, 4.00, 5.00, 6.30, 8.00, 10.0, 12.5, 16.0, 20.0, 25.0, 31.5, 40.0, 50.0, 63.0, 80.0, 100, 125, 160, 200, 250, 315, 400, 500, 630, 800, 1000
R20	1.12, 1.40, 1.80, 2.24, 2.80, 3.55, 4.50, 5.60, 7.10, 9.00, 11.2, 14.0, 18.0, 22.4, 28.0, 35.5, 45.0, 56.0, 71.0, 90.0, 112, 140, 180, 224, 280, 355, 450, 560, 710, 900
R40	13.2, 15.0, 17.0, 19.0, 21.2, 23.6, 26.5, 30.0, 33.5, 37.5, 42.5, 47.5, 53.0, 60.0, 67.0, 75.0, 85.0, 95.0, 106, 118, 132, 150, 170, 190, 212, 236, 265, 300, 335, 375, 425, 475, 530, 600, 670, 750, 850, 950

注:(1) 本表仅摘录 1 ~ 1000 mm 范围内优先数系 R 系列中的标准尺寸。
  (2) 使用时按优先顺序(R10、R20、R40)选取标准尺寸。

附表 4 –2 零件倒圆与倒角(摘自 GB/T 6403.4—2008)

mm

型式		R、C 尺寸系列: 0.1, 0.2, 0.3, 0.4, 0.5, 0.6, 0.8, 1.0, 1.2, 1.6, 2.0, 2.5, 3.0, 4.0, 5.0, 6.0, 8.0, 10, 12, 16, 20, 25, 32, 40, 50
装配形式	 $C_1 > R$　　$R_1 > R$　　$C < 0.58R$　　$C_1 > C$	装配时,内角与外角取值要适当,外角的倒圆或倒角过大会影响零件的工作面,内角的倒圆或倒角过小会产生应力集中。C 的最大值 C_{max} 与 R_1 的关系如下

R_1	0.1	0.2	0.3	0.4	0.5	0.6	0.8	1.0	1.2	1.6	2.0	2.5	3.0	4.0	5.0	6.0	8.0	10	12	16	20	25
C_{max}	—	0.1	0.1	0.2	0.2	0.3	0.4	0.5	0.6	0.8	1.0	1.2	1.6	2.0	2.5	3.0	4.0	5.0	6.0	8.0	10	12
ϕ	<3	>3 ~6	>6 ~10	>10 ~18	>18 ~30	>30 ~50	>50 ~80	>80 ~120	>120 ~180	>180 ~250	>250 ~320	>320 ~400	>400 ~500	>500 ~630	>630 ~800	>800 ~1000	>1000 ~1250	>1250 ~1600				
C 或 R	0.2	0.4	0.6	0.8	1.0	1.6	2.0	2.5	3.0	4.0	5.0	6.0	8.0	10	12	16	20	25				

附表 4–3　砂轮越程槽（摘自 GB/T 6403.5—2008）

mm

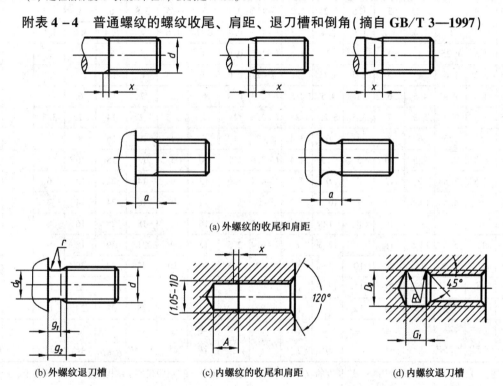

b_1	0.6	1.0	1.6	2.0	3.0	4.0	5.0	8.0	10
b_2	2.0		3.0		4.0		5.0	8.0	10
h	0.1	0.2	0.3		0.4		0.6	0.8	1.2
r	0.2		0.5		0.8	1.0		1.6	2.0	3.0
d		~10			>10~50		>50~100		>100

注：（1）越程槽内与直线相交处，不允许产生尖角。

　　（2）越程槽深度 h 与圆弧半径 r，要满足 $r \leqslant 3h$。

附表 4–4　普通螺纹的螺纹收尾、肩距、退刀槽和倒角（摘自 GB/T 3—1997）

(a) 外螺纹的收尾和肩距

(b) 外螺纹退刀槽　　　(c) 内螺纹的收尾和肩距　　　(d) 内螺纹退刀槽

mm

螺距 P	外螺纹									内螺纹							
	收尾 x max		肩距 a max			退刀槽				收尾 X max		肩距 A		G_1		D_g	$R \approx$
	一般	短的	一般	长的	短的	g_2 max	g_1 min	d_g	$r \approx$	一般	短的	一般	长的	一般	短的		
0.2	0.5	0.25	0.6	0.8	0.4	—	—	—	—	0.8	0.4	1.2	1.6	—	—	—	—
0.25	0.6	0.3	0.75	1	0.5	0.75	0.4	$d-0.4$	0.12	1	0.5	1.5	2	—	—	—	—
0.3	0.75	0.4	0.9	1.2	0.6	0.9	0.5	$d-0.5$	0.16	1.2	0.6	1.8	2.4	—	—	—	—
0.35	0.9	0.45	1.05	1.4	0.7	1.05	0.6	$d-0.6$	0.16	1.4	0.7	2.2	2.8	—	—	—	—
0.4	1	0.5	1.2	1.6	0.8	1.2	0.6	$d-0.7$	0.2	1.6	0.8	2.5	3.2	—	—	—	—

续表

螺距 P	外螺纹									内螺纹						D_g	$R\approx$
	收尾 x max		肩距 a max			退刀槽				收尾 X max		肩距 A		G_1			
	一般	短的	一般	长的	短的	g_2 max	g_1 min	d_g	$r\approx$	一般	短的	一般	长的	一般	短的		
0.45	1.1	0.6	1.35	1.8	0.9	1.35	0.7	$d-0.7$	0.2	1.8	0.9	2.8	3.6	—	—		—
0.5	1.25	0.7	1.5	2	1	1.5	0.8	$d-0.8$	0.2	2	1	3	4	2	1		0.2
0.6	1.5	0.75	1.8	2.4	1.2	1.8	0.9	$d-1$	0.4	2.4	1.2	3.2	4.8	2.4	1.2	$D+0.3$	0.3
0.7	1.75	0.9	2.1	2.8	1.4	2.1	1.1	$d-1.1$	0.4	2.8	1.4	3.5	5.6	2.8	1.4		0.4
0.75	1.9	1	2.25	3	1.5	2.25	1.2	$d-1.2$	0.4	3	1.5	3.8	6	3	1.5		0.4
0.8	2	1	2.4	3.2	1.6	2.4	1.3	$d-1.3$	0.4	3.2	1.6	4	6.4	3.2	1.6		0.4
1	2.5	1.25	3	4	2	3	1.6	$d-1.6$	0.6	4	2	5	8	4	2		0.5
1.25	3.2	1.6	4	5	2.5	3.75	2	$d-2$	0.6	5	2.5	6	10	5	2.5		0.6
1.5	3.8	1.9	4.5	6	3	4.5	2.5	$d-2.3$	0.8	6	3	7	12	6	3		0.8
1.75	4.3	2.2	5.3	7	3.5	5.25	3	$d-2.6$	1	7	3.5	9	14	7	3.5		0.9
2	5	2.5	6	8	4	6	3.4	$d-3$	1	8	4	10	16	8	4		1
2.5	6.3	3.2	7.5	10	5	7.5	4.4	$d-3.6$	1.2	10	5	12	18	10	5	$D+0.5$	1.2
3	7.5	3.8	9	12	6	9	5.2	$d-4.4$	1.6	12	6	14	22	12	6		1.5
3.5	9	4.5	10.5	14	7	10.5	6.2	$d-5$	1.6	14	7	16	24	14	7		1.8
4	10	5	12	16	8	12	7	$d-5.7$	2	16	8	18	26	16	8		2
4.5	11	5.5	13.5	18	9	13.5	8	$d-6.4$	2.5	18	9	21	29	18	9		2.2
5	12.5	6.3	15	20	10	15	9	$d-7$	2.5	20	10	23	32	20	10		2.5
5.5	14	7	16.5	22	11	17.5	11	$d-7.7$	3.2	22	11	25	35	22	11		2.8
6	15	7.5	18	24	12	18	11	$d-8.3$	3.2	24	12	28	38	24	12		3
参考值	$\approx$ 2.5P	$\approx$ 1.25P	$\approx$ 3P	$=$ 4P	$=$ 2P	$\approx$ 3P	—	—	—	$=$ 4P	$=$ 2P	$\approx$ 6~5P	$\approx$ 8~6.5P	$=$ 4P	$=$ 2P	—	$\approx$ 0.5P

注：(1) 外螺纹应优先选用"一般"长度的收尾和肩距；"短"收尾和"短"肩距仅用于结构受限的螺纹件上；产品等级为 B 级或 C 级的螺纹紧固件可采用"长"肩距。

(2) 外螺纹退刀槽 d_g 公差为：h13($d>3$mm)；h12($d\leqslant3$mm)。

(3) 内螺纹应优先选用"一般"长度的收尾和肩距；容屑需要较大空间时可选用"长"肩距，结构限制时可选用"短"收尾。

(4) 内螺纹"短"退刀槽仅在结构受限时采用；D_g 公差为 H13。

参 考 文 献

1 杜秀华等．工程图学基础．北京：中国石化出版社，2008
2 关丽杰等．画法几何与机械制图．哈尔滨：东北林业大学出版社，2004
3 孙开元等．机械制图新标准解读及画法示例(第二版)．北京：化学工业出版社，2010
4 焦永和等．工程制图．北京：高等教育出版社，2008
5 刘衍聪等．工程图学教程．北京：高等教育出版社，2011
6 刘炀．现代机械工程图学．北京：机械工业出版社，2011
7 刘苏．现代工程图学教程．北京：科学出版社，2010
8 侯洪生．机械工程图学第二版．北京：科学出版社 2008
9 冯秋官等．工程制图．北京：机械工业出版社，2011
10 刘仁杰等．工程制图．北京：机械工业出版社，2010
11 鲁屏宇．工程图学．北京：机械工业出版社，2010